“十二五”国家重点图书出版规划项目
智能电网研究与应用丛书

智能电网技术标准

Smart Grid Technical Standards

白晓民　张东霞　编著

科学出版社
北　京

内 容 简 介

本书对智能电网技术标准进行全面系统的介绍，按照智能电网技术标准相关的问题分为10章，分别为标准化基本知识、智能电网概述、智能电网标准研究现状、智能电网概念模型与参考架构、标准化的系统工程方法、智能电网的主要标准、标准开发与管理工具、智能电网标准测试和应用、相关政策法规、展望。

本书可供智能电网技术标准开发人员、智能电网技术标准管理人员、智能电网工程设计人员及电力行业、能源行业工程技术人员和研究生、工程组织和管理决策人员阅读参考。智慧能源、能源互联网发展和智能电网多年的实践积累密切相关，本书也可为推进智慧能源、能源互联网技术标准体系建设和标准开发提供有价值的参考。

图书在版编目（CIP）数据

智能电网技术标准 = Smart Grid Technical Standards/ 白晓民，张东霞编著. —北京：科学出版社，2018.5

“十二五”国家重点图书出版规划项目

（智能电网研究与应用丛书）

ISBN 978-7-03-056649-2

Ⅰ. ①智… Ⅱ. ①白… ②张… Ⅲ. ①智能控制－电网－技术标准 Ⅳ. ①TM76－65

中国版本图书馆CIP数据核字（2018）第039900号

责任编辑：范运年 崔元春 / 责任校对：彭 涛
责任印制：张克忠 / 封面设计：陈 敬

科 学 出 版 社 出版
北京东黄城根北街16号
邮政编码: 100717
http://www.sciencep.com

艺堂印刷（天津）有限公司 印刷
科学出版社发行 各地新华书店经销

*

2018年5月第 一 版 开本：720 × 1000 1/16
2018年5月第一次印刷 印张：15 1/4
字数：300 000

定价：138.00元

（如有印装质量问题，我社负责调换）

《智能电网研究与应用丛书》编委会

其他参编人员

黄毕尧　陆一鸣　崔全胜　马文媛　冯泽健

《智能电网研究与应用丛书》序

迄今为止，世界电网经历了“三代”的演变。第一代电网是第二次世界大战前以小机组、低电压、孤立电网为特征的电网兴起阶段；第二代电网是第二次世界大战后以大机组、超高压、互联大电网为特征的电网规模化阶段；第三代电网是第一、二代电网在新能源革命下的传承和发展，支持大规模新能源电力，大幅度降低互联大电网的安全风险，并广泛融合信息通信技术，是未来可持续发展的能源体系的重要组成部分，是电网发展的可持续化、智能化阶段。

同时，在新能源革命的条件下，电网的重要性日益突出，电网将成为全社会重要的能源配备和输送网络，与传统电网相比，未来电网应具备如下四个明显特征：一是具有接纳大规模可再生能源电力的能力；二是实现电力需求侧响应、分布式电源、储能与电网的有机融合，大幅度提高终端能源利用的效率；三是具有极高的供电可靠性，基本排除大面积停电的风险，包括自然灾害的冲击；四是与通信信息系统广泛结合，实现覆盖城乡的能源、电力、信息综合服务体系。

发展智能电网是国家能源发展战略的重要组成部分。目前，国内已有不少科研单位和相关企业做了大量的研究工作，并且取得了非常显著的研究成果。在智能电网研究与应用的一些方面，我国已经走在了世界的前列。为促进智能电网研究和应用的健康持续发展，宣传智能电网领域的政策和规范，推广智能电网相关具体领域的优秀科研成果与技术，在科学出版社“中国科技文库”重大图书出版工程中隆重推出《智能电网研究与应用丛书》这一大型图书项目，本丛书同时入选“十二五”国家重点图书出版规划项目。

《智能电网研究与应用丛书》将围绕智能电网的相关科学问题与关键技术，以国家重大科研成就为基础，以奋斗在科研一线的专家、学者为依托，以科学出版社“三高三严”的优质出版为媒介，全面、深入地反映我国智能电网领域最新的研究和应用成果，突出国内科研的自主创新性，扩大我国电力科学的国内外影响力，并为智能电网的相关学科发展和人才培养提供必要的资源支撑。

我们相信，有广大智能电网领域的专家、学者的积极参与和大力支持，以及编委的共同努力，本丛书将为发展智能电网，推广相关技术，增强我国科研创新能力做出应有的贡献。

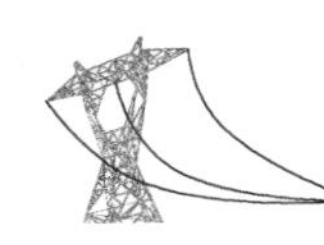

最后，我们衷心地感谢所有关心丛书并为丛书出版尽力的专家，感谢科学出版社及有关学术机构的大力支持和赞助，感谢广大读者对丛书的厚爱；希望通过大家的共同努力，早日建成我国第三代电网，尽早让我国的电网更清洁、更高效、更安全、更智能！

周孝信

前　言

2008 年开始，智能电网成为电力系统的热门议题，得到了世界范围内电力企业和电力工作者的广泛重视，各国开展了大量的智能电网的理论技术研究、示范工程建设和系统实践工作。智能电网技术标准作为智能电网建设的必要基础，成为系统规划设计、工程建设、产品和系统开发、系统运行和控制等各个方面都要优先考虑的重要问题。电力和能源系统对新技术和新标准的需求从来没有减弱，标准一直是国家和大型现代化企业引领技术方向和支持产品开发的重要手段，也是各类中小型企业和工程技术人员开发出符合市场需求和标准规范、有竞争力的产品的必要条件。智能电网技术标准研制作为引领技术方向、规范系统研究和开发、协调和促进系统建设的重要环节，成为聚集不同领域研究人员协同工作的首选研究方向。

IEC 智能电网战略工作组 SG3 在首次工作组会议讨论时将标准比喻成指导技术开发和系统建设的引路灯塔，认为围绕智能电网建设的需要，系统地总结相关标准，将对智能电网的研究和建设起到系统的指导和规范作用。为此，国际标准化组织 IEC 及 IEEE，欧洲、美国等各国家和地区的标准化组织都将标准体系研究和智能电网发展路线图的编制，作为智能电网建设和技术标准制定的首要任务，在智能电网建设初期就组织各领域研究人员编制了智能电网相关的发展路线图和标准分析与规划研究报告。我国也高度重视智能电网的标准化工作，国家电网公司在 2009 年 5 月 21 日宣布全面开展坚强智能电网建设工作时，首先启动“智能电网技术标准体系规划”项目研究，组织上百名各专业研究人员对电力行业技术标准进行系统的梳理分析，确定智能电网急需的关键技术设备，找出标准空缺，编制智能电网标准体系规划；其次又逐步建立各领域和专业的标准体系，并制定和完善众多智能电网技术标准。这些研究成果为我们了解智能电网技术标准的体系架构、应遵循的核心标准、标准的现状和内容，以及存在的问题与标准空缺提供了全面系统的参考，是各领域研究人员了解智能电网系统总貌、开发制定相关技术标准和开展智能电网工作的基础性文件。

经历 8 年多的大规模智能电网实践，多国电力系统建设取得长足的进展。智能电网工作的开展大大提升了电网的设备技术水平和运行管理水平，改进了系统的运行经济性、运行效率和系统的可靠性。可以看到，我国电力行业近年来在特高压和坚强智能电网建设的科研和工程实践中取得大量创新性成果，电力系统规

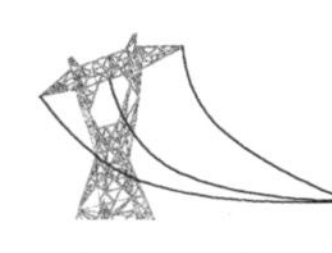

模位居世界第一，许多设备技术已经达到国际领先或国际先进水平。在智能电网技术标准研究和制定方面，我国的科研工作者从旁听学习到积极参与智能电网技术标准的讨论制定，再到牵头组织专业委员会和工作组、主持或主导一些国际标准的制定，将我国电网的理论实践展现给世界同行，在特高压、可再生能源及微电网技术等多个专业领域取得了重要进展，为使我国技术标准成为国际标准开拓出了新的局面。

2015 年以来，随着智能电网建设的成功推进和系统研究的深入进展，世界范围的智能电网研究开始扩展到智慧能源、智慧城市等领域。IEC 将智能电网战略工作组 SG3 转变为智慧能源系统委员会（IEC SyC1, Smart Energy System Committee），这是 IEC 的第一个系统委员会，同时启动智慧城市、微电网、电动汽车等数个 IEC 系统评估组，预期在条件成熟时成立相应的专业系统委员会，推进标准化工作的系统化和深入化发展。我国的电力体制改革也从提出“能源生产与消费的 4 个革命”开始加快步伐，能源系统建设也进入了一个新的阶段。2015 年 3 月 15 日，中共中央国务院下发《关于进一步深化电力体制改革的若干意见》（中发〔2015〕9 号），提出“三放开一独立三加强”，放开新增配售电市场的新电力体制改革方案。为了适应电力体制改革新要求，各类试点和示范工程项目在全国开展。国家发展和改革委员会、国家能源局分别在 2016 年 11 月 27 日、2017 年 11 月 21 日公布两批增量配电业务改革试点项目共计 194 个；国家能源局在 2017 年 6 月 28 日公布首批“互联网+”智慧能源（能源互联网）示范项目共计 55 个；国家能源局在 2017 年 1 月 25 日公布首批多能互补集成优化示范工程共计 23 项；国家发展与改革委员会、国家能源局在 2017 年 5 月 5 日公布了 28 个新能源微电网示范项目。这些试点和示范工程项目的建设、运行等对技术标准开发提出新的需求。国家将能源革命作为战略性任务，大力推进节能环保和提高能效技术。智能电网从电力系统的发电、输变电、配电与用电领域扩大到用户侧电力改革、能源的优化使用、电力和能源的市场化推动。这种重点的转移将进一步激发市场活力，带动整个电力工业和能源工业的科技进步。

近年来，能源互联网的进展尤为引人关注，借助互联网开放、互联、对等与分享的理念，新涌现的能源互联网方法和技术在智能电网与智慧能源、智慧园区与智慧城市，以及在实现分布式发电、配售电业务、多能互补集成优化等方面展现出前所未有的发展潜力。这些工作通常涉及跨领域技术和多方面协调，为满足新的系统建设需要，涉及大量法律法规、标准和规则的修改和制定。标准成为能源行业和企业核心技术开发及可持续发展的重要基础，不但继续发挥灯塔的引领作用，而且将继续在产品质量保证、优胜劣汰方面起作用，为系统的互联互通和安全高效运行等方面提供保证。

应该提到的是，国际标准制定达到标准定义中所说的“基于共识制定”不是

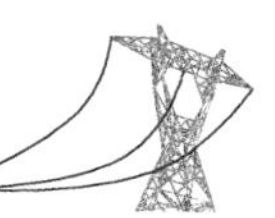

一个容易的过程，从标准立项、编写到修改、通过的整个流程中，充满了国家工业发展观点和地区、企业间的技术竞争，国家和行业的政治经济考虑和行业发展规划都会对我们参与国际标准的支撑和主导策略有着重要的影响，技术标准的制定不可避免地涉及各个利益主体的强力关注和介入。作者认为，参与竞争激烈的国际标准化工作，不单是依靠技术领先和外语交流能力就能有发言权，如何做到不断提高参与标准化工作的水平，做到不走弯路，需要深入理解国家行业的技术基础和发展战略，熟悉专业标准的内容和要点，把握国际技术和标准的发展方向和游戏规则。这样才能使我们在技术标准方面发挥更大的作用，掌握标准制定的主动权。

本书的主要作者先后参与了国家电网公司智能电网技术标准研究及国际标准的制定工作，在争取智能电网新标准立项和主导具体标准制定中经历了复杂漫长的学习和工作过程，看到了标准领域的激烈观点之争和机构与个人的台前幕后表演，理解了国际上不同国家和地区的标准开发策略，得到了系统的锻炼和提高，取得了开展标准研究工作的宝贵经验。本书试图对智能电网的技术标准进行系统介绍，归纳总结国内外开展智能电网建设中智能电网标准研究的主要成果，将作者对智能电网的技术标准研究和开发工作的理解与读者进行分享。

本书第 1 章介绍标准研究的基本知识，从标准发展历史，标准的作用、种类和制定原则，到目前世界范围引领标准化工作的组织及组织结构等。第 2 章介绍国内外开展的智能电网研究和系统建设情况，智能电网概念的推出和智能电网技术改进和系统升级，使得标准体系研究和新标准制定成为引导智能电网发展建设的必要内容。第 3 章分别介绍国际标准化组织和国家或区域标准化组织在标准化领域的工作进展和主要研究成果。第 4 章系统描述智能电网的概念模型和标准体系参考架构，为智能电网的领域划分和领域间的关联，以及从设备技术层到商业运行层间的多层次划分和关联关系，各领域的研究和整体标准建立清晰的边界和关联影响的画面。第 5 章讲述智能电网标准化工作的系统工程方法，为开展复杂系统研究工作建立一套系统和规范化的方法，是保证系统功能开发和工程组织有效协调多方参与工作及多阶段进程控制所必须的。第 6 章对智能电网重要的核心标准和分领域主要技术标准分别进行介绍。核心标准是智能电网研究和各领域技术要遵循的标准，通常领域技术标准要满足核心标准的要求，以满足系统的整体互联互通和通用性需求，所选择的领域技术标准是在领域标准研究中占据主导作用的重要标准。第 7 章讲述智能电网标准管理技术和系统开发工具，为适应不同领域开发和系统集成需要，为标准研究人员提供标准需求分析、标准的规划制定、已有标准的查询与检索、标准的关联与生命周期管理。第 8 章主要介绍智能电网标准测试评估与应用。测试和认证是产品或系统应用的重要环节，按照智能电网标准开发出的产品应该经过严格的标准合格性和互操作测试过程，一致性认证直

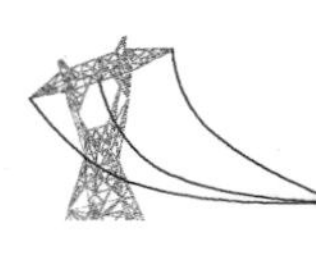

接关系到产品执行标准的正确性和一致性，最终也影响标准的应用。在智能电网标准应用方面，主要介绍国内示范工程建设和标准开发，以及在智能电表、风机并网和电动汽车充放电设施建设、特高压和微网等方面的应用。第 9 章介绍影响标准制定的国家相关政策法规和国内外标准的发展。第 10 章给出标准研究的发展展望。

最后特别感谢中国电力科学研究院有限公司，国家电网有限公司科技部、国际部和中国电力企业联合会标准化管理中心对开展智能电网技术标准研究工作的大力支持，感谢中国电力科学研究院有限公司科技部、配电研究所、技术战略中心的各位专家和工程技术人员对推进和丰富智能电网技术标准所做出的贡献，特别要感谢刘永东、赵海翔等标准管理专家对作者团队参与国际国内标准制定和课题研究所给予的充分信任、支持和帮助。

本书可供电力行业科研与工程技术人员及相关专业的学生参考。期望本书的出版能够为我国智能电网技术标准化工作的发展做出贡献；为政府制定政策和规则，以及企业、高校和科研单位研究开发产品和系统、制定标准提供帮助；为继续深入开展智能电网、智慧能源和能源互联网研究工作提供基础和参考依据。

白晓民

2017 年 9 月 30 日

Foreword

What is our world collective challenge? The long-term sustainability of food, water, and energy security should be universally ensured. The energy demand is climbing, while greenhouse-gas emissions must be curbed, Customers have high expectations of resiliency, lower cost, and a growing demand for new services secured and respecting privacy.

China has achieved a fantastic amount in a very short space of time. Anyone who now visits China sees the mega-cities and the urbanisation and the high-speed rail links, etc. China has been developing its Smart Grid and Smart Energy , promoting integration of massive renewable generation, microgrids and the integration of diverse utility infrastructures (water, gas, electricity, cooling and heating).

At any scale of Smart Grid, we need to keep in mind that the major challenge of integrating large numbers of intelligent nodes interacting with the real life, highly distributed, coupled, and operating in quasi real time, is the exploding complexity. It is reaching an unprecedented level for the science and the industry. The need for Standards emerges unanimously as the key enabler, allowing to define boundaries (Reference Architecture) to segregate subsystems and therefore master the complexity. Standards also allow to develop a gigantic world market for interoperable or even interchangeable products and solutions developed by industrial players competing sustainably on the long term for innovation to increase performance and lower costs.

Standards are not "Standard": they are not necessarily all dealing with the same concepts and at the same level. This is why such a book helps to navigate and find its way in a rather confusing landscape.

Standards are mostly developed on a volunteer basis. Much beyond the technical quality of the writing, the value of a Standard is the amount of consensus it embeds. This is why it is so important for the industry to understand what exists, what could be done, where and how, in order to make risk informed decisions and be properly represented and active. The industry gets the Standards it deserves!

I have a lot of respect and gratitude for the authors of this book who have been involved from day one in major worldwide efforts at the International Electrotechnical

Commission (www.IEC.ch). They are proactively contributing to the vision and inception of current ground breaking developments on Smart Grid at all scales from Microgrids to Smart Energy.

This signature book is a landmark providing a very comprehensive introduction to all the concepts to be mastered, as well as the fundamental keys of System Engineering which are paramount to more and more cross cutting developments. This book is presenting a compendium of standards to help the practitioners developing projects, as well as all the keys to understand the Standards development processes and how to make the best use of them!

Richard Schomberg

IEC Ambassador for Smart Energy

IEC Chair of the System Committee on Smart Energy

目　　录

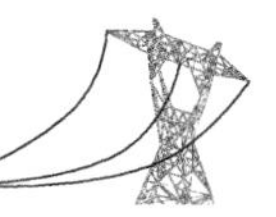

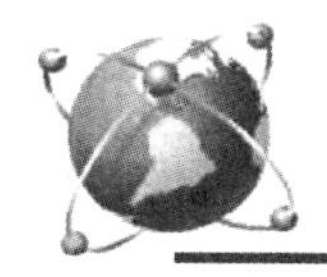

第 1 章　标准化基本知识

进入 21 世纪以来，标准在国际贸易、产业发展、技术研发方面日益受到重视，类似“一流企业做标准”“谁掌握标准制定权，谁就掌握市场主导权”等对于标准地位的描述，已经得到了普遍认同。随着国家标准化改革的推进，标准更是成为热点话题。标准的重要性和作用无需赘言，但在标准制定，特别是国际标准制定这样一个难度高、投入大、回报周期长的领域，企业能否“内发”地重视标准并乐于投入资源，取决于其对标准的历史、内涵和作用能否深刻地理解。

1.1　标准发展沿革

标准的历史源远流长。古代史中关于标准的记载是与王权或皇权联系在一起的：秦始皇统一中国后“一法度衡石丈尺，车同轨，书同文字”；法老王以其手肘到中指尖的长度定为一“腕尺”；英国国王乔治一世以其臂长作为一“厄尔”，揭示了早期标准的特征，即标准往往是以“王令”“皇命”的形式，作为加强统治者对所辖区域控制权的一种“赋权”工具出现，其内容取决于统治者或管理机构的“一家之言”。

随着社会的进步，赋予标准权威性的权力基础也随之变化。法国大革命期间，新的测量系统被认为是“消除地区规则任意性的有效途径”。标准的内容也由“统治者意志”向“普遍认可的规则”转变。此外，利用标准帮助民众自行完成计算和测量，意味着标准应当是可被公众获取、普遍和重复使用的文件，可被视为现代标准原则的雏形。

进入工业革命时期，标准在推动技术进步和社会发展方面的作用真正凸显。通用零部件的出现，显著降低了机械化生产的成本，提高了复杂产品装配和维护的便利性，减少了产品的生产时间和对熟练工人的依赖性。标准不仅使大规模生产成为可能，也为大规模、远距离商品运输创造了条件。美国铁路标准化是标准研究中引用率极高的经典案例，在实行标准化前，美国国内各地铁铁轨宽度不一，大宗货物跨区域运输需要在区域火车间进行人工卸货换车。南北战争时期，美国政府认识到统一铁路标准对于经济发展和军事方面的重要作用，与铁路公司联手推出了全国统一的铁路标准，并以法案的形式确定下来，成为利用标准促进贸易发展、建立统一市场的成功案例。

进入 20 世纪之后，随着技术和生产管理模式的进步，标准化生产已经成为主流。但此时的标准往往以一家公司或有限区域为应用范围，标准林立的情况反而给技术和商业发展造成了新的障碍。更重要的是，对于城市基础设施、电工、交通等与人身安全密切相关的领域而言，统一标准的缺失可能造成的是无法挽回的重大损失。1904 年美国巴尔的摩大火，让人们深刻认识到统一标准的重要性。火灾始于巴尔的摩市内一栋建筑物的地下室，大火吞噬了整栋建筑后迅速蔓延至 80 个街区范围。附近纽约、费城和华盛顿的消防局赶往救援，却发现 3 个城市的消防设施的使用接口与巴尔的摩市不同，无法接入当地消防栓取水。最终，大火在燃烧了 30 多个小时、焚毁 2500 栋建筑物后才被熄灭。其后，美国政府立即对全国 600 个消防局开展调研，一年后，美国消防协会（National Fire Protection Association，NFPA）成立，迅速推出全国统一的消防标准“巴尔的摩标准”，该标准被沿用至今。

“巴尔的摩标准”的诞生代表了 20 世纪初标准发展的主要趋势。在 20 世纪初的二三十年间，一些有影响力的国家级标准化组织陆续成立。1901 年，第一个国家级标准化组织“英国工程标准委员会”成立，即英国标准协会（British Standard Institute，BSI）的前身；1917 年，德国工业标准委员会成立，即德国标准化协会（Deutsches Institut für Normung e.V.，DIN）的前身；1918 年，美国工程标准委员会成立，即美国国家标准学会（American National Standard Institute，ANSI）的前身；1929 年，日本工业品规格统一调查会成立，即日本工业标准调查会（Japanese Industrial Standards Committee，JISC）的前身；1931 年，中国工业标准协会成立，即中国国家标准化管理委员会（Standardization Administration of China，SAC）的前身。

在各国兴建国家标准化机构时，国际标准化组织的组建工作也同步启动。1904 年，国际标准化奠基人之一的克朗普顿（Crompton），应邀出席了在伦敦举办的国际博览会，会上他宣读了有关从国际层面促进电工标准化的论文，得到了学术界和产业界的强烈响应，随后克朗普顿受国际博览会主办方邀请着手筹办国际电工标准化组织。在克服各种困难之后，世界首个国际标准化组织——国际电工委员会（International Electrotechnical Commission，IEC）成立。20 年后，工作范围覆盖全部技术标准及规范的国际性标准化组织——国家标准化协会国际联合会（International Federation of the National Standardizing Association，ISA）成立，旨在全面促进各领域标准的国际化。受第二次世界大战的影响，ISA 于 1942 年关闭，第二次世界大战结束后，在美国的推动下，于 1947 年重建为国际标准化组织（International Standardization Organization，ISO）。同一年，国际电信联盟（International Telecommunication Union，ITU）正式归入联合国作为一个专门机构，其下设的国际电信联盟电信标准分局（ITU Telecommunication Standardization Sector，ITU-T）是专门负责制定电信标准的分支机构。

IEC、ISO 和 ITU-T 作为世界贸易组织（World Trade Organization，WTO）认可的 3 个国际化标准组织，自成立以来，在国际贸易和技术推广方面发挥了至关重

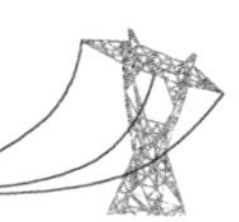

要的作用。“世界贸易组织贸易技术壁垒协议”(Agreement on Technical Barriers to Trade of World Trade Orgnization，WTO/TBT 协议)将 IEC、ISO 和 ITU-T 的标准化工作，作为应对技术壁垒、促进国际贸易和全球市场、支持发展中国家的核心措施，以避免特定技术方案、区域性标准和一致性测试成为部分国家特别是发达国家阻碍新产品进入本地市场、参与竞争的工具。随着经济全球化的发展，各国对国际标准日益重视，国际标准已成为国际贸易和国家长远发展新的竞争热点。

进入 21 世纪以来，信息化技术快速发展并与其他系统深度融合，推动了既有系统和传统行业的革新，掀起了新一轮的技术发展热潮。相对于以往的技术革新，在此次新技术浪潮中，标准化的重要作用更加凸显。欧美国家在技术和设备研发时，同步甚至提前就开始了标准化路线图的制定。标准已经不是对现有产品、技术参数和解决方案的总结，而逐渐发挥着引领和指导新型产业发展的作用，发达国家对标准主导权的竞争也已经从对现有市场的争夺转向对未来市场的预先布局。

1.2　标准的作用

1.2.1　技术标准的宏观经济效应

技术标准特别是国际标准的广泛应用，带来的影响是多方面的，包括在宏观经济层面推动创新、贸易和经济增长，促进信息公开和公平竞争，为消费者提供更为经济、质量更好的商品和服务等；在社会效益方面为安全、环境、劳动保护等方面提供保障。为避免分析过程的零乱，本节仅从标准经济效应分类方法入手，阐述标准对宏观经济产生影响的一般性原理。

表 1-1 是对标准的一般作用的一种简单分类。对标准的分类和作用的分析会因依据不同而各异，没有特定之规。这里仅仅是为了便于分析标准的经济效应，采用了一种在相关研究中比较常见的分类方式，这种分类并不意味着某一个标准仅具有

表 1-1　标准的一般作用

作用	效应
兼容和接口	● 网络效应或称网络外部性(如无缝连接) ● 避免过时技术的锁定 ● 增加系统产品的多样性 ● 提高产品和系统间的互操作性
最低质量保证和安全性标准	● 避免“劣币驱逐良币” ● 降低交易费用 ● 纠正负外部性
降低不必要的多样性	● 规模经济 ● 聚焦核心和关键产品的开发
信息公开和衡量依据	● 促进贸易 ● 降低交易费用

某一类作用。这种分类方法首先是由 David[1]在 1987 年提出，并在德国标准经济效益研究中采用，随后为加拿大、澳大利亚的标准化研究机构在类似研究中沿用。

1) 兼容和接口属性

信息和通信技术(information and communication technology，ICT)的快速发展进一步彰显了兼容性标准和接口类标准的重要性。这种重要性主要通过两种经济现象体现：①转换成本。在生产商和消费者正式部署设备前，自由选择某一种技术方案是无成本或低成本的，但当其对某一类系统进行投资、采用某一标准或某一标准成为强制性标准后，再行转换将面临很高的转换成本。②网络效应。是指选择使用更为广泛的标准或系统时，取得的收益更大。当这两种现象存在时，就存在市场被某一种"不利设计"锁定的风险，因为当新技术出现时，在确定其他人都将转换技术，即确定新技术会形成网络效应时，过时的技术产品生产商和用户都会因转换成本高昂而不乐于进行技术换代。而高质量标准的制定有助于解决上述问题，兼容性标准和接口类标准可通过给新技术创造外部性预期，为其打开进入市场的机会。

2) 最低质量保证和安全性标准

当消费者面临眼花缭乱的产品选择时，可能会无所适从，难以从生产商的商品描述中判断何种产品能够满足其消费预期。英国工程标准委员会在 1901 年成立时的首要任务，就是为了减少市场上形状、大小和质量各异的合金钢产品流通造成的混乱。这种混乱可能抑制贸易的增长，甚至造成"劣币驱逐良币"(bad money drives out good)的市场失灵现象。标准则可以为判断产品质量提供清晰的判断依据，不仅消费者可以据此合理选择产品，而且生产商也可以因提供合乎标准质量的产品而获得更高的经济利润，实现"良币对劣币的驱逐"。此外，质量标准也有助于降低交易费用和搜寻成本，标准化的产品预先为消费者降低了购买产品时面临的不确定性和风险，也为消费者进行产品选择提供了具有公信力的依据，消费者可相应减少购买前所需的评估时间和费用。另外，标准的这种保证作用不仅对交易双方有利，而且对第三方也提供了保护，如环境标准的作用。

3) 降低不必要的多样性

降低不必要的多样性主要有两个方面的意义：一是通过限制细微差异模型的无意义扩散，帮助市场专注于主流模型，从而促进规模经济的形成。例如，高端定制西装，因为高度的个性需求，无法予以标准化，从而难以形成规模经济。用户需要在标准化带来的价格降低和高价格的个性化定制之间进行选择。二是利用标准降低供应商面临的风险，这对于生产商和消费者都具有积极意义。通常一个具备并广泛应用标准的产业，其未来技术发展的轨迹是可以预见的，标准可以为新市场的先锋企业预先确立网络效应预期、兼容性和接口类标准，这一点对于开辟和推动新市场的发展至关重要。

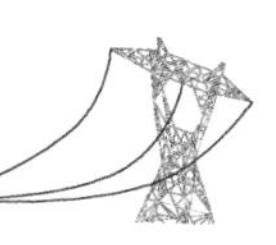

4）信息公开和衡量依据

标准在信息公开和衡量依据方面的作用往往被单独作为一类进行表述，但标准在这方面的价值实际是前 3 种作用的综合体现。以汽油的分级为例，根据标准可将汽油分为含铅、无铅和超无铅汽油，这既提供了产品信息，也同样发挥了上述 3 个方面的作用：在壳牌石油加油还是在英国石油公司（British Petroleum Company，BP）加油，对使用达标的含铅汽油的发动机来说并不存在兼容性问题；而这种分级本身也对汽油的质量提出了要求；石油生产商通过将汽油生产聚焦到 3 个品种，从而形成规模经济。

德国在研究标准对宏观经济发展的贡献方面一直走在世界前列，DIN 在 2000 年开展的“标准经济效益”专项研究，作为一个经典范例被 ISO 和多个国家所效仿，法国、澳大利亚、英国、加拿大在此后开展的相关研究均沿袭了 DIN 的思路、方法和模型。2011 年，DIN 对此进行了深化研究，通过对各国相关研究的总结和对德国 2000 年后的数据的分析，得出的结论为标准通过推动技术扩散对各国经济增长均有积极影响，其具体的贡献率见表 1-2。

表 1-2　标准对经济增长的贡献率分析

国家	发布机构	时间跨度	GDP 增长率/%	标准贡献率/%
德国	DIN（2000 年）	1960～1996 年	3.3	0.9
法国	AFNOR（2009 年）	1950～2007 年	3.4	0.8
英国	DTI（2005 年）	1948～2002 年	2.5	0.3
加拿大	SCC（2007 年）	1981～2004 年	2.7	0.2
澳大利亚	AS（2006 年）	1962～2003 年	3.6	0.8

注：DIN 为德国标准学会；AFNOR 为法国标准化协会；DTI 为英国贸易工业部；SCC 为加拿大标准局；AS 为澳大利亚标准协会。

资据来源：German Institute for Standardization, The Economic Benefits of Standardization: an update of the study carried out by DIN in 2000, Berlin, 2011.

德国对标准经济贡献率的测算采用了基于索罗增长理论建立的一种经验模型，在该模型中，技术进步率通过影响资本和劳动力数量及质量成为经济增长的主要变量之一，但通常这种影响很难量化。在测算中，DIN 以国内新增专利数量和对外支付的专利许可费用（进口）作为新技术产生的计算依据。技术进步对经济增长的贡献一方面来自新技术的出现，另一方面则来自技术扩散，即将新技术或进口技术尽可能广泛和快速地在经济体内扩散，在测算中，DIN 选择通过技术标准的数量考量技术扩散的影响，其原因在于与专利不同，标准本身不是知识产权保护的对象，因此公司可以自由地、以较低的价格使用，同时标准由技术专家制定，包含了相当多的技术知识，标准的应用过程也是技术知识传播的过程。在测算中，DIN 引用其 1951～2008 年年度报告中的德国国内标准化组织数量(1951～1991 年数据来自联邦德国)，绘制了标准化组织增长情况，如图 1-1 所示，其中的标准化组织包括国际、国家、行业组织及标准联盟。

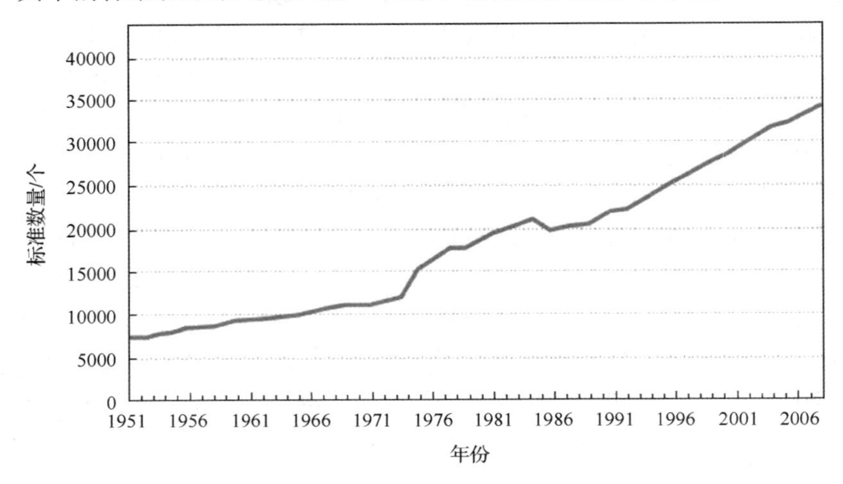

图 1-1 德国标准化组织增长情况(1951～2008 年)
资料来源：1951～1990 年数据，DIN Annual Reports；1991～2008 年数据，PERINORM

与图 1-1 所示的德国标准化组织的快速增长相对应的是德国 1951～2006 年资本存量、劳动力资源和经济总值方面的增长，如图 1-2 所示。如上所述，标准对经济的贡献主要通过技术知识在市场中的传播所产生，通过提升一国经济中的创新动力和技术进步率中和资本和劳动力边际报酬的递减效应，从而推动一国经济

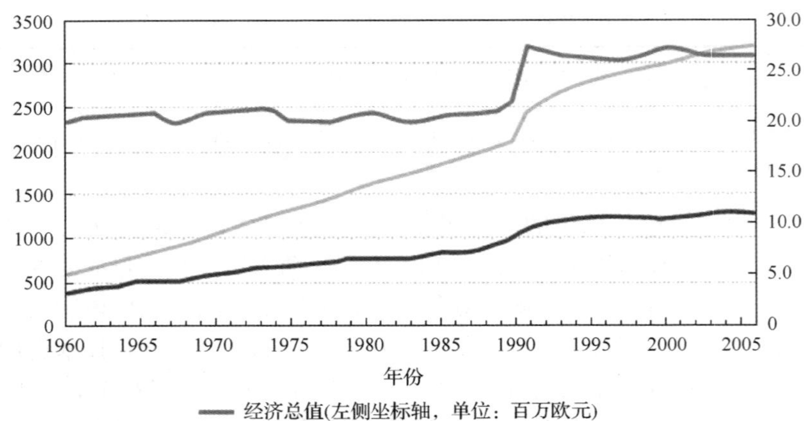

图 1-2 德国 1951～2006 年资本存量、劳动力资源和经济总值方面的增长
资料来源：德国联邦统计局

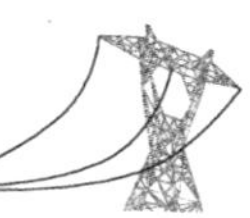

的持续增长。DIN通过模型进一步折算了标准经济贡献率的价值，如图1-3所示(其中1991年数据因联邦德国和民主德国合并缺失)。

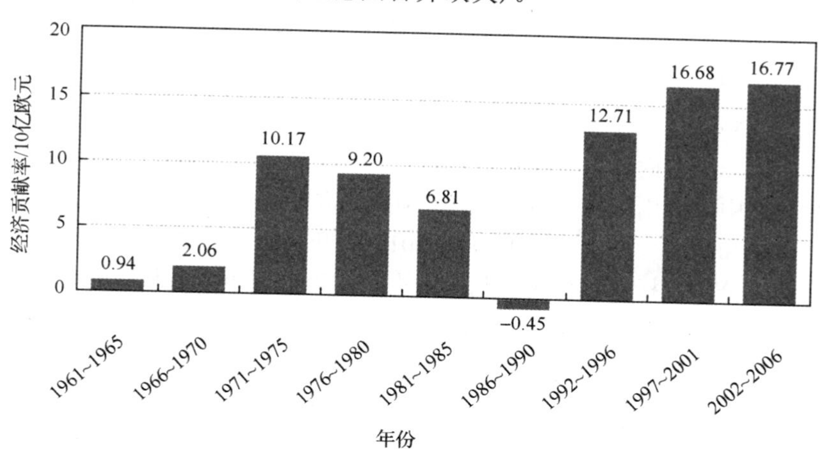

图1-3 德国标准经济贡献率价值折算

资料来源：German Institute for Standardization, The Economic Benefits of Standardization: an update of the study carried out by DIN in 2000, Berlin, 2011

1.2.2 技术标准的微观效应

1)提高产品性能、质量和可靠性

标准能够为产品生产和服务提供清晰的指导和说明，如果应用得当，可以帮助企业提升产品质量和服务质量，以满足用户需求。标准同时也可以帮助企业提高产品和服务水平的可靠性，吸引更多客户，培养用户忠诚度，从而使其在市场竞争中取得优势。

2)为企业提供安全生产指导

标准应用于安全、工作环境、劳动保护和环境保护方面，可以帮助企业降低雇员、用户和环境受到侵害的风险，避免由此带来的诉讼风险、行政和法律处罚、赔偿费用和声誉损失。例如，在城市配电线路建设中，对架空线路高度有着明确的标准要求，以确保电线即使因温度上升发生弧垂变化后，仍然与地面保有足够高度，以供下方人员和交通工具安全通过。一旦发生安全事故，是否合乎标准将成为事故责任认定的重要依据。

3)提高产品、配件兼容性

提高产品兼容性、确保企业产品与其他配件、产品和系统的互操作性，在当前强调系统融合、技术快速发展的环境下日益重要。一方面，兼容性高的产品可以有效地为客户降低转换和学习成本，对于一些发展趋势尚不确定的新兴技术和产品，普遍的兼容性也可以帮助客户降低由技术不确定性带来的投资风险，更易受到用户青睐。另一方面，提高配件兼容性也是有效降低对特定供应商依赖性、保障供应链安全的有效手段，对多种配件的兼容可以为企业带来更广泛的供应商选择和更低廉的成本。

4）提升内部运营管理效率、拓展新市场

标准可用于公司内部运营的精细化管理，在企业产品生产、流程管理、采购管理、废物管理中，应用标准可有效提高企业内部沟通效率，降低时间、采购成本，提高资源配置和利用效率。根据 ISO 在 2013 年开展的“标准化经济效益”大规模企业调研数据分析，标准对公司总利润的贡献率为公司年销售利润的 0.15%～5%，而当企业进一步发挥标准在新市场拓展方面的作用时，这一贡献率最高可达 33%[2]。其中新市场的拓展既包括地理范围的扩展，也包括新技术、新产品的扩展。通过应用国际标准或目标市场标准，可以帮助企业避免技术型贸易壁垒或目标市场法律行政风险，可以帮助用户了解企业产品，从而降低新市场进入难度。

5）为企业争取潜在战略优势和竞争优势

标准对企业发展的战略价值和潜在竞争优势价值体现在企业参与标准制定中发挥的作用。根据其发挥作用的方式可以细分为 3 类：一是信息价值。标准在很大程度上决定了一个产业未来的发展方向，通过参与标准制定，企业可以提前获知标准相关技术需求和所谓的内部信息（insider knowledge），减少或避免标准出台后产品或服务的变动成本。二是专利标准化价值。企业参与标准制定时如能将自身技术或自有专利纳入标准，无疑将为企业产生巨大的经济价值和竞争优势。三是战略价值。这一点是指企业利用标准进行预先的市场布局，影响产业的发展方向，从而在竞争中取得先发优势。特别是那些未来可能会上升为法律法规、行政管理条例的标准，若参与此类标准的制定，将帮助企业避免转换成本、取得市场先机。

1.2.3　技术标准对技术创新的影响

通过前面的分析可知，由于转换成本和网络效应的存在，一旦一项技术在市场广泛应用，那么具有竞争性、且具不兼容性的技术则很难再进入市场，从成本和用户习惯的角度而言，市场对技术的选择具有不可逆性。经典的“QWERTY 键盘”案例充分说明了如果未能先一步占领市场、培养用户习惯，即使是先进的技术也可能被市场反向淘汰。“QWERTY 键盘”原本设计用于机械打字机，受限于当时的打字机制造技术，其键盘布局特意设计为不符合英文输入顺序和频率要求的样式，以避免因输入过快导致联动杆之间发生挤压故障。“QWERTY 键盘”随后成为一种标准的键盘设计。随着打字机设计和制造的改进，降低打字速度以减少机械故障的需求已经不存在，1932 年，一种能够有效平衡双手输入频率、提高

输入速度的更为合理的键盘设计“Dvorak 简化键盘”诞生。但这个案例的结局众所周知，时至今日，落后的“QWERTY 键盘”依然主导着我们的生活。这是一个经典的技术锁定案例。由于用户习惯和转换成本的存在，市场在选择“QWERTY”键盘之后，已经不可逆地锁定在了这项劣势技术上。

标准具有减少产品多样性的效果，这一点在技术创新上，则表现为一种“标准树”效应。图 1-4 表现的是一个在无标准约束情况下的创新过程。如图 1-4(a) 所示，在第一阶段， 通过创新创造一个新的技术领域，在原始创新技术上，每一个分支代表了一个新的技术演进方向。由于没有专利和标准的约束，技术创新进入第二个阶段，呈现多样性发展，如图 1-4(b) 所示。如图 1-5 所示，由于专利的存在，一些技术方向通过专利授权向外扩散，获得了较大发展，同时由于专利保护的存在，一些涉及侵权的技术改进无法生存，两方面共同作用下，技术演进的多样性减少。如图 1-6 所示，一种技术发展方向由于先发优势或预先的标准布局成为事实标准，为了避免后期的转换成本及遵循用户习惯，技术的演进将沿着标准锁定的路径进行。这里强调事实标准是因为通常很少在技术研发阶段就开始制定国际标准或其他正式标准。

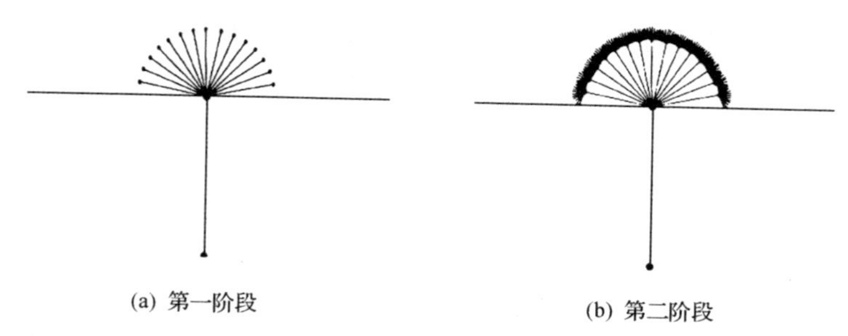

图 1-4　无标准约束情况下的创新过程

资料来源：European Commission, Patents and Standard: a modern Framework for IPR-based standardization, 2014

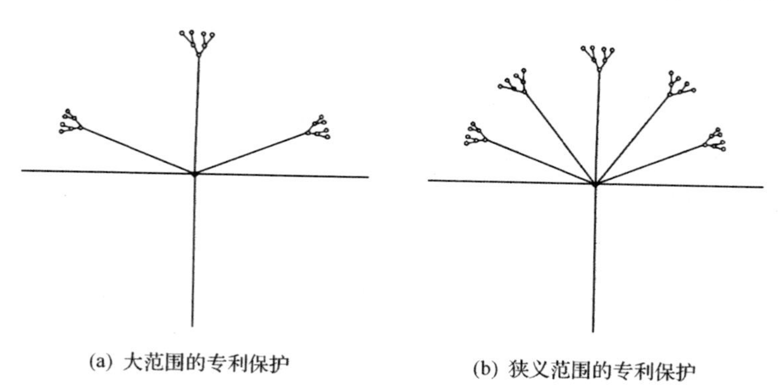

图 1-5　主要受专利制度影响的创新过程

资料来源：European Commission, Patents and Standard: a modern Framework for IPR-based standardization, 2014

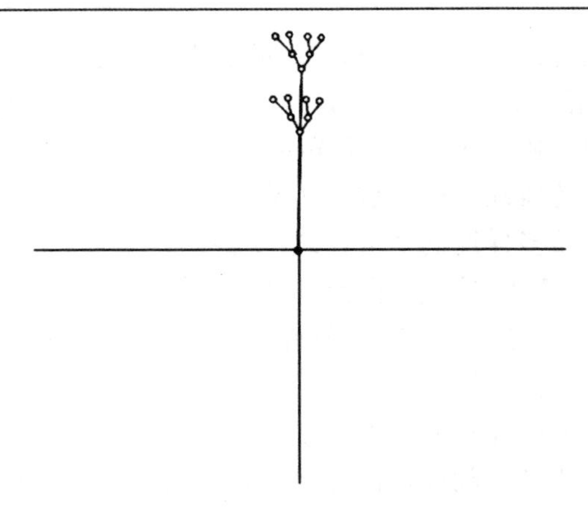

图 1-6　受事实标准约束的创新过程

资料来源：European Commission, Patents and Standard: a modern Framework for IPR-based standardization, 2014

市场的不可逆性和路径依赖作用充分说明了掌握标准先机对于把控未来市场发展的重要性。而从 1.2.2 节的成本与效应分析中不难看出，产业联盟标准在新兴技术领域快速应对技术发展、预先占领市场方面具有优势。因此，在物联网、大数据、智能电网等领域尚处于前期研发阶段时，发达国家知名企业纷纷采用制定联盟标准的方式，确立自身技术的事实标准地位，抢占新兴领域的发展先机。

1.3　标准的种类

技术标准的分类依据非常多样化，本书仅选择以标准效力和制定者两个方面为依据进行分类。

1.3.1　标准效力分类

1) 强制性标准与推荐性标准

实际上，“自愿采用”是标准的基本属性之一，所谓强制性标准并不是标准本身具有的效力，而是因为监管机构将标准作为其下达的法律、法规、管理办法等的执行和管理依据，从而具有了强制性。例如，《中华人民共和国标准化法》第七条规定：国家标准、行业标准分为强制性标准和推荐性标准。保障人体健康，人身、财产安全的标准和法律、行政法规规定强制执行的标准是强制性标准，其他标准是推荐性标准。第十四条规定：强制性标准，必须执行。不符合强制性标准的产品，禁止生产、销售和进口。推荐性标准，国家鼓励企业自愿采用。强制性标准是出于维护社会公众利益或国家安全的角度予以规定的，在内容上通常避免使用某种特定技术或专利技术才能达到的要求，如无法避免使用某项专利也会根据标准化组织的专利政策处理，以避免特定企业获得垄断性收益。

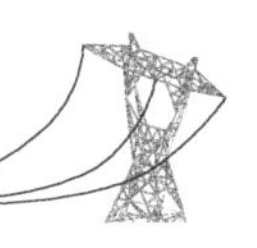

2) 国际标准中的效力分…《ISO/IEC 导则》(ISO/IEC *Guide*)一书中讨论的国际

“WTO/TBT 协议”…的标准。在 ISO 和 IEC 中，并非所有由其技术委员会制
标准仅指 ISO 和 IEC 制…准，而是根据出版物内容的性质、达成合意的要求而分
定的出版物均视为国…信息性(informative)2 类、4 级。
为规范性(normative…够就所讨论的产品、系统、服务或其他问题在特定的技术描

规范性出版物…ISO/IEC 出版的 4 类出版物中仅国际标准和技术规范被认定
述上达成协议的…制定时需经过绝对多数投票(大于等于 2/3)才能通过，成员国具
为规范性出版…
有等同采用…例如实施流程或导则等，仅提供背景信息，包括可公开获得文件

信…需通过简单多数投票规则，相对的制定流程也较为简单，对成员
…何约束性。

和技…
国…准(international standard，IS)：IEC 认为仅在 ISO 或 IEC 经过相应的
…术委员会成员国投票流程制定的规范性出版物为国际标准。

…规范(technical specifications，TS)：TS 通常是所讨论的问题仍然在发展之
…者原本计划作为国际标准发布，但在制定中未能形成足够的共识，已通过国
…的投票流程的情况下，以技术规范的形式发布。TS 一般被视为一种预备国
…准，其规范形式和内容的详尽程度非常接近国际标准，但未能形成足够的共识。
由此可见，共识在国际标准制定中的重要性和作为技术标准核心内涵的地位。

可公开获得文件(publicly available specifications，PAS)：PAS 可以是一个过渡性的规范，是在一个完全的国际标准制定完成前先行发布，或者由 IEC 采用(dual 双标识 logo)共同认证方式与其他标准化组织合作发布。以 PAS 形式发表的规范，说明其尚不满足标准的要求。PAS 的有效期为 3 年，期满后经过投票可延长有效期 1 次，最长有效期不得超过 6 年，有效期满后或经过修改上升为其他规范性出版物，或予以撤回。

技术报告(technical report，TR)：技术报告是一种纯粹的信息参考性文件，包括通过调研获取的数据、与其他标准化组织合作获取的信息等。《ISO/IEC 导则》特别强调了技术报告的内容与国际标准不同，必须明文表示其作为参考性文件的性质，以及与相关国际标准的关系，不得暗示有任何规范性质。技术报告的出版仅需简单多数批准流程。

1.3.2　标准制定者分类

根据制定者不同，标准可以粗略分为法定标准和事实标准两类。法定标准是指由政府监管部门或正式标准化组织遵循严格的程序制定或注册认证的标准，这些组织和部门包括国际层面的 ISO、IEC，地区层面的欧洲标准委员会(Comité

Européen de Normalisation，CEN)，国家层面的中国 SAC、国家质量监督检疫总局(General Administration of Quality Supervision,Inection and Quarantine of China)、美国的 ANSI、英国的 BSI，行业协会和学术组如美国的电气与电子工程师协会(Institufe of Electrical and Electronics EngineersEE)和中国的行业标准化委员会等。法定标准最典型的特征是程序的严格性，的发起、编制形式、讨论形式、文本记录到投票规则、出版和认证过程都要作规则。另外，从成员选择上，在国际标准层面，只有国家才能成为 ISO 和 IE式成员，由各国相当于国家标准化管理委员会的机构作为代表。法定标准的适用范围和制定机构的级别，由国际或国家监管机构以法律、法根据其协议等多种形式确认。

事实标准是指非由标准化组织或政府监管部门认证，由公众的普场力量(如先期进入市场等)取得市场支配地位，针对产品、流程、系统活动或活动的结果等的规范性出版物。事实标准是由 defacto standard 翻译与法定标准 dejure standard 相对应，实际上是借用了法学界的表述方式，其表明这是一种被市场接纳、认可的标准。事实标准的定义、名称和表现形式很根据制定者不同可被称为标准联盟、技术联盟、产业联盟、企业联盟标准等，虽然各有侧重，如技术联盟标准侧重于技术创新或推广，产业联盟标准侧重于推动产业发展，企业联盟标准侧重于联合相关企业开展合作，标准联盟侧重于标准的推广，等等，但其特点都在于由市场主体组成和主导，侧重于推动技术和产品的兼容、一致性和推广，各种类别之间也没有严格的定义区分，因此，ISO 在其特别研究报告中将其统称为私有标准(private standards)。私有标准是指由企业、非政府性组织等发起和制定的，规范特定领域或行业，被行业和社会普遍接受的自愿性标准、规范等。与之相对应的是公共标准。公共标准通常对制定者、制定流程都有严格要求，主要包括国际、国家、地区、行业标准等。

私有标准的制定方式和组织形式多种多样，但其最终的实施效果都体现在对产业和贸易的促进作用。因此，本书选择以“产业联盟标准”这一概念进行讨论。

私有标准的数量和对贸易的影响自 20 世纪 90 年代初期起稳步上升，这一增长主要受全球化加深、贸易自由化、用户偏好的改变和信息技术进步的综合影响。尽管这一变化影响深远，但对私有标准的市场渗透率由于缺乏海关的相关监管数据而难以评估，对其影响也难以进行量化分析。虽然缺乏准确的数据依据，但公众对私有标准的认知率的提高，从侧面反映了私有标准活跃度的提高，而近年来信息技术领域若干著名的私有标准案如 DVD 案、结构化信息标准促进组织(Organization for the Advancement of Structured Information Standards，OASIS)与微软的数据格式之争、WiFi 联盟、3G 标准之争等，都体现了私有标准对贸易和产业发展的影响力越来越高。

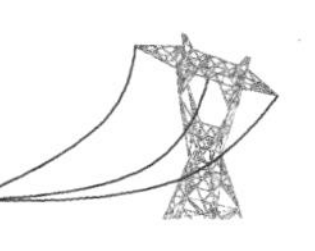

1.4　标准制定的核心原则

ISO 在 ISO/IEC *Guide 2:2004-Standardization and related activities—General vocabulary* 中规定了标准的定义：标准是基于共识制定并由公认的组织批准的，供通用和重复使用，为活动或活动的结果提供规则、指导，以达到在一定环境下的最佳秩序[3]。

这一定义同样被IEC所采用，被记录在ISO和IEC共同的规则性文件《ISO/IEC导则》中，同时以备注形式注明标准应该基于科学、技术和经验的坚实基础，并以推进最佳社会效益为目标。IEC特别强调了共识(consensus)和透明(transparency)是标准的核心。ITU对标准的定义与ISO和IEC基本相同，不再赘述。《ISO/IEC 导则》同时规定了国际标准的定义：由国际标准化或国际标准化组织认可且可公开获取的标准，其中国际标准化或国际标准化组织指ISO和IEC。

IEC、ISO 和 ITU 是全球公认的三大国际标准化组织，三者共同组成了世界标准联盟(World Standard Consortium，WSC)，遵循共同的理念和工作原则。WSC相信，国际标准是实现和谐、稳定和全球认可的技术、最佳实践、协议传播及应用框架的重要工具，是支持信息化社会发展的重要手段。WSC标准的制定遵循透明化、共识机制和尽可能接纳所有利益相关方贡献的原则，其成员国遍布世界各大洲，因此，具有广泛的代表性和市场认可度，对实现均衡发展具有重要意义。

欧洲标准委员会对于标准的定义为：标准是为了作为规则、导则和术语定义使用而制定的技术性文件，基于共识制定，可供重复使用。标准的制定需要制造商、用户、监管部门等所有利益相关方的共同参与。标准应在促进产品安全性和质量的提升、交易成本和价格的降低等方面发挥积极作用，从而使所有利益相关方受益。

美国标准化委员会对于标准的定义是：标准是描述一个产品、流程或服务的特性或质量的集合。

我国国家标准《标准化工作指南　第1部分：标准化和相关活动的通用词汇》(GB/T 20000.1—2002)将标准定义为：为了在一定范围内获得最佳秩序，经协商一致制定并由公认机构批准，共同使用和重复使用的一种规范性出版物。

从上述各国际、国家/地区标准化组织对标准的定义的梳理中不难看出，尽管其在措辞上不尽相同，但对标准的理解基本相似，尤其是对“共识”或称“协商一致”原则，以及对“公认/认可指定机构”的强调。这实际上是在强调标准应具有广泛的代表性、避免一家之言，又要具备足够的公信力和权威性，以避免标准过多而造成市场混乱。其中有关制定机构的公信力问题实际是由市场决定，而“共识”原则，则通常被作为首要条款在标准化组织的工作准则或原则中做明文规定。

这一点在“WTO/TBT”协议中也有所体现。在2000年第二轮WTO/TBT三年期审查报告中，审查委员会指出："委员会注意到国际标准化领域中存在着发展中国家参与不足与受限的问题。"因此，决定采用有关"就国际标准发展重要方面设立一系列原则"的决定，即应在国际标准制定中考虑透明、开放、公平、基于共识、适当和效率、一致性和发展中国家立场。

在国际标准化组织层面，《ISO/IEC 导则》中强调共识和透明的核心地位，欧洲电信标准化协会(European Telecommunications Standards Institute，ETSI)、ANSI、美国国家标准与技术研究院(National Institute of standards and Technology，NIST)，都分别在各自的术语定义或工作准则中强调标准制定的"due process"，即"程序的公正性"，而其中最核心的要求也是"consensus"，即"共识"。《ISO/IEC 导则 2:2004》明确规定了共识的定义：共识是一种在实质性问题上，是在任何一部分利益相关方观点均未受到反对或反对未成立的情况下，各方达成的协议，且该协议的达成必须经由一个寻求在考虑所有相关方观点并协调争议性观点后，最终达成一致的过程。但这种共识并不要求达成全体一致。ISO 和 IEC 对规范性出版物的投票规则为大于等于三分之二为通过，对其他信息性出版物的规则为简单多数。

IEC 在其标准制定的指导文件中强调了共识的重要性，认为共识是非常重要的，因为其代表了关心标准制定的利益相关方对标准条款的观点，包括制造商、使用者、消费者和一般相关利益群体。IEC 国际标准必须在 IEC 全球成员国中达成共识。

各标准化组织对共识的重视，揭示了技术标准的最核心内涵，即标准所采用的技术不一定是最先进的或应用最广的，而是能够在标准化组织成员中达成共识的技术。同时，标准的制定不应为任何一个利益相关方单独主导，而需要所有利益相关方达成共识。这看似与各国投入人力、物力、财力，参与国际标准化竞争的目标——输出自身技术、通过主导标准制定主导产业发展，但正是由于"共识"原则的存在，才为标准竞争制定了游戏规则，各方均需在"共识"的基础上，利用市场优势、技术优势争取其他方的支持，同时做出必要的让步，以最终制定标准。而在多大范围、何种程度取得共识，也成为标准分类的一个依据。

1.5 智能电网相关的主要标准化组织

1.5.1 国际标准化组织

1. IEC

IEC 成立于 1906 年，至今已有 100 多年的历史，是世界上成立最早的国际性电工标准化机构，负责有关电气工程和电子工程领域中的国际标准化工作。

IEC 的宗旨是促进电气、电子工程领域中标准化及有关问题的国际合作，增进国际间的相互了解。为实现这一目的，IEC 出版了包括国际标准在内的各种出

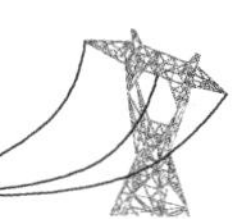

版物，并希望各成员国在本国条件允许的情况下，尽可能多地使用这些标准。近20年来，IEC的工作领域和组织规模均有了相当大的发展。截至2017年底IEC成员国已从1960年的35个增加到了60个。这些成员国拥有世界人口的80%，消耗的电能占全球消耗量的95%。目前IEC的工作领域已由单纯研究电气设备、电机的名词术语和功率等问题扩展到电子、电力、微电子及其应用、通信、视听、机器人、信息技术、新型医疗器械和核仪表等电工技术的各个方面。

IEC标准的权威性是世界公认的。IEC每年要在世界各地召开100多次国际标准会议，世界各国近10万名专家参与IEC的标准的制定、修订工作。IEC现在有技术委员会(Technological Commission，TC)97个，分技术委员会(Sub-technical Committee，SC)81个，工作组数目上千个。IEC标准在迅速增加，目前，IEC已制定了超过6000个国际标准。

中国1957年加入IEC，1988年起由国家技术监督局代表我国国家委员会，目前由国家标准化管理委员会代表我国国家委员会。中国是IEC全部97个技术委员会和81个分委员会的参与成员(participating member，P成员)。目前，中国是IEC理事局、执行委员会和合格评定局的成员。1990年和2002年，中国在北京分别承办了IEC第54届和第66届年会。2011年10月28日，在澳大利亚召开的第75届IEC理事大会上，正式通过了中国成为IEC常任理事国的决议。目前，IEC常任理事国为中国、法国、德国、日本、英国、美国。IEC的主要机构有理事会(全体国家委员会成员)、理事局和执行委员会。IEC的组织机构如图1-7所示。

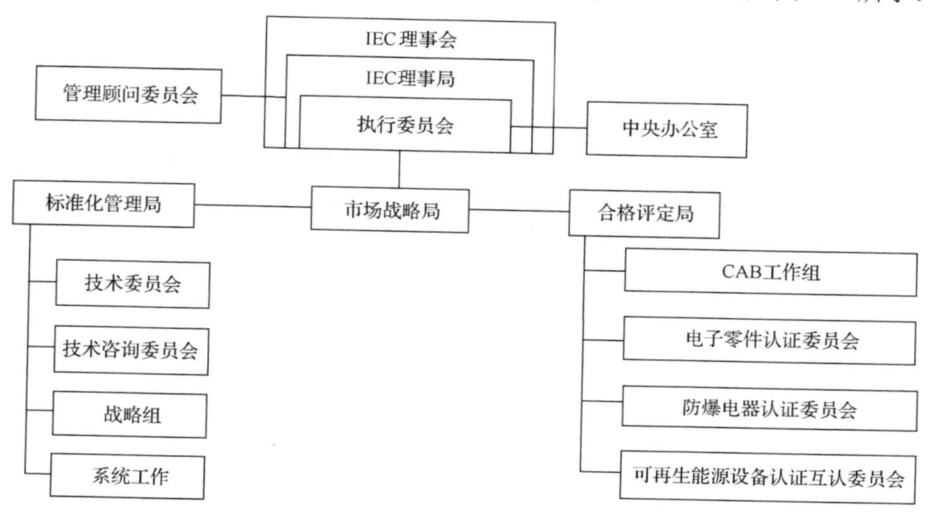

图1-7　IEC的组织机构图

1)IEC理事会

理事会是IEC的最高权力机构，是立法机构，是成员国国家委员会的全体大会。IEC 的理事会成员国由正式成员国(full members)和非正式(准)成员国(associate members)组成，截至 2015 年 9 月，共 83 个成员国，正式成员国 60 个，准成员国 23 个。其中正式成员国组成 IEC 国家委员会，他们拥有世界 80%的人口，消耗的电能占全球消耗量的 95%，每个成员国都是理事会成员，理事会会议每年召开 1 次，称为 IEC 年会，轮流在各成员国举行。通常一个国家只有 1 个机构以国家委员会的名义成为 IEC 成员并参加 IEC 活动，具有投票权。准成员国可以观察员的身份参加所有的 IEC 会议，但没有投票权。

理事会负责制定 IEC 政策和长期战略目标及财政目标，选举 IEC 官员、理事局、标准化管理局及合格评定局成员和主席，修改 IEC 章程及程序规则，处理理事局的申诉等。闭会期间，将所有管理工作委托给理事局，而标准化和合格评定领域的具体管理工作，分别由标准化管理局和合格评定局负责。理事会每年至少在 IEC 年会期间召开 1 次会议。

2) IEC 理事局

IEC 理事局(Council Board，CB)是主持 IEC 工作的最高决策机构，负责提出并落实理事会制定的政策，由 IEC 官员和由理事会选出的 15 名成员组成。理事局向理事会汇报。通常情况下，每年至少召开 2 次会议。理事局负责为理事会会议批准日程和准备文件，接收并审议标准化管理局和合格评定局的报告。根据需要，可设立咨询机构，并指定咨询机构的主席及其成员。理事局下设管理咨询委员会(Management Advisory Committee，MAC)、标准化管理局、市场战略局、合格评定局。

3) 标准化管理局

标准化管理局(Standardizes Management Board，SMB)由 1 名主席、IEC 秘书长、理事会选举的 15 个成员(可更换)组成。通常情况下，标准化管理局每年召开 3 次会议，负责管理 IEC 的标准工作，包括建立和解散 IEC 技术委员会；指定技术委员会秘书处和技术委员会主席；保证依据 IEC 行业局、技术咨询委员会和技术委员会的建议、确定优先工作项目；确定其工作范围，标准制定、修订时间表；保持与其他国际组织的联系。标准化管理局是一个决策机构，它向理事局和国家委员会汇报其做出的所有决定。

技术委员会是承担标准制定、修订工作的技术机构，下设分技术委员会和项目团队(Project Team，PT)。技术委员会和分技术委员会由各成员国自愿参加，主席和秘书经选举产生，由执行委员会任命。

技术咨询委员会(Technical Advisory Committee，TAC)下设安全咨询委员会(Advisory Committee for Safety，ACOS)、电磁兼容咨询委员会(Advisory Committee for Electromagnetic Compatibility，ACEC)、环境咨询委员会(Advisory

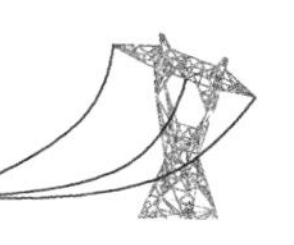

Committee on Environment Aspects，ACEA)。

4) 市场战略局

市场战略局(Market Strategy Board，MSB)由IEC官员和工业界的高层技术官员组成，促使IEC的工作符合国际电力市场需求，提高IEC对国际电工新技术领域的需求和快速发展市场反应的敏锐度。根据市场优先的原则确定标准制定和合格评定的优先权，识别IEC相关领域的主流技术趋势和市场需求，并对其进行技术展望，制定技术发展路线等。市场战略局每年至少召开1次工作会议。可根据需要，在某位市场战略局成员领导下成立特别工作组(Special Working Group，SWG)，对某一领域进行深入调查研究或负责撰写某一特定专业领域的报告。

5) 合格评定局

合格评定局(Conformity Assessment Board，CAB)全面管理IEC的合格评定活动，包括批准预算；与其他国际组织就合格评定事项保持联系；主要负责制定包括体系认证工作在内的一系列认证和认可准则。

合格评定局是一个决策机构，由理事会选举产生的主席、12名投票成员、1名来自IEC合格评定计划的代表、IEC司库和秘书长组成，每年至少召开1次会议。合格评定局的职责包括审查合格评订局章程和规划，批准IEC认证体系的建立并监督其运作(包括官员的任命和财政预决算)，推进IEC的合格评定工作，评估和调整IEC合格评定活动，以及就合格评定相关事宜与其他国际组织进行联络。

6) 执行委员会

执行委员会(Executive Committee，ExCo)负责实施理事会和理事局的决定，监督中央办公室的运作；并负责与IEC各国家委员会保持联系；为理事局制定工作日程和起草文件。通常，执行委员会每年召开4次会议。执行委员会由IEC官员组成，每年至少召开1次会议。执行委员会成员由现任主席、副主席、前任主席及理事会选出的12个执委会委员组成，任期6年，每两年改选其中的1/3成员。执行委员会负责IEC的技术工作。为了提高工作效率，执行委员会分为*A*、*B*、*C*3组，分别在不同领域同时协调标准制定工作中的问题。

7) 中央办公室

中央办公室(Center Office，CO)是IEC的办事机构和活动中心，负责监督IEC章程、技术规则、技术工作导则及理事会和理事局决议的贯彻实施。通过现代化电子手段和通信设备，保证项目管理、工作文件传递和标准最终文本出版发行等各项工作的正常进行。

2. IEEE

电气电子工程师学会(IEEE)的英文全称是 the Institute of Electrical and

Electronics Engineers，其前身是成立于 1884 年的美国电气工程师协会(American Institute of Electrical Engineers，AIEE)和成立于 1912 年的无线电工程师协会(Institute of Radio Engineers，IRE)。1963 年，AIEE 和 IRE 宣布合并，IEEE 正式成立。

1)IEEE 的组织机构

IEEE 设代表大会、理事会和执行委员会。理事会聘请总经理，负责日常经营管理。理事会下设执行委员会。理事会还下设若干工作委员会，一般由义务工作者组成。

IEEE 是代表专业(义务)工作者利益的组织，有 7 万多专业(义务)工作者帮助开展各种活动，包括召开学术会议、出版期刊杂志、制定标准等。IEEE 组织架构如图 1-8 所示。标准制定工作由 IEEE 标准协会(IEEE Standard Association，IEEE-SA)负责。

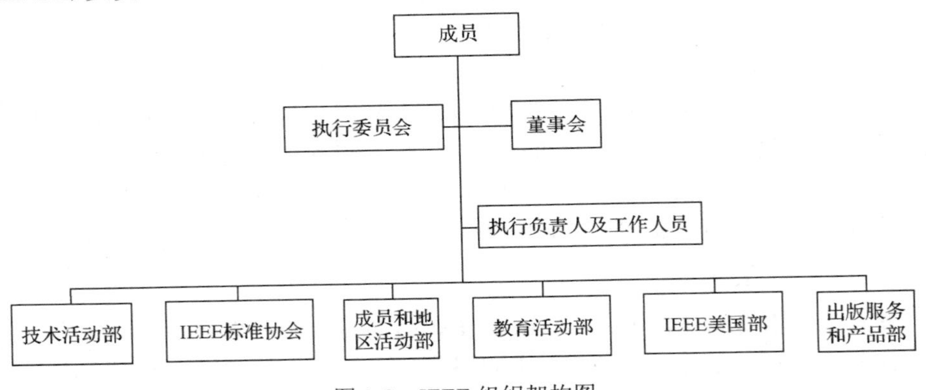

图 1-8　IEEE 组织架构图

IEEE-SA 组织架构如图 1-9 所示。

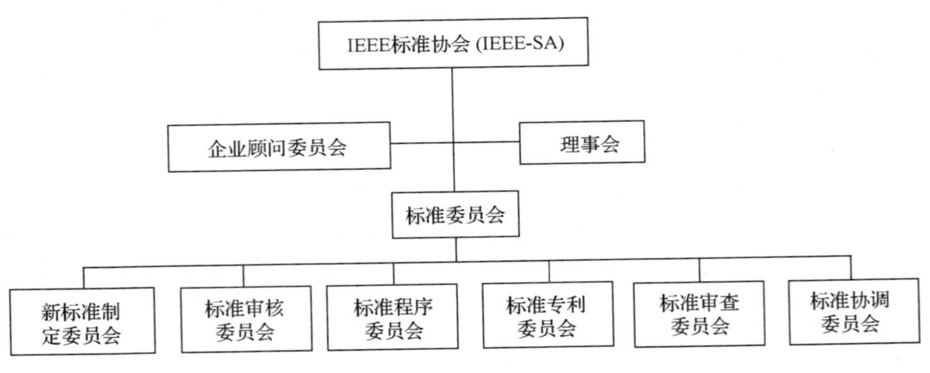

图 1-9　IEEE-SA 组织架构图

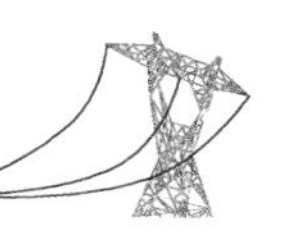

2) IEEE 标准

IEEE 标准涉及的技术领域非常广泛，包括多个方面，见表 1-3。

表 1-3　IEEE 标准涉及的技术领域

中文名	英文名
航空电子产品	aerospace electronics
天线与传播	antennas & propagation
电池	batteries
通信	communications
计算机技术	computer technology
消费电子产品	consumer electronics
电磁兼容性	electromagnetic compatibility
绿色和清洁技术	green & clean technology
医疗卫生信息技术	healthcare it
工业应用	industry applications
仪表与测量	instrumentation & measurement
纳米技术	nanotechnology
国家电气安全代码	national electrical safety code
核能	nuclear power
电力和能源	power & energy
电力电子	power electronics
智能电网	smart grid
软件与系统工程	software & systems engineering
运输	transportation
有线和无线	wired & wireless

IEEE 的参与方式是直接面向领域的专家学者和工程技术人员，在这点上与 IEC 通过国家委员会进行管理有所不同，在标准的制定流程和标准的实施应用等方面也有较大差异。IEEE 偏向于学术技术和理论方法的研究应用，其研究成果为 IEC 标准制定提供了坚实的基础。IEEE-SA 的工作范围涵盖信息技术、通信、电力和能源等多个领域。并与 IEC、ISO 及 ITU 等组织建立了战略合作关系。IEEE-SA 已成为新兴技术领域标准的重要来源。目前，IEEE-SA 已经制定了 900 多个现行工业标准，包括广泛应用的 IEEE 802 系列有线与无线的网络通信标准和 IEEE 1394 系列标准。同时，还有 400 多项标准正在制定过程中。为适应技术变革，并及时满足市场需求，IEEE 成立了 IEEE 产业标准和技术组织(IEEE Industry

Standards and Technology，IEEE-ISTO）。该组织隶属于 IEEE-SA，主要致力于帮助联营体、技术联盟及有特殊需求的其他团体组织快速制定相关规则，并协助他们参与有关标准市场渗透的其他活动。

3. 国际大电网会议

国际大电网会议(International Conference on Large High Voltage Electric，CIGRE)是一个非政府、不以营利为目的的常设性国际组织，成立于 1921 年，总部设在法国巴黎。CIGRE 的研究范围主要包括 3 个方面：一是电力装备技术，包括火电厂及水电站内的电气设备、架空线路、绝缘电缆及变电站设备等；二是输电系统和互联系统的规划、建设和运行；三是保护、远动、通信等支撑系统的规划、建设和运行。

技术委员会承担 CIGRE 的技术活动，下设有 16 个研究委员会(Study Committee，SC)，每个委员会负责专门领域。16 个 SC 的工作领域划分见表 1-4。

表 1-4　SC 工作领域划分表

SC 名称	技术领域
SC/A1	旋转电机(rotating electrical machines)
SC/A2	变压器(transformers)
SC/A3	高压设备(high voltage equipment)
SC/B1	绝缘电缆(insulated cables)
SC/B2	高架电缆(overhead lines)
SC/B3	变电站(substations)
SC/B4	高压直流输电和电力电子(HVDC and power electronics)
SC/B5	保护和自动控制(protection and automation)
SC/C1	电力系统开发及其经济性(system development and economics)
SC/C2	电力系统操作和控制(system operation and control)
SC/C3	电力系统环境性能(system environmental performance)
SC/C4	电力系统技术特性(system technical performance)
SC/C5	电力市场和管制(electricity markets and regulation)
SC/C6	配电系统和分布式发电(distribution systems and dispersed generation)
SC/D1	材料和新测试技术(materials and emerging test techniques)
SC/D2	信息系统与通信(information systems and telecommunications)

SC 每年都要召开 1 次工作会议，根据委员所代表的国家委员会的意见，确定研究课题和工作计划。根据课题数量的多少，专委会下设若干个咨询组(advisory

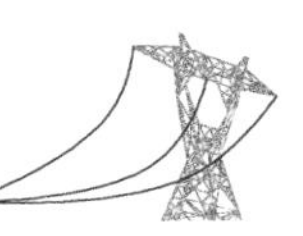

group，AG）和工作组（working group，WG），WG 按照 SC 的工作计划开展具体工作，进行调查研究，目前拥有近 200 个较为活跃的 WG，里面汇集了 2500 名专家。

偏于工程技术和实际系统应用的 CIGRE 的研究成果，为 IEC 标准的制定提供了强有力的技术支撑。例如，CIGRE 在“IEC 61850 通信协议”的应用上起到了很重要的作用，共享了大量标准使用者、系统运营商和技术提供商的经验和解决方案，很多电力项目都受益于此项通信协议；CIGRE 曾给 IEC 提供技术支持并整合应用于不同项目的标准；在尚无任何通用标准的情况下，在一些海底电缆项目上，CIGRE 为设备测试提供了很多技术解决方案；CIGRE 在推广特高压直流输电所需的电压源换流器方面也贡献颇多，目前这项技术在多个新的特高压直流项目中都有应用。

4. ISO

ISO 是一个全球性的非政府组织，是目前世界上最大、最有权威性的国际标准化专门机构，是一个由国家标准化机构组成的世界范围的联合会。截至 2014 年底，ISO 拥有 165 个成员国、44 个 TC/SC7、236 个 TC、508 个 SC，发布国际标准 19977 项。其目的和宗旨是在全世界范围内促进标准化工作的发展，以便于国际物流交流和服务，并扩大在知识、科学、技术和经济方面的合作。其主要活动是制定国际标准，协调世界范围内的标准化工作，组织各成员国和技术委员会进行交流，以及与其他国际组织进行合作，共同研究有关标准化的问题。ISO 是非政府性的国际组织，是联合国的甲级咨询机构，并与联合国许多组织和专业机构保持密切联系。

ISO 的主要机构有全体大会、理事会、技术管理局、技术委员会和中央秘书处，如图 1-10 所示。

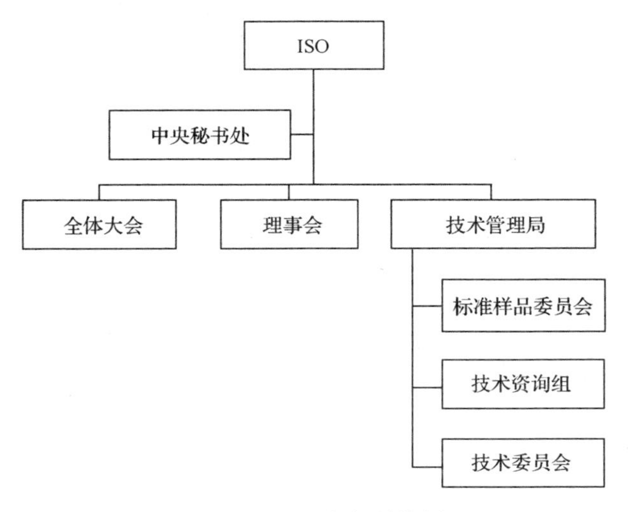

图 1-10　ISO 组织结构图

5. ITU

国际电信联盟是世界上成立最早的国际标准化组织，简称“国际电联”“电联”或“ITU”。ITU是主管信息通信技术事务的联合国机构，负责分配和管理全球无线电频谱与卫星轨道资源、制定全球电信标准、向发展中国家提供电信援助、促进全球电信发展。作为世界范围内联系各国政府和私营部门的纽带，ITU通过其下的无线电通信、标准化和发展电信展览活动，推动电信领域的标准化工作，而且是“信息社会世界高峰会议”的主办机构。

ITU总部设于瑞士日内瓦，其成员包括193个成员国，700多个部门成员、部门准成员和学术成员。每年的5月17日是世界电信日(World Tele Communication Day)。ITU是联合国设立的15个专门机构之一，但在法律上不是联合国附属机构，它的决议和活动不需联合国批准，但每年要向联合国提交工作报告。

1) ITU的组织机构

ITU的组织结构主要分为电信标准化部门(ITU-telecommunication，ITU-T)、无线电通信部门(ITU-radio, ITU-R)和电信发展部门(ITU-development，ITU-D)。ITU每年召开1次理事会，每4年召开1次全权代表大会、世界电信标准大会(World Telecommunications Standards Conference，WTSC)和世界电信发展大会(World Telecommunication Development Conference，WTDC)，每2年召开1次世界无线电通信大会(World Radio Communication Conference，WRC)。ITU组织机构如图1-11所示。

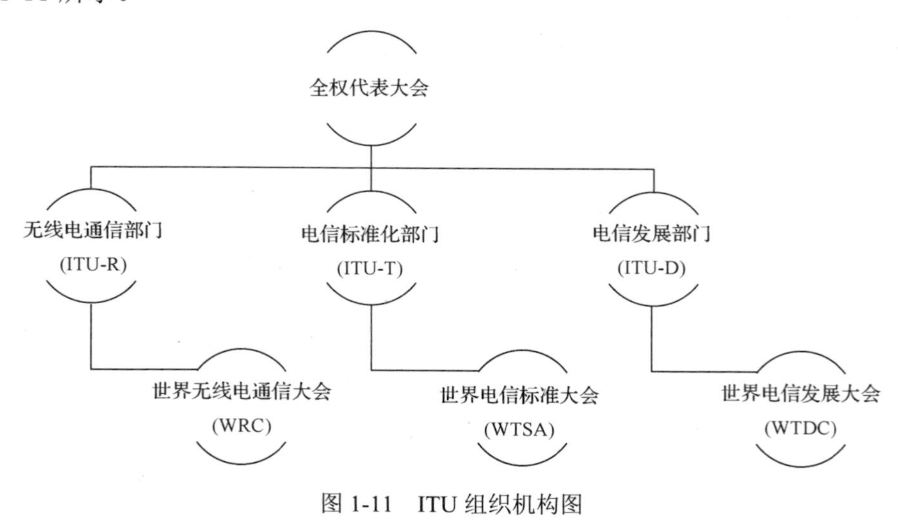

图1-11　ITU组织机构图

ITU-T汇集了来自世界各地的专家，他们成立各研究组，制定被称为ITU-T

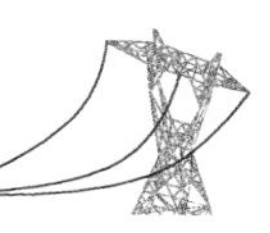

规范性建议书的国际标准。ITU 制定的标准(称为规范性建议书)是规范当今全球信息通信技术网络运行和基础设施建设的基础。没有ITU的标准，人们就无法拨打电话或进行网上冲浪。无论我们进行语音、视频通信还是数据消息交换，这些标准均可确保各国的ICT网络和设备使用相同的语言，从而实现全球通信。

2)ITU 标准

ITU 因标准制定工作而享有盛名，其标准又称规范性建议书。规范性建议书是确定电信工作运行和互通方法的标准，虽不具有约束力，但对制造商而言，这些标准是各项经济活动的命脉，是当代信息和通信网络的根基，也是打入世界市场的方便之门，有利于在生产与配送方面实现规模经济，因为他们深知，符合ITU-T标准的系统将通行全球，无论是对电信巨头、跨国公司的采购者还是普通的消费者，这些标准都可确保其采购的设备能够轻而易举地与其他现有系统相互集成。

现行的规范性建议书有4000多份,其中与电力系统相关的见表1-5。

表1-5　涉及内容与电力系统相关的系列组规范性建议书

系列组	名称
G	传输系统和媒质、数字系统和网络
J	有线网和电视、声音节目及其他多媒体信号的传输
L	线缆的构成、安装和保护及外部设备的其他组件
O	测量设备技术规程
Y	全球信息基础设施、互联网的协议问题和下一代网络

1.5.2　区域性标准化组织

欧洲电工标准化委员会(European Committee for Electrotechnical Standardization，CENELEC)负责电工工程领域的标准制定。CENELEC 通过制定标准，促进国与国之间的贸易，创造新市场，降低成本，促进欧洲市场的发展。CENELEC 通过 IEC-CENELEC“德累斯顿协议”(Dresden Agreement)，与国际电工委员会建立起密切的合作关系，使所制定标准不仅能达到欧洲水平，还着眼于世界水平。在全球经济日渐发达的今天，CENELEC 注重培养创新和竞争力，通过其成员与专家、行业协会及消费者一起创建欧洲标准，鼓励科技发展，确保互操作性；保证消费者的安全与健康，保护环境。

CENELEC 是欧盟委员会(European Commission)指定的3个欧洲标准化组织之一，是一个非营利组织。CENELEC 于1976年成立于比利时的布鲁塞尔。它的宗旨是协调欧洲有关国家的标准机化构所颁布的电工标准和消除贸易上的技术障碍。CENELEC 的成员是欧洲共同体(European Communities)12个成员国和欧洲自由贸易联盟(European Free Trade Association，EFTA)7 个成员国的国家委员会。除冰岛和卢森堡之外，其余 17 个国家均为国际电工委员会的成员国。

1)机构组成

CENELEC 组织机构如图 1-12 所示。

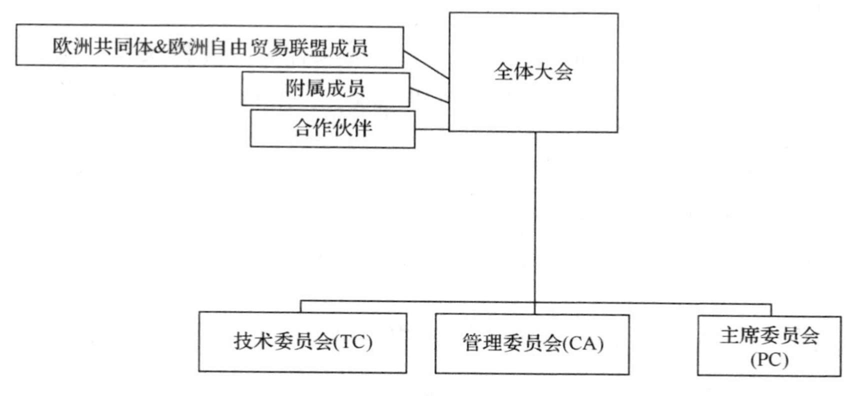

图 1-12　CENELEC 组织机构图

2)欧洲标准

CENELEC 连同它的姊妹组织——CEN 和欧洲电信标准协会(European Telecommunication Standards Institute，ETSI)，组成了欧洲标准化组织(ESOs)，成为欧洲最主要的标准制定机构。在业务范围上，CENELEC 主管电工技术的全部领域，而 CEN 则管理其他领域。

1988 年 1 月，CEN/CENELEC 通过了一个“标准化工作共同程序”，把 CEN/CENELEC 编制的标准出版物分为以下两类：

(1)欧洲标准：通过欧洲标准(European norm, EN)标准将赋予某成员国的有关国家标准以合法地位，或撤销与之相对立的某一国家的有关标准。也就是说成员国的国家标准必须与 EN 标准保持一致。

(2)协调文件：这也是 CEN/CENELEC 的一种标准。按参与国所承担的共同义务，各国政府有关部门至少应当公布协调文件(Harmonization Document，HD)标准的编号及名称，与此相对立的国家标准也应撤销。也就是说成员国的国家标准至少应与 HD 标准协调。

1.5.3　产业联盟/团体标准组织

欧美国家产业联盟存在已久，一些有国际影响力的产业联盟如紫蜂(ZigBee)、开放自动需求响应(Open Automatic Demand Response，OPENADR)、结构化信息标准促进组织(Organization for the Advancement of Structure Information Standards，

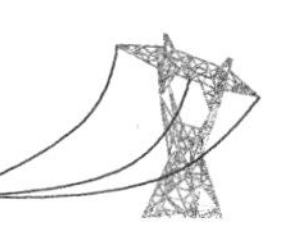

OASIS）、楼宇自动控制网络数据通信协议（BACnet）、家庭节能及管理网络（ECHONET），在智能电网标准制定方面也发挥着重要的作用。产业联盟是指出于确保各合作方的市场优势，寻求新的规模、标准、机能或定位，应对共同的竞争者或将业务推向新领域等目的，使企业间结成互相协作和资源整合的一种合作模式。

产业联盟和官方正式认可的标准化组织的差别体现在工作规则和成果（产品）产出两个方面。在工作规则方面，标准化组织在工作中需遵循非歧视、平等、一致性、反托拉斯等原则，在具体标准制定中需广泛代表各成员国观点，达成的共识需保证与本组织其他标准保持一致。产业联盟通常无需遵循此类原则，而是根据自身的利益需要和工作目标，制定个性化的工作规则，各产业联盟间规则差异较大。

在成果产出方面，标准化组织主要制定国际标准（广义标准含技术规范、公共可用规范）。产业联盟通常是先形成技术规范，采用标准的编写方法使其形成标准。除规范性出版物之外，产业联盟还通过开发互操作测试、认证流程，提高产品市场兼容度，帮助成员扩大市场占有。虽然产业联盟产品需经国际组织认可、修订方能上升为国际标准，但其本身在市场实际应用方面往往领先于国际标准。

在我国，与产业联盟标准相对应的是团体标准。国务院2015年印发的《深化标准化工作改革方案》（国发〔2015〕13号），鼓励具备相应能力的学会、协会、商会、联合会等社会组织和产业联盟协调相关市场主体，共同制定满足市场和创新需要的标准，供市场自愿选用，这类标准称为团体标准。在标准管理上，对团体标准不设行政许可，由社会组织和产业联盟自主制定发布，通过市场竞争优胜劣汰。国务院标准化主管部门会与国务院有关部门制定团体标准发展指导意见和标准化良好行为规范，对团体标准进行必要的规范、引导和监督。在工作推进上，选择市场化程度高、技术创新活跃、产品类标准较多的领域，先行开展团体标准试点工作。支持专利融入团体标准，推动技术进步。

根据国务院《深化标准和工作改革方案》要求，国家质量监督检验检疫总局、国家标准化管理委员会制订了《关于培育和发展团体标准的指导意见》（国质检标联〔2016〕109号）（以下简称指导意见）[4]，明确了团体标准的合法地位。指导意见指出："由国务院标准化行政主管部门组织建立全国团体标准信息平台，加强信息公开和社会监督。各省级标准化行政主管部门可根据自身需要组织建立团体标准信息平台，并与全国团体标准信息平台相衔接。社会团体可在平台上公开本团体的基本信息及标准制定程序等文件，接受社会公众提出的意见和评议。三十日内没有收到异议或经协商无异议的，社会团体可在平台上公布其标准的名称、编号、范围、专利信息、主要技术内容等信息。经协商未达成一致的，可由争议双方认可的第三方进行评估后，再确定是否可在平台上公开标准相关信息。社会团体应当加强诚信自律建设，对所公开的基本信息真实性负责。"

1.6 标准制定的一般流程

1.6.1 国际标准制定的一般流程

1. IEC 标准的制定流程

IEC 在其导则[13]中规定了国际标准、技术规范、技术报告和可公开获得文件的制定流程，大致可分为以下几个步骤，IEC 出版物发布流程如图 1-13 所示。

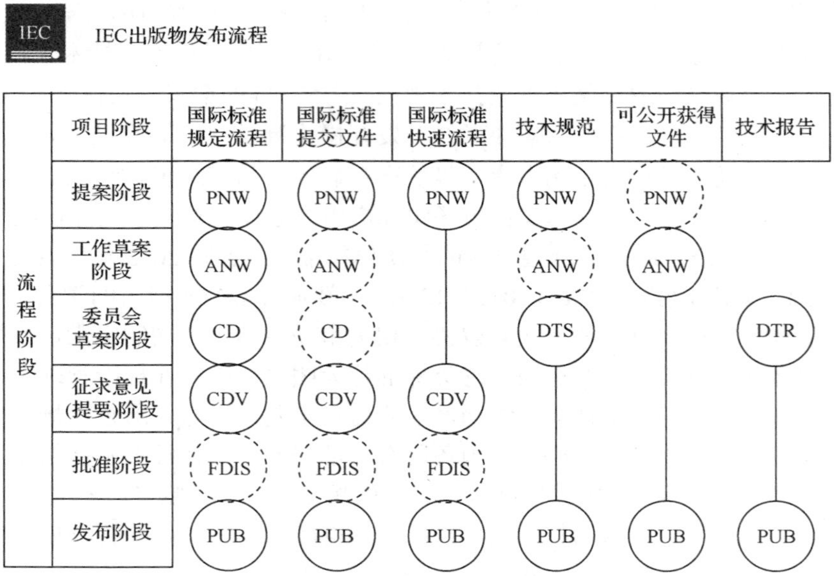

IEC出版物发布流程

流程阶段	项目阶段	国际标准规定流程	国际标准提交文件	国际标准快速流程	技术规范	可公开获得文件	技术报告
	提案阶段	PNW	PNW	PNW	PNW	PNW	
	工作草案阶段	ANW	ANW		ANW	ANW	
	委员会草案阶段	CD	CD		DTS		DTR
	征求意见(提要)阶段	CDV	CDV	CDV			
	批准阶段	FDIS	FDIS	FDIS			
	发布阶段	PUB	PUB	PUB	PUB	PUB	PUB

图 1-13　IEC 出版物发布流程示意图

IEC 为流程/文件代码；PNW 为新工作提案；ANW 为批准立项的新工作项目文件；CD 为委员会草案；CDV 为委员会投票草案；FDIS 为标准草案终稿；PUB 为出版；DTS 为技术规范草案；DTR 为技术报告草案。从图中可以看出，发布 IEC 出版物的规定步骤分为：提案阶段、工作草案阶段、委员会草案阶段、征求意见(投票)阶段、批准阶段和发布阶段。根据草案的成熟度和出版物的类型不同，一些步骤(图中以虚线圈出的部分)可以省略，即“快速通道”流程

国际标准的发布是要求最严、流程步骤最多的一类，包括以下阶段。

1)提案阶段

(1)提案：可选择在现有技术委员会/分技术委员会/工作组中发起提案，或向标准化管理局发起新技术领域提案，建立新技术/分技术委员会。提案中需阐述标准的市场需求、技术研究情况、标准化情况及与相关现有标准的关系。

(2)提案投票：由相应技术委员会/分技术委员会的 P 成员国进行投票，为期 3

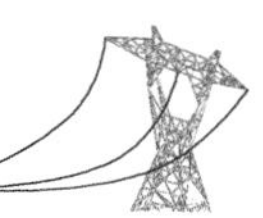

个月，取得简单多数赞成票并满足以下两个要求时，批准立项：① P 成员国不大于 16 个时，至少 4 个 P 成员国提名专家参与工作；② P 成员国大于 16 个时，至少 5 个 P 成员国提名专家参与工作。

(3) 编制团队组建和准备：由上述提名专家组成项目团队，由提案发起人或现有工作组组长担任项目负责人，并需提交编制计划。

2) 工作草案阶段

项目团队编制标准草案，并根据需要召开工作组会议，待草案成熟时提交技术委员会/分技术委员会。如已有成熟草案文本，则本步骤可跳过。

3) 委员会草案阶段

形成委员会草案，由秘书处在 IEC 网站进行流转，征求各成员国国家委员会意见，成员国包括参与成员国 (P 成员国) 和观察成员国 (Observing Member，O 成员国) 流转周期可为 2 个、3 个或 4 个月，一般情况下为 3 个月。根据成员国反馈意见，可考虑形成第二、三版草案，或提交至下一阶段进行投票。如已有成熟草案文本和良好共识基础，则本步骤可跳过。

4) 征求意见 (投票) 阶段

正式投票前提交 IEC 中央办公室进行法文版翻译，用时一般为 2 个月，随后进行为期 3 个月的投票，IEC 编辑团队同步对草案进行文本性编辑，投票结果同时满足以下两个条件时视为通过：①2/3P 成员国赞成；②反对票低于 25%。如果未能取得多数赞成票，则可退回委员会草案阶段或在征求意见 (投票) 阶段进行多次投票。

5) 批准阶段

在征求意见 (投票) 阶段投票通过后，标准草案需要进入批准阶段进行再次投票，需要以英法双语发布的标准也要再次进行法语翻译。同时，在此阶段，各国国家委员会可以将草案翻译为本国文字进行出版。本阶段的投票为期 2 个月，如果国家委员会投赞成票则不可同时附技术性意见，投反对票则必须附技术性理由，投票结果同时满足以下两个条件时视为通过：①2/3P 成员国赞成；②反对票低于 25%。如在征求意见 (投票) 阶段顺利通过且不需要进行技术性修改，标准阶段可跳过，直接进入出版阶段。

6) 发布阶段

由 IEC 中央办公室编辑与标准负责人共同完成编辑性修改，并于 1.5 个月内正式发布。

国际标准在编制时会确定有效期，并作为草案一项重要内容在批准阶段或征求意见 (投票) 阶段与标准的技术内容一起通过成员国投票认定。在有效期届满时，发布标准的技术委员会/分技术委员会向成员国征询意见，以确定对标准进行废止(withdraw)、延长有效期(extend stability date)、修改(amend)或修正(revise)处理。如决定对标准进行修正，则组建标准维护团队根据规定流程开展工作。标准维护流程与制定流程类似，如图 1-14 所示。

	流程	工作内容	对应文件
1	预备阶段	技术委员会秘书处就是否开展标准维护工作征求成员国意见	DC → 征询意见 → INF；或 Q → 投票 → RQ
2	提案阶段	技术委员会发起标准维护提案	RR
3	准备阶段	在工作组内准备工作组草案(WD)	WD　工作组内部讨论无需流转
4	委员会阶段	将WD提交委员会进行委员会草案流转以征求成员国意见(CD)	CD → 反馈意见 → CC
5	质询阶段	如CD稿成熟,则可提交投票(CDV)	CDV → 投票+意见 → RVC
6	批准阶段	CDV投标通过后,根据CDV版草案及成员国反馈意见形成FDIS稿提交投票(FDIS)	FDIS → 投票 → RVD
7	发布阶段	FDIS投票通过后正式发布为IEC国际标准(IS)	IS

图 1-14　IEC 标准维护流程示意图

IEC 为文件代码；DC 为征询意见文件；INF 为信息发布文件；Q 为问卷，RQ 为问卷结果报告；RR 为评审报告；WD 为工作组草案。IS 为国际标准；CC 为草案反馈意见答复文件；RVC 为草案投票意见答复文件；RVD 为出版稿反馈意见答复文件。其他阶段性文件可参考图 1-13 注释

对于 TS、PAS 和 TR 来说，可省略部分步骤。

其中在投票环节，TS 投票参照 IS 采用绝对多数原则，TR 及 PAS 则采用简单多数原则。

2. IEEE 标准的制定流程

如图 1-15 所示，IEEE 标准的制定流程分为以下几个步骤。

1)标准项目立项申请

任何个人或团体都可以发起一个项目，但每个项目都需获得 IEEE 一个技术团体的支持，然后通过项目授权申请文件(Project Authorization Request, PAR)获得批准立项。

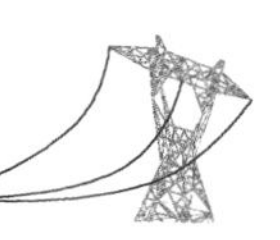

2）起草标准草案

起草标准草案在工作组内完成，工作组由对标准开发感兴趣的人员组成。工作组负责起草首份草案，草案可基于现存文件和规范，草案文件在工作组中经过多次修订并得以完善。

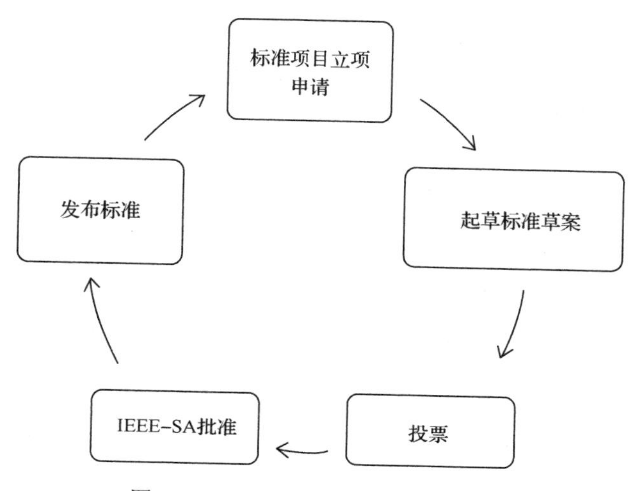

图1-15 IEEE标准制定流程示意图

3）投票

草案要经过不断的校订和投票，有赞成、反对、弃权3种选票，投反对票时需陈述理由。首次投票，如果在规定的结束日期没有获得75%及以上的返回率，则投票可延长直到达到75%及以上投票率，投票延长时间不应超过60天。至少需要75%的投票者参与投票，在投票者中，至少需要获得75%的同意；工作组需努力解决来自投票者的反对意见，校订后的草案和建议重新提交投票，直至赞成票达到75%及以上比例，并且未产生新的反对票。

4）IEEE-SA批准

先提交最终草案至审查委员会（Review Committee，RevCom），审查委员会建议IEEE标准协会委员会批准，IEEE标准协会委员会批准草案，批准的标准有效期为5年。

5）发布标准

得到IEEE-SA的批准后，标准将以IEEE标准发布。既要通知支持者，也要通知持否定意见的投票者，这是因为虽然标准得到批准但反对者仍有上诉的权利。随IEEE 标准一同出版的还有勘误表、补篇和修改单、规范性附录、资料性附录。

6) 标准维护

标准的有效期是 10 年，在此期间可对标准进行再次修订、校对或废除。

1.6.2 我国的标准制定的一般流程

此处所说的我国的标准主要指国家和行业两级标准，行业标准的制定流程基本参照国家标准制定流程，为避免重复，在此仅梳理国家标准制定流程。国家标准制定流程划分为 9 个阶段：预阶段、立项阶段、起草阶段、征求意见阶段、审查阶段、批准阶段、出版阶段、复审阶段、废止阶段。

1) 预阶段

标准项目预研和计划书申报国家标准，由国务院标准化行政主管部门编制计划，协调项目分工，组织制定(含修订，下同)，统一审批、编号、发布。国务院标准化行政主管部门每年将年度国家标准编制计划项目的原则性要求下达至全国各专业标准化技术委员会或专业标准化技术归口单位(以下简称专委会和归口单位)，任何单位、个人均可向行业部门、专委会、省级质量技术监督局或国家标准化管理委员会提出项目提案，专委会负责评估具体标准化项目草案，符合要求者根据草案形成项目任务书，向主管部门提出立项建议。

2) 立项阶段：计划审批和下达

项目任务书实行网上申报，可随时提交，国家标准化管理委员会随时审批，分批次在网上向社会公开征求意见，批准后按批次下达国家标准制修订计划。提案审查分为 3 个层次。

(1) 专业部审查：包括标准的必要性，是否与现有、在编、修订国家标准及采用的国际标准重复，归口单位是否符合原则，起草单位资质、程序是否符合规定，是否需要部门间协调等内容。

(2) 国家标准化管理委员会内审查：对专业部审查结论进行审查，并确定项目清单。

(3) 公开征求意见。通过上述审查的项目，国家标准化管理委员会向行业部门、直属专委会和省级质量技术监督局下达计划，相关文件及项目清单可在国家标准化管理委员会网站查询。

3) 起草阶段

标准文本的起草工作在专委会中完成。专委会召集相关专家组成工作组，按照下达计划的范围和内容编制草案；在编制过程中应认真听取各方意见，充分达成共识；按照《标准化工作导则》(GB/T1.1—2009) 要求形成工作组草案后提交专委会。起草阶段不应超过 10 个月。

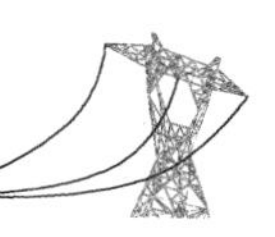

4）征求意见阶段

专委会将工作组草案登记为征询意见稿，向所有委员及相关方征求意见，必要时可通过媒体公开征求意见，整个意见征求时间一般为2个月，不得少于1个月。工作组应汇总各方反馈意见并填写意见汇总处理表。

5）审查阶段

工作组根据反馈意见修改完成征询意见稿终稿后提交专委会，专委会对满足要求的征询意见稿注册为送审稿，并提交专委会全体委员审查，必要时可邀请相关专家参与；审查形式分为会议审查和函审两类，对强制性标准、意义重大、分歧意见较多的送审稿应采用会议审查。根据审查表决结果，专委会可要求返回征求意见阶段、重复目前阶段、终止项目或确认标准草案（draft standard，DS）终稿并进入下一阶段。投票表决应满足以下条件：

（1）通过条件为全体委员3/4以上投票赞成。

（2）表决代表中，生产、经销、使用、科研、检验等单位及高校代表应参加审查，应用方面代表不少于1/4。

（3）会议代表出席率及函审回函率不足2/3时，应重新组织审查。

对于尚未成立专委会的技术领域，由主管部门或委托技术归口单位组织审查。

6）批准阶段

通过审查阶段的送审稿应形成报批稿后报国务院标准化行政主管部门批准，批准阶段周期不应超过3个月。报批稿及相关工作文件满足要求的，由国务院标准化行政主管部门批准成为国家标准，统一编号纳入国家标准体系，并发布公告。

7）出版阶段

国家标准出版机构中国标准出版社按照《标准化工作导则 第1部分：标准的结构和编写》（GB/T1.1—2009）的规定，对报批稿进行编辑性修改后正式出版。在出版过程中发现标准技术内容有疑点或错误需要修改时，须经国家标准化管理委员会批准。

8）复审阶段

国家标准实施后，应根据科学技术的发展和经济建设的需要，由该国家标准的主管部门组织有关单位适时进行复审，复审周期一般不超过5年。国家标准的复审可采用会议审查或函审。会议审查或函审一般要有参加过该国家标准审查工作的单位或人员参加。根据复审情况，对标准确认继续有效、列入下一年度计划进行修订或予以废止。

9）废止阶段

对于复审后确定没有存续必要的标准，由国务院标准化行政主管部门发布废止公告。

下列情况下，制定国家标准可以采用快速程序：

(1) 对等同采用、等效采用国际标准或国外先进标准的标准制、修订项目，可直接由立项阶段进入征求意见阶段，省略起草阶段。

(2) 对现有国家标准的修订项目或中国其他各级标准的转化项目，可直接由立项阶段进入审查阶段，省略起草阶段和征求意见阶段。

第2章 智能电网概述

2.1 智能电网概念

电力系统与能源和环境息息相关。传统能源日渐短缺和环境污染问题日益严重是人类社会可持续发展所面临的最大挑战。为解决能源危机和环境问题，能效技术、可再生能源技术、新型交通技术等各种低碳技术快速发展，并将得到大规模应用。各种低碳技术的大规模应用主要集中在可再生能源发电和终端用户方面，使传统电网的发电侧和用户侧特性发生了重大改变，并给输、配电网的发展和安全运行带来了新的挑战。在此发展背景下，智能电网的概念应运而生，并在全球范围内得到广泛认同，成为世界电力工业的共同发展趋势。

智能电网不是一个具体的事物而是一个愿景。所以，关于智能电网，迄今为止并没有一个被广泛接受的定义，现有的各种定义只是对智能电网进行描述，通常是就其所采用的技术、包含的主要成分及实现的目标等方面对智能电网这一愿景进行描述。

例如，美国能源部(Department of Energy，DOE)和欧洲联合研究中心(European Commission Joint Research Center，JRC)分别在其联合报告中对比了美国能源部和欧洲智能电网工作组(European Task Force for Smart Grids)对智能电网的描述[5]。前者的描述是：智能电网利用数字化技术改进电力系统的可靠性、安全性和运行效率，这里所说的电力系统覆盖大规模发电到输、配电网再到电力消费者，包括正在快速发展的分布式发电和分布式储能；后者的描述是：智能电网是可以智能化地集成所有接于其中的用户——电力发出者(producer)、消费者(consumer)和二者兼具者(prosumer)的行为和行动，保证电力供应的可持续性、经济性和安全性。

国际能源署(International Energy Agency，IEA)的描述是：智能电网是应用数字化技术及其他先进技术对各种电源发出的电力的传输进行监测和管理，以满足终端电力用户的各种电力需求的电力网络；智能电网对发电、电网运行、终端用电和电力市场中各利益方的需要和功能进行协调，在提高系统各部分的运行效率、降低成本和环境影响的同时，尽可能提高系统的可靠性、自愈能力和稳定性[6]。

我国国家电网公司提出[7]：坚强智能电网是以特高压电网为骨干网架，以各级电网协调发展的坚强网架为基础，以通信信息平台为支撑，具有信息化、自动化、互动化特征，包含电力系统的发电、输电、变电、配电、用电和调度六大环节，覆盖所有电压等级，实现“电力流、信息流、业务流”的高度一体化融合，具有坚强可靠、经济高效、清洁环保、透明开放和友好互动内涵的现代电网。

2014 年出版的《中国电力百科全书》(第三版)，也描述了智能电网的目标、要求和特征：智能电网即电网的智能化，其目标和基本要求是解决能源安全与环境保护问题，应对气候变化，保证安全、可靠、优质、高效的电力供应，满足经济社会发展对电力的多样化需求。信息化、自动化、互动化是智能电网的基本特征[8]。

综合各种描述可知，智能电网是采用先进的信息通信技术、自动化技术及其他新技术，提升电力系统的智能化水平，适应未来新能源、电动汽车等新元素的大规模接入，覆盖发电、输电、配电、用电等环节，具有“自愈、兼容、交互、协调、高效、优质”等特征。

2.2 智能电网的特性

综合国内外研究，智能电网的特征可归结为灵活性、可观测和可控性、互操作性 3 个方面[9]。

2.2.1 灵活性

智能电网发展的主要驱动力之一是应对以风电、光伏发电为主的新能源大规模并网。由于风能、太阳能本身具有间歇性、不确定性，对电力系统的调峰、调频能力及线路的电压控制都提出了更高的要求。

目前，电网接纳风、光等新能源的主要限制条件是系统的灵活性不足。系统的灵活性是指系统功率/负荷快速变化、造成较大功率不平衡时，通过调整发电或电力消费保持可靠供电的能力。功率的不平衡可能由负荷变化引起，也可能由间歇性发电功率的改变引起。向系统提供灵活性的设备或系统称为灵活源。

传统电力系统中，灵活源来自发电侧(包括火电机组热备用容量、可调节水电机组容量燃油燃气等调峰机组容量)及互联电网可提供的调节容量(来自互联电网的发电侧)。智能电网将用户系统纳入可控范围中，通过部署智能电表、实施需求响应，包括智能电网环境下的自动需求响应(demand response，DR)，以及发展智能家居/楼宇/园区，发挥用户侧的调节能力，提高系统的灵活性。此外，在智能电网中，可通过控制新型储能系统、电动汽车的充放电，进一步提高系统的灵活性。

用户侧系统的接入、增加灵活源的管理和调度，都需要通过信息通信系统的支持，为此，需要对现有标准进行修订、扩展，也需要制定新标准。

2.2.2 可观测性和可控性

电网的智能化是在电力系统自动化基础上的进一步提升。配电自动化、调度

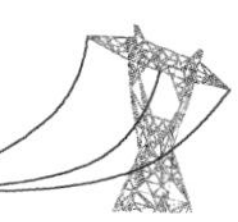

自动化等系统通过采用先进的计算机技术和控制技术，旨在提高电网的可观测性和可控性。在智能电网的发展背景下，传感技术将得到更广泛的应用，广域监控系统(wide area monitoring systems，WAMS)、输变电设备监控系统、高级量测系统(advanced measurement infrastructure，AMI)、用户自动化系统(building/home/factory energy manage system，BEMS/HEMS/FEMS)采用先进的信息通信技术和传感技术，目的仍是提高电力系统的可观测性和可控性。

2.2.3　互操作性

互操作性是指保证两个或更多网络、系统、设备、应用或元件之间相互通信，以及在不需要人工太多介入的情况下有效、安全地协同运行的能力。

智能电网是一个需要满足互操作性的系统，也就是说，不同的系统应能够交换有意义的、可操作的信息，以支持电力系统安全、可靠和高效地运行。所需交换的信息在这些系统中应有相同的含义，并能形成一致性响应。智能电网信息交换的可靠性、准确性和安全性必须达到所需的性能水平。

智能电网技术均担负着提高上述特性的职责，配电自动化系统、调度自动化系统、相测量单元(phasor measurement unit，PMU)、AMI 的部署，都是为了提高系统对各个部分的感知能力，储能的应用、用户侧系统的接入及需求响应的实施等，都是为了提高电网的灵活性和电网接纳新能源的能力；现代信息通信技术的应用都是为了实现各个部分的信息交互，而这又必须满足互操作要求，为此要求新设备和新系统与既有设备和系统能实现互操作。

2.3　智能电网关键技术

智能电网技术涵盖电力系统规划设计、建设施工、运行控制和维护管理等各个方面，各国电力发展的重点不同，有的国家以配、用电运行和控制技术为重点，有的国家以接纳可再生能源为重点，我国的智能电网覆盖发电、输电、变电、配电、用电、调度、信息通信各个技术领域。

智能电网以促进可再生能源发电和电动汽车的大规模应用为目的，所以，可再生能源发电并网技术包括储能技术及其应用、电动汽车充放电设施建设和电动汽车充放电管理控制技术，都是智能电网的关键技术；可再生能源发电、电动汽车充放电的并网给电网的安全稳定、可靠运行带来了新的挑战，增加了电网运行的不确定性，为此，需要进一步提高电网的输电能力和监控水平。先进的输电技术、广域监控技术和高级配电技术是提高电网运行水平的有效措施，也属于智能电网技术。智能电网的显著特点是不仅实现对用户用能的管理，而且实现电网与用户的互动，这一切依赖于 AMI 和用户侧系统的集成；智能电网是电力基础设施和先进 ICT 系统高度融合的结果，应用于整个电网包括用户系统的 ICT 技术是电网智能化必不可少的技术。

随着智能电网的发展，智能电网的概念得到了扩展，但同时也对智能电网技术提出了新的需求。例如，智能电网发展的运营中产生相关的数据巨大，应用大数据技术对这些数据进行挖掘，为电网智能化发展提供了新视角和新方法；又如，互联网技术为新能源的生产、消费和交易提供了平台，所以，一些支撑性技术，如互联网、物联网、大数据技术也是智能电网的重要技术。

综上所述，智能电网的主要技术包括广域监控技术、信息通信技术、可再生能源和分布式能源并网技术、先进的输电技术、配电网管理技术、AMI、电动汽车技术、需求响应技术、用户侧技术和储能系统及其应用技术。

2.3.1 可再生能源和分布式能源并网技术

无论是接入输电网的大规模可再生能源，还是接入配电网的中等规模的分布式电源及接入用户楼宇中的小规模发电系统，并网后给系统的调度和控制都带来了挑战。储能系统可缓解这一问题，通过储能可将电力的生产和输送进行解耦；智能电网可通过提高发电和需求侧的自动控制实现供需平衡，提高可再生能源和分布式能源接入技术。微电网和热、电、冷联合供电系统也是提高分布式能源并网的技术。

2.3.2 先进的输电技术

先进的输电技术主要包括一些可提高输送能力的技术。例如，灵活交流输电系统(flexible ac transmission system，FACTS)技术用于提高输电网的输送能力，推迟新线路的投资建设；高压直流技术(high voltage direct current，HVDC)用于海上风电和太阳能电站的并网，同时可以减少系统损耗，提高系统的可控性，实现远方能源向负荷中心的输送；动态定容技术(dynamic line rating，DLR)通过传感器实时识别出系统某一部分中现时的输送能力，可以优化现有设备的利用率，而不带来过载风险；高温超导(high temperature superconducting，HTS)技术可以显著降低线路损耗，实现经济的故障电流限流方案。

2.3.3 广域监控技术

广域监控技术是对广域范围内电力设备状况和系统特性的近实时监测和可视化展示。广域监控技术的目的是在理解电网运行特性的基础上优化电力设备的特性，对即将发生的事故进行预警，采取相应措施，减少大范围事故的发生，提高输电容量，增进系统可靠性。广域监控技术包括广域态势感知技术(wide-area situation awareness，WASA)、WAMS 和广域适应性保护控制和自动化技术

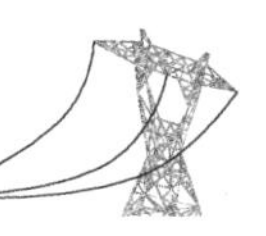

(wide-area adaptive protection, control and automation，WAAPCA)。

2.3.4　配电网管理技术

通过对配电网和变电站的感知和自动控制，可以减少停电后的修复时间，保持电压水平，提高资产管理。先进的配电自动化系统可对来自传感设备和计量表计的信息进行实时处理(包括故障地点、配电馈线的自动重构情况，电压和无功优化情况)，也可以对分布式电源进行控制。传感技术可为基于状态-性能的检修方式提供基础，也可以优化设备性能，提高资产的利用率。

2.3.5　AMI

AMI是一项综合性技术。能够满足信息双向流动，可向用户和电力公司提供电价和电力消费信息(时刻、时间及消费量)，并进行其他电气量量测。AMI应具备如下功能：

(1)提供远方用户电价信号，并能提供时间坐标。

(2)可在一定时间内或实时地收集、储存和报告用户用能数据。

(3)由详细的负荷预测曲线得到改进的能源诊断(improved energy diagnostics)。

(4)根据表计显示的停电和恢复供电信号，远方识别事故地点和范围。

(5)遥控连接和断开(remote connection and disconnection)。

(6)监视窃电和电力损耗。

(7)电力零售服务商通过更有效的现金收费和债务管理，提高供电公司收费等的工作效率。

2.3.6　用户侧技术

用户侧技术用于管理工业、商业和居民用户的电力消费，包括能量管理系统、储能设备、智能电器和分布式发电。通过安装家庭的仪表板、智能电器和就地储能装置，可加速获得能效收益和削峰效果。

2.3.7　需求响应技术

需求响应是指当电力批发市场价格升高或系统可靠性受到威胁时，电力用户接收到供电方发出的激励信号后，根据协议改变其固有的习惯用电模式，达到减少或者推移某时段的用电负荷而响应电力供应，从而保障电网稳定，并抑制电价上升的短期行为。实现智能电网环境下的需求响应，需要一系列技术的集成应用，包括智能电表、网关、用户侧系统、恒温器、智能用电设备、用户侧能量管理系统等技术。

2.3.8 电动汽车技术

电动汽车技术包括电动汽车充电基础设施及电动汽车充电监控、管理和控制技术。长远来说，大型的充电装置还将为电网提供辅助服务，如容量价值的辅助服务、削峰作用和电动汽车向电网的返送电力(vehicle to grid，V2G)。这将涉及AMI和用户系统的互动。

2.3.9 储能系统及其应用技术

本书主要指电储能技术。储能系统的容量、放电时间、响应时间等特性，决定了其在智能电网中所能发挥的作用。抽水蓄能、空气压缩储能、化学类储能中的液流电池、钠硫电池等，具有较大容量，响应速度较慢，放电时间较长(可达到几小时)，可发挥容量作用和能量作用，参与电力电量平衡；锂离子电池、铅酸电池等容量较大，响应速度较快，放电时间较短(分钟级)，可用于调峰和跟踪负荷；超级电容器、飞轮储能等，容量较小，响应速度快，适合用于提高电网电能质量、安全稳定，可应用于配电系统、微电网中，也可与其他大容量储能系统联合应用。

储能系统需要与电网集成，并对其进行监测控制，才能发挥应有的作用。上述储能技术中，除抽水蓄能技术外，其他技术仍在发展中，其技术经济性尚未达到大规模应用的水平。

2.3.10 信息通信技术

信息通信系统在电网生产控制和企业经营管理中发挥着越来越重要的作用，可以有效提高电网各环节的智能化水平。以我国为例，已建成了先进可靠的电力通信网络，形成了以光纤通信为主，微波、载波、卫星等多种通信方式并存，分层分级自愈环网为主要特征的电力专用通信网络体系架构。信息方面，我国电网各环节均已建立了较成熟的业务信息系统，同时在电网信息模型融合、统一信息平台等方面开展了大量研究与应用。要支撑电网的智能化转变，就需要最大限度地利用ICT，在标准规范、信息通信支撑平台、电网各领域业务支撑、安全防护、关键技术等方面有所创新、突破或进一步地增强。

2.3.11 其他支撑性技术

互联网技术、物联网技术、大数据技术、信息物理系统(cyber-physical systems，CPS)、信息安全保护等支撑性技术对于提高电网的智能化水平必不可少，也是智能电网的关键技术。

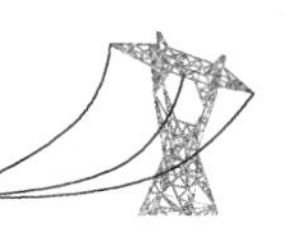

2.4　智能电网对标准的需求

2.4.1　智能电网市场空间巨大

智能电网是促进新能源技术、电动汽车充放电技术、能效技术等大规模应用，解决传统化石能源日益短缺、环境污染问题的有效途径。通过发展智能电网，还将带动 ICT、传感技术、储能技术及大数据、物联网新技术的发展。由于智能电网涉及的技术领域广泛，需要的投资量巨大。

美国电科院(Electrical Power Research Institute，EPRI)预测，至 2030 年，美国将投入 3380 亿～4760 亿美元用于实现智能电网，而预计将实现的效益高达 13000 亿～20000 亿美元。据美国 Pike Research 研究机构预测，2010～2020 年，欧洲在智能电网技术方面的投资将累积达 803 亿美元。我国国家电网公司近年来每年投入智能电网建设的资金达 3000 亿元。根据市场研究机构锡安研究所(Zion Research)发布的报告，2014 年全球智能电网市场价值约为 400 亿美元，预计到 2020 年将达到 1200 亿美元，2015～2020 年年复合增长率将略高于 18%。

智能电网作为一项耗资大、跨时长的巨大工程，为了保证如此巨大的投资的有效性，建立起科学的智能电网标准体系非常必要。没有标准，针对各项技术投资生产的产品可能会变得过时，或可能会不满足技术和市场要求；没有标准，也会对未来的技术创新和一些应用的实施起到阻碍作用。

2.4.2　智能电网建设需满足互操作

智能电网并不是从头建设的一个新事物，也不是将既有的一切推倒重来，而是将既有的基础设施作为基础，一方面有新的元素，如更多的新能源发电设备、电动汽车充电设施、分布式能源、储能装置的接入，另一方面采用信息通信技术、计算机技术和控制技术等对现有的基础设施进行升级改造，提高其智能化水平。

标准对于具有互操作性的系统及其组成部分至关重要；标准将促进众多企业的创新；还可以保证元件在其整个寿命周期内的管理和维护都能协调一致。成熟的、具有较强适应性的标准是数以百万计的元件大规模应用的基础。

智能电网不是一项具体的技术，而是众多技术的有机集成。智能电网的标准体系中不仅包含新制定的标准，也包含既有标准及对既有标准的修订。与某个具体的、关于某个设备或某项技术的标准相比，标准体系更为重要。

标准是一把双刃剑，一方面，标准可以促进行业的发展；但另一方面，在整个行业发展过程中，如果标准发布过早，也有可能阻碍行业内新技术、新产品的出现。所以，智能电网标准有发展的必要，但应该是框架性、整体性的发展。欧美国家在分析智能电网发展需要克服的障碍时，都强调了标准的缺失和认同是主

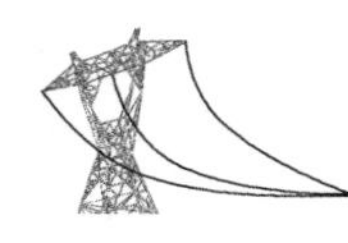

要障碍之一。

2.5 智能电网标准的意义

总的来说，智能电网标准的意义体现在以下 3 个方面。

1) 有助于促进智能电网产业的发展

智能电网标准可促进先进技术的快速产业化和商业化，避免资源浪费和重复投入，规范行业的有序竞争，推动智能电网新型业务的开展，降低企业生产成本，提高生产效率，为智能电网相关企业尽快带来新的增长点。

2) 有助于促进智能电网可持续商业模式的形成

智能电网发展的一个关键环节是商业模式的培育。商业模式涉及政治、经济等各方面因素，具有很强的地域性。通过推动智能电网标准化，可以创造共享智能电网领域最新成果的平台，实现各方的充分交流与合作，在一定程度上消除投资者的风险担忧，有利于将智能电网引入市场领域，加快技术向应用转化，推进各方合作开展标准体系开发；同时培育并引导消费者使用智能设备的习惯，形成可持续的智能电网商业运营模式。

3) 有助于引领全球互通的智能电网生态系统

智能电网的快速发展为全球标准体系开拓了新的领域。而开发智能电网全球标准体系也对智能电网未来的发展至关重要。形成一套具有互通性和互操作性的全球标准，对智能电网未来的发展形成良好的生态系统具有重要意义。

智能电网涉及面之宽，涉及范围之广泛，是前所未有的，为实现智能电网的发展战略，需要对智能电网涉及的相关标准进行系统的梳理和分析，全面考虑各领域标准的制定和系统的互联衔接，以指导智能电网高质量和高效率地建设和运行。正是在这样的背景下，各国智能电网的工程实践都需要从标准体系的研究入手。

第 3 章　智能电网标准研究现状

3.1　国际标准组织研究进展

随着智能电网的兴起，IEC、ISO、ITU-T 都积极开展智能电网标准体系研究和标准研制工作,其中以 IEC 为主，ISO 与 IEC 成立了联合技术委员会智能电网特别工作组、ITU-T 成立了智能电网专门工作组，分析智能电网标准需求，并将研究结果反馈给 IEC。

3.1.1　IEC

1. IEC SG3

IEC 为了推动全球智能电网标准化工作，于 2009 年 4 月成立了智能电网国际战略工作组(Strategy Group 3，SG3)。SG3 下设 3 个工作组：路线图工作组(Roadmap Task Team)、体系工作组(Architecture Task Team)和用例工作组(Use Case Task Team)。

路线图工作组于 2010 年 1 月发布了《IEC 智能电网标准化路线图》1.0 版[10](IEC Smart Grid Standardization Roadmap Edition 1.0)。体系工作组于 2010 年 4 月在日内瓦会议上成立，该工作组通过开发工具(mapping chart tool)，将需求、量值、结构和标准联系起来，用于管理整个 IEC 智能电网标准。用例工作组依托 TC8 成立了 TC8/WG6，围绕智能电网实践，收集实际工业用例，实现用例的规范化和统一化。

IEC SG3 除了负责编制智能电网标准体系和技术路线外，还负责协调 IEC 内部与智能电网密切相关的技术委员会(主要包括 TC57、TC8、TC13、TC64、TC69、TC88、TC82、TC23、TC65、TC56、TC77、TC120、PC118、ISO/IEC JTC1 等，见表 3-1)在智能电网标准制修订方面的工作。IEC SG3 在 2010 年向 IEC 标准化管理委员会提出了标准体系建设的 10 项建议，并得到 SMB 的认可和批准。其中第 4 项建议指出：应将 TC 按工作性质分成横向跨领域 TC 和应用领域 TC，采取由上至下的标准化工作模式。应用领域 TC 在制定标准时，无论是研究内容还是工作方法上都需要接受横向跨领域 TC 的指导并遵循其提出的工作方法，其主要目的是避免和协调可能日益增多的各 TC 间的标准冲突问题。

(1) 智能电网技术相关的横向跨领域 TC 包括：TC8、TC57、TC56 和 TC65。

(2) 智能电网技术相关的应用领域 TC 主要包括：TC3、TC13、TC21、SC22F、

SC23F、TC38、TC64、TC65、TC69、TC77、TC82、TC88、TC95、TC100、PC118、TC120 等。

表 3-1 IEC 智能电网核心技术委员会

技术委员会编号	名称	智能电网标准化工作进展
TC8	电能供应系统方面 (system aspects for electrical energy supply)	协调各相关技术委员会，建立智能电网的通用用例；形成智能电网的系统工程方法。智能电网发展背景下增设了 SC8A 和 SC8B，分别负责可再生能源并网和微电网方面的标准研制，秘书处均设在我国，由中国电力科学研究院承担秘书处工作
TC57	电力系统的控制和相关通信 (power systems management and associated information exchange)	TC57 期望成为智能电网标准化的核心。其开发的公共信息模型(common information model, CIM)和 IEC 61850 为实现智能电网的能量管理和自动化系统的信息交换提供了核心标准，这些标准正在向相邻领域进行扩展。TC57 向 SG3 提出了未来 5 年将与 IEC 内部 TC3、TC4、TC8、TC69、TC65、TC88、TC13、TC65、TC38 和 PC118 开展合作，以弥补标准的缺失
TC56	可信性(可靠性)(dependability)	TC56 于 1965 年成立，当时称为“电子元件和设备可靠性”技术委员会。随着可靠性技术及其工程概念的不断拓展，TC56 的名称和工作内容也相应不断改变
TC65	工业流程测量和控制(industrial-process measurement, control and automation)	工业用户与电网的互动
TC13	电能测量、电价和负荷控制(electrical energy measurement, tariff- and load control)	智能电表标准制定
TC64	防电击电气安装和防护 (electrical installations and protection against electric shock)	智能电网涉及的安装和防护标准
TC69	电动公路车辆和电动工业卡车(electric road vehicles and electric industrial trucks)	电动汽车充放电标准制定
TC72	电气自动控制(automatic electrical controls)	TC72 已将名称由“家庭用自动控制”改为“电气自动控制”，表明 TC72 不仅涉及居民用户，而且将覆盖工商业用户。TC72 制定和维护的主要标准是家用或类似用途的电器的自动控制(IEC 60730)，并支持该标准的实际应用。目前，已完成电器遥控功能所涉及的安全性要求的制定工作
TC77	电磁兼容(electromagnetic compatibility)	为支持智能电网发展，TC77 将在下述方面弥补标准的缺失：2～150kHz 的电磁兼容、智能电网环境下的电能质量要求、分布式能源并网条件下的电磁兼容
TC82	太阳能光伏发电系统 (solar photovoltaic energy systems)	光伏发电系统建模、并网及运行标准
TC88	风力机组(wind turbines)	风电机组建模、并网及安全运行标准
TC95	量度继电器和保护设备(measuring relays and protect- ion equipment)	智能电网发展环境下，继电保护发生了较大变化，如可再生能源并网对各电压等级系统继电保护系统的影响，特别是分布式电源对配电网保护产生了较大影响。未来几年 TC95 还将在下述方面开展工作：故障穿越控制(输电线发生短路故障对配电电压的影响)、低电压时无功功率的影响、低电压时有功功率的影响、反孤岛保护

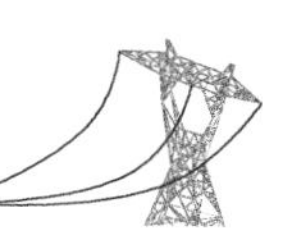

续表

技术委员会编号	名称	智能电网标准化工作进展
TC100	音频、视频和多媒体系统与设备(audio, video and multimedia systems and equipment)	家用电器设备控制及与电网互动标准
PC118	智能电网用户接口(smart grid interface)	2011 年底成立，负责制定智能电网用户接口和需求响应标准
TC120	储能系统(electrical energy storage systems EES 系统)	2012 年成立，将制定电力储能系统及其应用领域的标准

在明确核心 TC 的基础上，IEC 在其《智能电网标准化路线图》1.0 版中还提出了智能电网核心标准(表 3-2)和重要标准(表 3-3)，核心标准涉及面广，对智能电网的发展发挥至关重要的作用，重要标准的重要程度略逊于核心标准。

表 3-2 IEC 智能电网路线图中提出的智能电网核心标准

核心标准	主要内容
IEC 62357	参考架构–SOA 能源管理系统；配电管理系统
IEC 61970/61968	CIM、EMS、DMS、DA、SA、DER、AMI、DR、E-Storage
IEC 61850	变电站自动化(EMS、DMS、DA、SA、DER、AMI)
IEC 61968	配电管理
IEC 61970	能量管理
IEC 62351	信息安全
IEC 62056	表计数据交换，分时电价和负荷控制
IEC 61508	电力/电子/可编程电子安全系统的功能安全

注：SOA 为面向服务的架构；CIM 为公共信息模型；EMS 为能量管理系统；DMS 为配电管理系统；DA 为配电自动化；SA 为变电自动化；DER 为分布式能源；AMI 为高级量测体系；DR 为需求响应；E-storage 为电储能。

表 3-3 IEC 智能电网路线图中提出的智能电网重要标准

重要标准	主要内容
IEC 60870-5	电力控制(EMS、DMS、DA、SA)
IEC 60870-6	控制中心通信(EMS、DMS)
IEC /TR61334	“DLMS”配电线路消息规范、AMI
IEC 61400-25	风电通信(EMS、DMS、DER)
IEC 61850-7-410	水电能源管理(EMS、DMS、DA、SA、DER)
IEC 61850-7-420	分布式能源通信(DMS、DA、SA、DER)
IEC 61851	电动汽车通信(智能家居、电动交通)
IEC 62051-54/58-59	计量标准(DMS、DER、AMI、DR、智能家居、电储能、电动交通)
IEC 62056	COSEM(DMS、DER、AMI、DR、智能家居、电储能、电动交通)

注：DLMS 指设备语言报文规范；COSEM 指电能计量配套技术规范。

IEC SG3 在智能电网标准体系研究工作基本完成后，成立了 IEC SEG2 智能电网系统评估组，SEG2 在其研究报告中总结了 SG3 的工作，提出应在 SG3 的基础上成立智慧能源系统委员会的建议。IEC SMB 根据 SEG2 的报告，于 2015 年成立了 IEC SyC1 智慧能源系统委员会。SyC1 的工作范围是研究智能电网及其与水、气等系统交互方面的标准。SyC1 既负责标准体系研究，也负责对外联络、对内协调，此外还负责系统层面标准的研制。SyC1 的 WG3 在 IEC《智能电网标准化路线图》1.0 版的基础上即将推出《智慧能源标准化路线图》。

2. 相关技术委员会的工作

针对 SG3 提出的发展建议，上述部分 TC 调整了自身的工作范围，建立了新的工作组，并提出了适应智能电网应用需求的未来发展计划，概括介绍如下。

1) TC57

工作进展。成立了 WG21 工作组，负责接入电网的系统接口和协议；提出了 14 项新提案，弥补标准缺失；出版了一系列导则，用于指导标准的应用，对标准进行扩展，促进标准之间的协调性，如 CIM/61850 的扩展、促进 CIM 与 IEC 61850 的一致性、IEC 61850 UML 模型管理，与 TC13 成立的工作组做 CIM/61850 和电能计量配套技术规范/设备语言报文规范(Companion Specification for Energy Metering/Device Language Message Specification，DLMS/COSEM)的协调性分析；编制某些标准指导一致性测试。

为满足电力线载波(power line carrier, PLC)技术在电力系统的应用需求，除已存在的 WG20 要开展相关的标准研制工作外，TC57 要求 WG9 主持 PLC 标准化研究项目，支持智能表计和智能电网用例。

(1) 由 TC57/WG21 负责制定 IEC 62746 系列“用户能源管理系统和电力能量管理系统之间的接口”类标准，包括 12 个系列标准：

① IEC62746-1 概论(包括术语)。

② IEC/TR 62746-2 用例和需求分析。

③ IEC62746-3 架构。

④ IEC62746-4 信息模型。

⑤ IEC62746-5 消息内容和交换模式。

⑥ IEC62746-6 消息传输和服务。

⑦ IEC62746-7 安全性。

⑧ IEC62746-8 可用率和充裕性。

⑨ IEC62746-9 工程(检修、参数调整、配置、调试和注册)。

⑩ IEC62746-10 用户服务接口。

⑪ IEC62746-11 协议和互操作。

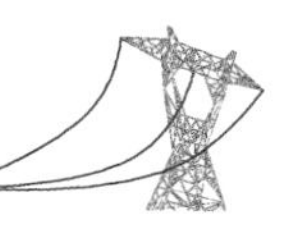

⑫　IEC62746-12　一致性测试。

(2) 开展标准制修订工作，提出 14 项新提案，弥补标准缺失。

①　IEC 62361-100 草案：CIM 到可扩展标记语言 (extensive markup language, XML) 映射的命名和设计规则。

②　IEC 61970-452 草案：能量管理系统应用接口- Part 452：CIM 静态传输网模型协议。

③　IEC 61970-552 草案：能量管理系统应用接口 (EMS-API)：) -Part 552：CIM 到 XML 的模型交换格式。

④　水电站通信网结构 (已提出的 IEC 61850-90-410 TS 1.0 版)。

⑤　CIM 向发电机的扩展。

⑥　基于 IEC 61850 的水电设备互操作测试。

⑦　接入智能电网的系统与电网之间的接口和通信协议。

⑧　电力系统管理和相关信息交换-信息和通信安全-Part 9：保证网络安全的关键性设备管理 (未来的 IEC 62351-9 TS 1.0 版)。

⑨　IEC 61970-555 能量管理系统应用接口：Part 555 基于 CIM 的能效模型交换 (CIM/E) (由中国专家主导制定)。

⑩　IEC/TS 61970-556 能量管理系统应用接口：Part 556 基于 CMI 的图形交换模式 (CIM/G) (由中国专家主导制定)。

⑪　未来的 IEC 61968-100 1.0 版：IEC 61968 的应用导则。

⑫　未来的 IEC 61968-6：在电力公司的应用集成-配电管理的系统接口-Part 6：检修和建设接口。

⑬　未来的 IEC 61850-8-2：特殊通信服务映射 (special communication service mapping, SCSM) -映射到互联网服务。

⑭　IEC 61850 信息模型扩展到汽轮机和燃气轮机，包括逻辑接点和数据模型。

(3) 制定标准应用导则，包括 IEC 61850 系列“电力公司自动化的通信网和系统”14 个标准以及相关标准。

①　IEC/TR 61850-7-510：水电站监控系统通信。

②　IEC/TR 61850-90-1：IEC 61850 应用于变电站之间通信。

③　IEC/TR 61850-90-2，电力公司自动化的通信网和系统- Part 90-2：IEC 61850 应用于变电站与控制中心之间的通信。

④　IEC/TR 61850-90-3，电力公司自动化的通信网和系统- Part 90-3：IEC 61850 应用于状态监测。

⑤　IEC/TR 61850-90-4，电力公司自动化的通信网和系统- Part 90-4：变电站通信网络导则。

⑥　IEC/TR 61850-90-5 Ed. 1.0，电力公司自动化的通信网和系统-Part 90-5：符合 IEEE C37.118 要求应用 IEC 61850 传输同步相量信息。

⑦ IEC/TR 61850-90-6：IEC 61850 应用于配电自动化。

⑧ IEC/TR 61850-90-7：IEC 61850 扩展到光伏、储能和其他分布式能源系统的逆变器的对象模型。

⑨ IEC/TR 61850-90-8：IEC 61850 扩展到电力交通的对象模型。

⑩ IEC/TR 61850-90-9：IEC 61850 向电池系统扩展的对象模型。

⑪ IEC/TR 61850-90-10：IEC 61850 向调度系统扩展的对象模型。

⑫ IEC/TR 61850-90-11：基于 IEC 61850 应用的逻辑建模方法。

⑬ IEC/TR 61850-90-12：广域网工程导则。

⑭ IEC/TR 61850-100-1：功能测试。

⑮ IEC/TR 62351-10，电力系统管理及其信息交换- 信息和通信安全- Part 10: 安全架构导则。

⑯ IEC/TR 62357-1，电力系统管理及其信息交换：参考架构。

(4) 互操作和合格性测试。IEC 61850-10-2，电力公司自动化的通信网和系统- Part 10-2: IEC 61850 扩展到水电设备的互操作测试。

(5) 中长期计划。TC57 是 IEC 内智能电网标准化的核心技术委员会，其开发的 CIM 和 IEC 61850 系列标准为实现智能电网的能量管理和自动化系统的信息交换提供了核心标准，这些标准正在向相邻领域进行扩展。此外，这些标准还可向非电领域进行扩展。

依据语义模型类标准的市场需要，TC57 认识到 IEC 61850 模型(逻辑接点和公共数据类)实现计算机可读的重要性，TC57 重视语义类模型的研制。

TC57 建议 IEC 内部开展合作，以弥补标准的缺失，见表 3-4。

表 3-4 TC 57 建议 IEC 内部开展合作

主导 TC	合作 TC(PC)	任务
TC95 继电保护设备	TC57	建立 TC95 开发的每项保护功能的数据模型； 制定电气保护标准，定义数据模型(IEC 60255-185)
TC72 家用电力控制，正在扩展到工业用户	PC118	家用电气自动控制
TC59 家用电器设备性能	PC118	家用电气协调工作；家用及商用电器与电网的接口
TC57	TC3 信息结构，图形符合	IEC 61850 信号名称
TC57	TC4 水轮机	水轮机
TC57	SC3D	数据库标准
TC57	TC8	用例
TC57	TC13	协议协调
TC57	SC17C	IEC 61850 扩展到开关设备
TC57	TC38	IEC 61850 过程总线应用的仪器用互感器
TC57	TC65	安全性，以太网和工业通信标准
TC57	TC69	道路电力车辆和工业用电动车辆
TC57	TC88	IEC 61850 扩展到风电机组
TC57	PC118	智能电网用户接口

注：PC 指项目委员会。

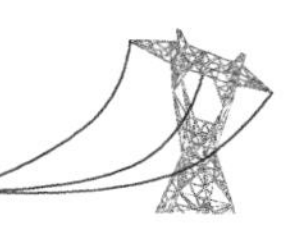

2）TC59

（1）工作进展。TC59成立了新的工作组WG15，制定“家用电器接入智能电网及其与电网之间的互动”标准。该工作组的工作任务是协助TC59及其分技术委员会，制定可支持家用电器与智能电网互动的标准。

（2）工作建议。TC59提出愿意与PC118加强合作。

3）TC65

（1）工作进展。TC65是关于工业过程测量、控制和自动化的技术委员会，秘书处设在法国。为了满足工业需求响应实践需要，基于日本2012年12月向TC65发起的“工业设施与智能电网的系统接口”新提案，TC65成立了新工作组WG17开展相关工作。

（2）工作建议。TC65提出要在SG3的架构下，与TC8、TC57、PC118进行协调。

4）TC72

TC72已将名称由“家庭用自动控制”改为“电气自动控制”，表明TC72将不仅涉及家用，而是覆盖商用和工业用户各类用户。TC72制定和维护的主要标准是IEC 60730-1：自动电器控制的通用要求（Automatic Electrical Controls-Part1：General Requirements），其做了很多努力，支持该标准的实际应用，目前，已完成电器遥控功能所涉及的安全性要求。

5）TC95

在智能电网的发展目标下，继电保护发生了较大变化，如可再生能源并网对各电压等级系统继电保护系统的影响，特别是分布式电源对配电网保护产生了较大影响。为此，TC95正在与IEEE继电保护委员会联合制定同步相量方面的标准——IEC/IEEE 60255-118-11.0版继电保护设备- Part 118-1: 电力系统同步相量测量。

未来几年TC95还将在以下几个方面开展工作：①故障穿越控制（输电线发生短路故障对配电电压的影响）；②低电压时无功功率的影响；③低电压时有功功率影响；④反孤岛保护。

6）SC77

SC77认为，在下述一些方面仍存在标准缺失：2～150kHz的电磁兼容；智能电网环境下的电能质量要求；分布式能源并网条件下的电磁兼容。

(1) SC77A。电磁兼容委员会和产品委员会对现有的相关标准进行了重审，研究如何进行适当的修正，以便保证2~150 kHz 的电磁兼容。

分析总结电磁兼容水平和/或公共电网所有电压等级的电压，明确智能电网环境相关运行条件。

研究如何对分布式能源设备带来的电磁干扰给出限值、制定标准，以及如何通过现有及今后可能出现的设备/系统共同承担消除这些干扰。这项工作应在IEC/TR 61000-3-6、IEC/TR 61000-3-7、IEC/TR 61000-3-13 和 IEC/TR 61000-3-14 的基础上开展。

(2) SC77C。开展3项课题研究，其中2个课题的任务是研究电磁暂态保护设置，包括高频电磁接地保护(IEC 61000-5-1 和 5-2)；第3个课题是一项新课题，目的是针对红外发射迈克尔逊干涉仪(infrared emission Michelson interferometer，IEMI)定义设备抗电磁干扰测试方法。

将制定相关产品委员会基本标准的应用导则，同时，产品委员会也会要求 IEC SC77C 为某些特殊应用制定产品标准。

将针对电力传感器等智能设备制定专门的保护导则。

3. IEC 其他战略工作组和系统评估组

除上述 SG3 外，IEC 还有若干战略工作组和系统评估组，开展新兴领域或跨专业领域的标准研究。战略工作组和系统评估组均不承担具体标准的制定工作，主要开展某一领域的国际标准的缺失分析和战略研究。战略工作组的研究成果通常是相关领域标准的发展路线图，为后续标准制定确定发展方向。系统评估组的研究成果是评估报告，就是对建立新的技术专业委员会 TCs 或系统委员会 SyCs 提出建议。就智能电网而言，IEC 首先成立了战略工作组 SG3，在 SG3 初步完成路线图研究后，在其工作的基础上成立了智能电网系统评估组 SEG2，2016 年 SMB 参考 SEG2 的报告，批准成立智慧能源系统委员会 SyC1。

至 2017 年底，IEC 先后成立了 11 个战略工作组，其中 10 个工作组都已在完成任务后解散，仅留最后成立的 SG11，正在负责研究新兴技术领域的技术颠覆性及其对 IEC 标准化工作的影响、绘制雷达图；先后成立了 9 个系统评估组，目前 SEG7、SEG8 和 SEG9 仍存在，其他已完成任务解散；在战略工作组成系统评估组工作的基础上已经设立了 4 个新的委员会、两个技术委员会或技术分委员会。具体见表 3-5。

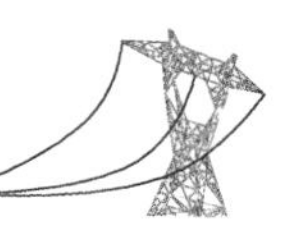

表 3-5　IEC 战略工作组/系统评估组/系统或技术委员会

战略工作组编号	评估组编号	技术领域	系统(技术)委员会
SG1		能效和可再生能源	
	SEG1	智慧城市	SyC2 智慧城市系统委员会
SG2		特高压	TC122 特高压交流输电技术委员会
SG3	SEG2	智能电网	SyC1 智慧能源系统委员会
SG4	SEG4	低压直流	SyC　LVDC 低压直流及面向电力供应的低压直流系统委员会
SG5	SEG3	主动协助生活	SyC AAL 主动协助生活系统委员会
SG 6	SEG5	电动汽车	
	SEG6	微网(分布式电力能源系统)	IEC SC8B 分布式电力能源系统分委员会
SG7		机器人中的电工技术	
SG8	SEG7	工业 4.0 智能制造	
SG9		通信技术	
SG10		可穿戴智能设备	
	SEG8	电工系统的通信技术和架构	
	SEG9	智能家居/楼宇	
SG11		新兴技术领域颠覆性分析	

1)SG2 特高压战略组

IEC SG2 全称为 Strategic Group 2——特高压标准战略组(Standardization of Ultra High Voltage Technologies)，成立于 2009 年 2 月，由 20 名成员组成，包括 10 名成员国代表，8 名技术委员会代表，1 名 IEC 输配电顾问委员会(Advisory Committee Transmission and Distribution, ACTAD)代表和 1 名 IEC 中央办公室代表。SG2 负责向 SMB 提供特高压领域标准的制定需求及建议，协助相关 TC 解决工作范围划分问题。具体工作是识别 1000kV 及以上特高压交流、800kV 及以上特高压直流领域技术标准需求，向 SMB 提出该领域国际标准发展建议。

(1)制定特高压交/直流领域 IEC 标准路线图，并督促实施。

(2)协助技术委员会/分技术委员会界定工作范围，协调开展标准制定工作。

(3)就 IEC 或其他国际组织尚未意识到的特高压技术领域热点向 SMB 提出建议。

SG2 主要开展的工作及成果主要包括以下 4 个方面。

(1)协调 IEC TC115 及 SC22F 两个技术委员会的合作关系，协助界定工作范围。

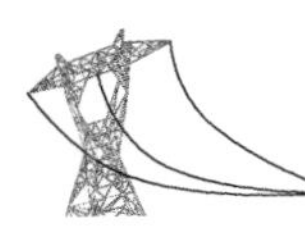

(2) 编制 IEC 特高压交流、直流标准发展路线图；国家电网公司专家作为工作组成员，为该战略组准备了高压直流标准化路线图草案，充分反映了公司的科研、建设成就和标准化需求。

(3) 建议成立大气海拔修正工作组，解决 IEC 内部技术委员会之间采用修正参数不一致的问题；目前已成立 TC42/TC115 联合工作组，国家电网公司专家作为工作组成员参与工作。

(4) 向 IEC 标准化管理局提出了成立特高压交流系统新技术委员会的设想；该技术委员会由国家电网公司主导发起，目前已成立，编号为 TC122，由国家电网公司专家担任主席。

2) SG4 低压直流系统战略组

2009 年，瑞典国家委员会在 IEC 发起提案，围绕低压直流系统建立战略工作组，获得 SMB 批准后成立了 IEC SG4(1500V 以下低压直流配电系统)，由瑞典专家担任召集人。SG4 在 2014 年提交了最终报告，从市场、技术和产品角度提交了 1500V 以下低压直流配电系统发展路线图，并建议在低压直流配电领域成立系统评估组。与此同时，IEC 德国国家委员会也发起了类似的提案，因此，SMB 决定成立低压直流应用、配电、安全和市场特别工作组 AHG54，进一步研究成立系统评估组的必要性和工作范围。

3) SG6 电动汽车战略组

2011 年 9 月，IEC SMB 临时工作组(AHG31)提出成立电动汽车技术战略工作组(IEC SMB SG6)，制定电动汽车标准化路线图。10 月，SMB 墨尔本会议决定成立该工作组，其成员国家包括巴西、中国、德国、法国、以色列、日本、韩国、意大利、荷兰、西班牙、英国、美国。

2012 年 4 月，SG6 在日内瓦召开了第一次工作会，会议讨论决定了战略组的重点工作内容主要为以下几个方面。

(1) 调查插电式电动汽车(plug-in hybrid electric vehicle，PHEV-)与供电设施之间的互动需求。

(2) 分析市场和产业发展。

(3) 识别标准之间的缺失和重复。

(4) 确保及时制定适当标准。

(5) 与欧洲标准化及认证机构(CEN-CENELEC)电动汽车协调组和 SG3 建立联系。

(6) 提出 IEC 和其他标准化组织(特别是 ISO 和区域标准化机构)的协作措施。

(7) 监督实际协作开展情况，特别是 ISO 与 IEC 协议。

会议还决定成立 3 个任务组：第一任务组(mapping task team)主要负责收集当

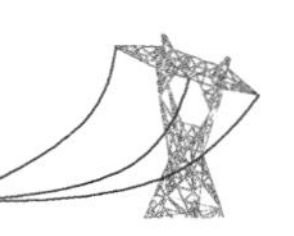

前电动汽车电气技术领域的相关情况；第二任务组(use case task team)主要负责提供各种相关用例，了解各种系统的工作模式，用于辨识标准的重复和缺失；第三任务组(technology task team)主要负责跟踪最新的相关技术和标准的发展情况，为 SMB 提供决策参考。

SG6 成立之后，分别于 2013 年 1 月和 10 月，在日本和美国召开了工作组会议，期间召开了 10 多次电话会议。截至 2014 年 8 月，SG6 已向 SMB 提交了工作报告。报告共分为两大部分：第一部分是关于电动汽车充电技术；第二部分提出标准化路线图，并附上相关参考资料。整份报告主要就电动汽车充电技术当前和未来所关注的技术及其标准化路线进行详细的介绍和分析。这些技术包括传导式充电技术、大功率充电、无线充电、家庭及建筑物能量管理系统、车辆与家庭及车辆与电网互动技术(home to grid/vehicle to grid，H2G/V2G)、大规模充电与电网管理技术、充电站技术、离网充电技术、充电故障诊断技术、应急充电技术、充电运营服务技术、电池更换技术、机器辅助充电技术及行驶无线充电技术等方面。

SG6 为 IEC 制定电动汽车充电技术标准化工作路线图，决定 IEC 今后在该领域的发展方向和技术优先级。SG6 的工作于 2015 年完成。

SG6 主要提供电动汽车技术领域标准化工作的 IEC 战略，其中优先对插电式电动汽车和供电设施开展调研，以分析市场和产业发展、识别标准缺失和重复、保证及时研制适当标准、确定 IEC 和其他标准化组织(特别是 ISO 和区域标准化机构)之间的协作渠道、监督实际开展的协作工作。

4) SEG4 低压直流系统评估组

如前所述，SEG4 延续了 SG4 的工作。2014 年 SG4 解散后，SMB 成立了 AHG54，研究开展后续工作的最佳方式。AHG54 在 2014 年 11 月向 SMB 提交报告，建议在低压直流领域成立系统评估组，具体如下。

(1) 名称：适用于发达和发展中经济体应用的低压直流应用、配电系统和安全。

(2) 成员范围：前 SG4 成员代表、IEEE、ACOS、非洲电工标准化委员会(the African Electro technical Standardization Commission，AFSEC)等机构的代表，以及 SEG 认为合适的产业联盟代表。

(3) IEC 内部 TC：由 SEG 根据 SG4 报告中列出的相关 TC 清单做进一步筛选。

(4) SEG4 应注意与 SG4 工作的延续性，并首先确定低压直流的电压范围。

(5) 提名印度专家担任召集人。

SMB 经会议讨论批准了上述建议，并成立了 SEG4(适用于发达和发展中经济体应用的低压直流应用、配电系统和安全系统评估组)，工作范围和目标主要是讨论低压直流领域未来标准化适宜的组织形式和体系架构，具体包括：评估低压直流应用和产品的标准化水平，以及现有 IEC 相关标准的使用情况，定位新的标准化领域；从改善能效和拓展低压直流应用途径的角度出发，评估在发达经济体和

发展中经济体不同环境下低压直流技术应用的情况和前景；SEG将与利益相关方一起开展以下活动：

（1）评估并在必要的情况下定义低压直流电压范围。

（2）评估低压直流应用和产品的现有市场规模。

（3）根据现有研究成果和仿真模型预测未来低压直流产品和应用市场。

（4）定义不同领域（民用、商用、公共设施、工业、可再生能源、电动汽车等）低压直流设施系统集成用例。

（5）评估低压直流的应用前景。

（6）评估当前和未来负责研制低压直流安全标准工作的机构。

（7）评估低压直流技术应用的正面和负面效应（能效、监管、输电等）。

（8）梳理现有IEC及其他国际标准化组织的低压直流标准。

（9）应用用例和映射工具（mapping tool）定位标准缺失。

（10）定义IEC内跨TC/SC合作框架。

（11）跟踪IEC内相关TC/SC工作，识别标准缺失和潜在冲突。

（12）为定义低压直流网络和与大电网互联提供技术建议。

SMB要求SEG4以报告的形式提交最终工作成果，工作时间为期两年。

SEG4于2015年1月在意大利米兰召开了首次会议，决定建立6个工作组，分别为WG1（现状评估、标准和标准化）、WG2（利益相关方评估和参与）、WG3（市场评估）、WG4（低压直流电压相关数据收集和论证）、WG5（低压直流安全数据收集和论证）、WG6（面向电力供应的低压直流系统）。

随后SEG4分别在亚洲、欧洲和美洲召开了7次会议。如此密集的会议在系统评估组、乃至整个IEC并不多见，在一定程度上反映了各国对低压直流议题的广泛关注，所涉及利益相关方众多、未来市场应用前景的广阔。截至2016年6月，SEG4吸引了来自27个国家的143名专家，也足见业界对这一领域的重视。

SEG4为了确保最终报告中相关支持数据的有效性和合理性，利用网络开展了全球低压直流数据调研，设计了包括150个问题的调查问卷，最终收到了超过200份的答案。问卷分为5个部分，前2个部分主要用于收集关键利益相关方信息，第3部分识别标准化需求，第4部分评估市场发展程度，第5部分调研低压直流技术在解决无电地区供电方面的挑战和机遇。

基于线上调研结果和评估组专家研究结论，SEG4提出IEC在低压直流领域尚需开展大量工作，存在很多标准空白。例如：①在不同操作环境下选择适宜电压和接地系统的导则；②电力电子保护设备的适用性；③故障检测和识别技术；④设备一致性测试；⑤电网、设备和装置的电磁兼容要求；⑥低压直流专用设备标准。

其中，需要多TC协调解决的系统级缺失标准多达13类，需要相关TC单独

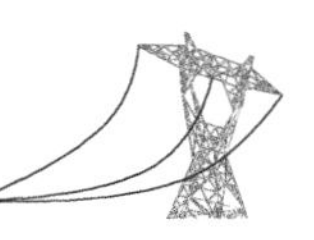

制修订的标准12类。因此，SEG4提出应在低压直流领域建立系统委员会，一方面协调现有相关TC，尽快修订完善目前仅适用于交流设备和系统的标准，补充相应的直流条款，另一方面围绕电力供应制定系统级标准，并支持相关TC在该领域开展标准化工作。SEG4建议将新系统委员会命名为“低压直流及面向电力供应的低压直流”，在工作中与智慧能源系统委员会和SEG6微网/非传统配电网系统评估组保持密切合作。

SEG4向SMB提交了最终报告，建议成立新系统委员会的提案流转投票。SEG4于2017年1月召开最后一次会议，讨论向系统委员会的转型计划。新成立的系统委员会为SyC LVDC（Low Voltage Direct Current and Low Voltage Direct Current for Electricity Access）。

5）SEG6非传统配电网/微电网系统评估组

随着资源、环境压力的日益加剧，绿色和可持续发展观念的普及，发展可再生能源利用已经成为各国能源发展的共同选择。分布式发电作为就地利用可再生能源的一种形式，在世界范围内得到了广泛关注和快速发展，但同时，可再生能源自身的间歇性和波动性特征，以及大量分布式电源并网给传统配电网带来的冲击，限制了分布式可再生能源的应用。为了解决上述问题，各国开始探索利用微网促进可再生能源高效利用、降低单体分布式电源分散并网的不良影响，并进一步向多种能源综合利用的方向发展。同时，微网也是应对偏远地区、地理孤岛、无电地区供电问题的一种经济有效的解决方案。

微电网作为一种小型系统，既不同于单体设备，也不同于智能电网，具有一些独有特性和标准化需求。IEC之前虽陆续推出了一些相关标准，但都零散分布于数个相关技术委员会，且往往局限于如农村电气化、小型光伏并网等特定领域的应用。随着微电网技术和市场的快速发展，原有工作模式已难以满足市场发展需求，特别是由于缺乏全局性的标准化路线图和有效协调机制，不同设备、组件和标准间的互操作性问题已日渐成为产业进一步发展的阻碍。

为解决上述为题，国家电网公司在2014年初组织中国电力科学研究院专家，编制了有关成立微电网系统评估组的国际标准提案，希望成立专门性组织，从系统层面推进微电网及相关技术领域的标准化。IEC SMB在其第149次会议上对该提案进行了深入讨论，考虑到微电网领域本身的技术特点，以及与现有技术委员会之间的复杂关系，SMB决定首先成立特别工作组AHG53，以一年为期深入研究中国电力科学研究院的提案，确定微电网领域开展标准化工作的最佳载体。

AHG53召集人由中国电力科学研究院的专家担任，成员包括中国、德国、日本、美国、南非、韩国代表，以及IEC TC8（面向电力供应的系统特性）和SEG2（智能电网系统评估组，后转型为智慧能源系统委员会）的主席。AHG53于2014年9

月向 SMB 提交了最终工作报告，报告指出截止到报告编写阶段，IEC 有 8 个技术委员会已出版或正在编制微电网相关标准，但彼此之间缺乏协调沟通，对于微电网领域存在的大量缺失标准也没有提出明确的制修订计划。同时，通过南非代表，非洲广大发展中国家表达了利用微电网快速解决无电地区供电问题的诉求，希望 IEC 能够尽快推出具有可操作性的系列标准，以帮助工程建设公司、设备厂商、系统集成商等利益相关方解决实际微电网建设和运营中面临的问题。报告最终向 SMB 提出了以下 3 项建议。

(1) 考虑到 TC8/WG7 已经启动 2 项微电网设计和运行相关标准的编制工作，未来有关微电网规划设计和运行的标准提案应继续交由 TC8/WG7 负责，TC8 应注意相关工作的发展动态，结合新的标准研制项目，考虑建立新工作组或分技术委员会。

(2) 智慧能源系统委员会正在开展的工作，可能会涉及微电网在现有配电网中与其他电力系统组成部分的互动。为避免重复工作，建议智慧能源系统委员会继续开展以下工作：①维护和更新智能电网路线图中微电网的相关内容；②收集和整理微电网相关概念、定义和功能；③跟踪相关 TC/SC 微电网的相关工作并即时识别标准缺失；④收集和定义不同微电网应用模型的用例。

(3) AHG53 建议 SMB 关注非传统配电网领域(如农村电气化、小型/楼宇微电网、社区微电网等)快速发展的商业案例和市场需求，并以“非传统配电网/微电网”为题，建立系统评估组，识别国际标准层面的需求，并收集微电网在不同应用环境下的用例。该系统评估组应与 IEC 所有的相关工作组、TC/SC 共同提出相关术语定义、领域标准化路线图和行动计划，并评估现有的相关标准化活动和标准缺失。题目中的“非传统配电网/微电网”指除固定连接到大电网的直流配电系统以外的所有其他电能网络类型。

SMB 于 2014 年批准了上述建议，同年，IEC SEG6 非传统配电网/微电网系统评估组建立，由中国专家担任召集人。根据 SMB 决议要求，SEG6 需于 1～2 年以工作报告的形式向 SMB 提交以下问题的研究结论和工作建议：

(1) 在非传统配电网和微电网领域，如何开展国际标准化工作，以满足新商业模式和市场的标准化需求；

(2) 梳理相关术语、制定标准化路线图和行动计划、梳理现有标准化活动、分析标准缺失、明确不同组件的交互界面；积极调动相关领域专家，明确利益相关方，为相关问题的解决定义总体框架。

SEG6 于 2015 年初开始招募专家，截至 2016 年 9 月 16 日，IEC SEG6 注册专家共计 58 名(未计入官员)，覆盖 21 个国家和地区，具体情况如图 3-1 所示。

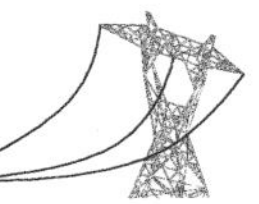

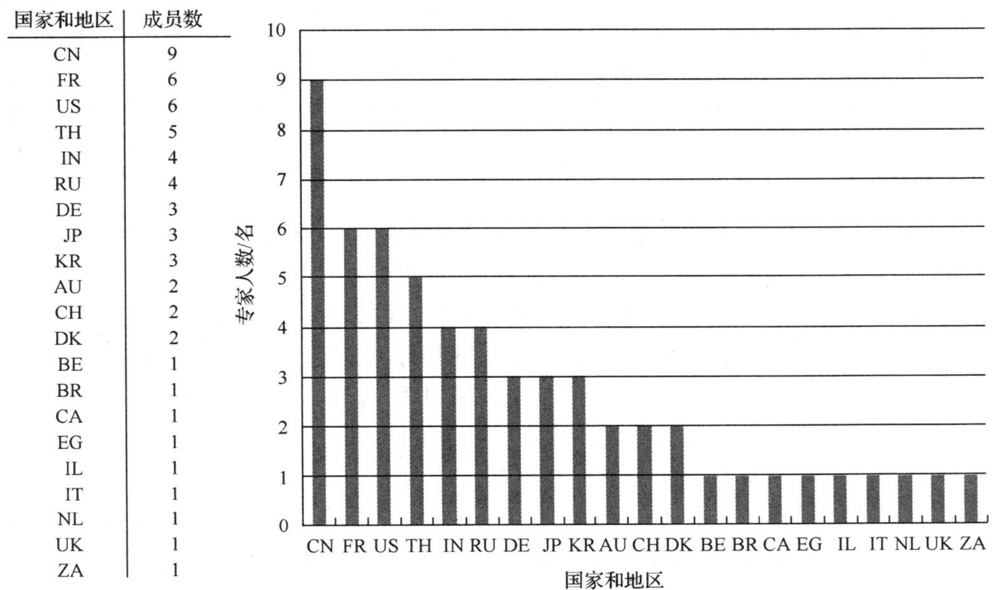

国家和地区	成员数
CN	9
FR	6
US	6
TH	5
IN	4
RU	4
DE	3
JP	3
KR	3
AU	2
CH	2
DK	2
BE	1
BR	1
CA	1
EG	1
IL	1
IT	1
NL	1
UK	1
ZA	1

图 3-1　IEC SEG6 成员统计

CN 为中国；FR 为法国；US 为美国；TH 为泰国；IN 为印度；RU 为俄罗斯；DE 为德国；JP 为日本；KR 为韩国；AU 为澳大利亚；CH 为瑞士；DK 为丹麦；BE 为比利时；BR 为巴西；CA 为加拿大；EG 为埃及；IL 为以色列；IT 为意大利；NL 为荷兰；UK 为英国；ZA 为南非

为有效推动 SMB 委派的任务，SEG6 在其首次会议上，决定建立 3 个工作组和 1 个咨询顾问组，分别在以下领域开展具体工作：

(1) WG1——状态评估组：负责评估微电网及非传统配电网领域的标准化情况，明确利益相关方，开展市场评估工作。

(2) WG2——用例工作组：明确已在微电网领域开展用例研究的机构/组织，提出微电网用例。

(3) WG3——微电网技术标准化特殊需求分析工作组：在安全、监控等领域开展标准化需求分析。

(4) 咨询顾问组（Consultative Advisory Group，CAG）：负责编制整体工作报告和制定 SEG6 工作计划。

各个工作组开展的具体工作如下：

WG1 开展了为期 3 个月的全球微电网市场线上调查，收到了来自欧洲、北美、亚洲、南美、澳洲和非洲的 60 份答卷，根据调研数据，在微电网建设背景、工程应用、技术和设备研发、标准使用情况和需求方面开展了深入分析，形成了分析报告和微电网项目清单，并总结核心观点和关键性数据，纳入了 SEG6 总报告的相应部分。

WG2 提出并完成了 6 类用例分析报告，并将其纳入总报告相应部分，包括保证孤岛供电可靠性、利用新能源解决边远地区供电、优化本地资源为微电网用户提供服务、优化本地资源为电网提供服务并作为灾备资源、利用孤岛微电网互联形成区域能源系统、通过本地资源管理在社区运营的配电系统中实现成本和资源优化。

WG3 通过微电网标准化需求分析和现有的相关标准梳理，识别出缺失标准 22 项，并提出了解决方案和工作计划，纳入总报告相应部分。

根据 3 个工作组的工作成果，SEG6 在内部达成了初步共识，认为有必要在 IEC 成立新的专门组织，由其统一解决微电网和分布式能源领域的标准化问题。在 SEG6 编制最终工作报告期间，SAC 发起了在 IEC TC8 下成立微电网分技术分委会的提案，并提出了未来标准化路线图。TC8 的主席在 SEG6 第 4 次会议上介绍了该提案，与会专家一致认可该提案框架，并对未来新的分技术委员会的题目和工作范围做了进一步修改。修改后的新技术分委会名称为分布式能源系统(Decentralized Energy System)，职责是以实现传统大型互联系统和集中式系统之外的分布式电能供应系统的安全、可靠性和效率为目标，开展标准化活动，同时考虑与分布式综合能源系统的互动。分技术委员会未来要与智慧能源系统委员会、低压直流系统委员会、TC22(电力电子设备和系统)、TC57(信息系统)、TC64(电气安装和防雷保护)、TC82(光伏系统)、TC95(继电保护)、TC120(储能)保持密切合作。

上述分技术委员会提案已纳入 SEG6 的最终报告并提交给了 SMB，经 TC8 投票流转，成立了 IEC SC8B 分布式电力能源系统分委员会。SEG6 于 2017 年召开最后一次会议，讨论向新分技术委员会的过渡及与低压直流系统委员会的工作范围划分问题，随后解散。

3.1.2 ISO 和 ITU-T

ISO 通过与 IEC 成立联合技术委员会特别工作组(ISO/IEC JTC1 Special Working Group on Smart Grid，SWG-SG)，参与 IEC 智能电网标准化工作。特别工作组成立以来开展了如下工作：①针对《IEC 智能电网标准化路线图》提出建议；②向 TC8 提出相关用例。该联合技术委员会的多个 SC 都已制定或正制定智能电网相关标准，其中最重要的 SC25/WG 家用电子系统(Home Electronic System, HES)制定了家庭电器接入电网标准。

ITU-T 成立智能电网专门工作组(focus group)，与全球智能电网组织包括各类标准化组织开展合作研究，发布智能电网标准知识库，但工作范围仅限于智能电网中的信息通信技术。主要工作涉及以下几个方面：①智能电网用例；②智能电网对通信技术的需求；③智能电网体系架构；④智能电网综述；⑤名词术语。

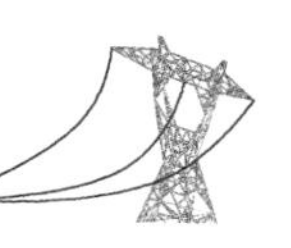

3.2 国家/区域标准化组织及其研究进展

3.2.1 美国

1)NIST 和 SGIP

美国《2007 能源独立和安全法案(EISA 2007)》(以下简称 EISA 法案)赋予美国标准和技术研究院(National Institute of Standards and Technology，NIST)建立智能电网标准体系、推动智能电网标准化工作的职责。为此，NIST 制定了三步走的工作计划：第一步，加快识别出智能电网标准，并形成共识；第二步，成立智能电网互操作论坛(Smart Grid Interoperability Panel，SGIP)，推动标准研制动作；第三步，建立互操作标准的测试和认证环境。

NIST 于 2010 年 1 月、2012 年 2 月、2014 年 9 月，分别发布了《NIST 智能电网互操作标准框架和路线图》1.0 版、2.0 版和 3.0 版[11-13]。

《NIST 智能电网互操作标准框架和路线图》1.0 版提出了智能电网参考概念模型，在现有标准中识别出可以直接或基本可用的 75 个智能电网标准，确定了 15 项需要优先制修订的智能电网标准，责成相关标准制定组织(standards development organizations，SDOs 和 standards-setting organizations，SSOs)制定、修订标准，并制定了路线图，此外，还针对智能电网信息安全提出了工作策略。

《NIST 智能电网互操作标准框架和路线图》2.0 版对标准体系进行了更新，总结了自 SGIP 2009 年 11 月成立以来的工作成绩。2013 年 1 月，SGIP 由政府资助的组织转化为由工业界领导的会员制非盈利组织(也称为 SGIP 2.0)，继续引导智能电网标准化研究工作。NIST 通过与 SGIP 签订合作协议，继续给予 SGIP 部分资金支持，一半以上的资金则来自会员缴纳的会费。截至 2014 年 6 月，SGIP 2.0 拥有 194 个会员。截至 2014 年 8 月，已有 59 项智能电网标准被纳入 SGIP 的标准目录中(SGIP catalog of standards，CoS)。

《NIST 智能电网互操作标准框架和路线图》3.0 版与前面两个版本的最大不同是从信息物理系统（cyber physical system，CPS）角度重新审视了智能电网，将智能电网看做是结合计算机为基础的通信技术、控制技术和指令与物理设备融合构成的混合系统，从而提高电力系统的性能，包括可靠性和抵抗故障的能力，提高用户和发电方的感知水平。

《NIST 智能电网互操作标准框架和路线图》3.0 版本根据 2012～2013 年的工作进展对内容进行了更新，总结了 SGIP 转型后的工作成绩和研究方向。在智能电网架构、信息安全、测试和认证方面取得的成果在《NIST 智能电网互操作标准框架和路线图》3.0 版中做了介绍。随着技术的发展、工作的推进，智能电网的概念也在演变中，SGIP 可凝聚各成员机构的力量，持续分析标准需求，不断指明标准制修订方向。NIST 和 SGIP 在标准研究工作中，还注意结合了美国复苏和再投资计划(American Recovery and Reinvestment Act of 2009，ARRA 2009)资助的投资项目(Smart Grid Investment Grant，SGIG)和示范项目(Smart Grid Demonstration Project，SGDP)的成果。

NIST 与 SGIP 作出的突出贡献如下所示。

(1)NIST 率先提出的概念模型，对全球智能电网标准研制工作发挥了重要的引导作用。其后，通过与欧洲标准化组织、国际标准化组织的合作研究，概念模型得以完善。

(2)制修订了若干重要标准，包括 OpenADR 2.0、SEP 2.0、IEEE 1547、NAESB、REQ 18 和 UL 1741。

(3)SGIP 发布电磁兼容研究报告。

(4)完成两份报告——“智能电网在技术、测量和标准方面的挑战”和“智能电网技术研发策略”。

(5)完成“NIST IR 7823 AMI 智能电表可扩展测试”框架。

(6)出版《NIST IR 7628 智能电网信息安全导则》。

(7)建立了互操作测试和认证实验室。

SGIP 最初的成员仅限于美国各电力公司、产业联盟、IT 公司、制造企业等，随后，中国、韩国、加拿大、巴西、加拿大受邀派代表参与 SGIP 活动，韩国标准化组织、欧洲智能电网标准协调工作组(Smart Grid Coordination Group，SGCG)等陆续与 SGIP 建立合作关系，SGIP 逐渐发展成为了一个国际化的组织。截至 2014 年年底，SGIP 已拥有来自 22 类利益相关方的 782 个组织成员，其中国外组织成员超过 100 家。

SGIP 成立以来，在智能电网标准化方面取得了显著成效。国内方面，SGIP 通过标准认证流程开展标准评估，建立了智能电网互操作标准库，并得到了联邦能源管理委员会(Federal Energy Regulatory Commission，FERC)的肯定；国际方面，SGIP 提出的智能电网用例、智能电网参考架构和所采用的系统化分析方法得到了全球的广泛认可，所推出的智能能源协议(SEP 2.0)、自动需求响应技术规范(OpenADR 2.0)等虽尚未正式成为国际标准，但已在全球性工业联盟内广泛应用，为其成为国际标准奠定了基础，同时，SGIP 的工作为美国专家参与国际标准化组织活动提供了广阔的平台。

SGIP 根据其工作形式和工作领域的需求，组建了层次化的组织架构，常设性机构负责 SGIP 的管理性工作和战略方向制定，具体标准化工作则以工作组和优先行动计划(priority action plan，PAP)的形式开展。

(1)SGIP 常任委员会：包括智能电网架构委员会(Smart Grid Architecture

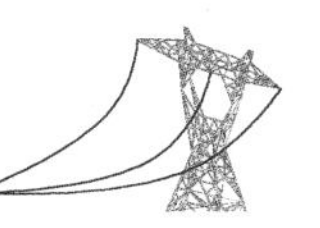

Committee，SGAC）和智能电网测试和认证委员会（Smart Grid Testing and Certification Committee，SGTCC），前者负责制定和提炼概念参考模型，并确定需要研制的标准和规范；后者由SGIP大会主席选定的8名成员和大会投票通过的相关成员组成，负责制定和维护一致性、互操作性和网络安全测试机认证文件和组织架构。

（2）SGIP永久性工作组：目前仅指网络安全工作组（Cyber Security Working Group，CSWG），主要在风险管理框架下，以网络安全为重点开展跨领域标准适用性和互操作性评估，而非单纯制定一套网络安全标准。

（3）领域专家工作组：目前SGIP根据专业领域共设立9个领域专家工作组，工作组成员均具有深厚的技术背景和丰富的标准经验，重点对各领域的应用进行功能和非功能性分析，确定该领域是否需要建立新的优先行动计划（priority action plan，PAP），以解决标准缺失和标准冲突问题，并向互操作知识库（interoperable knowledge base，IKB）输送用例：①输配电工作组（Transmission and Distribution，TnD）；②家居接入电网工作组（Home to Grid，H2G）；③楼宇接入电网工作组（Building to Grid，B2G）；④工业用户接入电网工作组（Industry to Grid，I2G）；⑤电动汽车接入电网工作组（Vehicle to Grid，V2G）；⑥商业和政策工作组（Business and Policy，BnP）；⑦电磁兼容工作组；⑧IP簇工作组（IP Stacks Working Group，IPSWG）；⑨分布式电源和储能工作组（Distributed Renewables Generation and Storage，DRGS）；

（4）项目管理办公室：SGIP的项目管理办公室（project management office，PMO）一方面负责制定和管理PAP的活动，统一各PAP工作组的工作方法和流程。另一方面，负责监督和协调PAP工作。PAP通常需要与SSO合作解决标准冲突或缺失问题，两者虽然合作紧密，但也可能因立场不同而产生分歧。在这种情况下，由PMO进行协调、把握方向，确保各方紧扣PAP目标开展工作，并遵守相关分类标准（cate gory of standard，CoS）的流程要求。

SGIP认识到实现智能电网互操作需要长期不懈的努力，而根据EISA法案，美国政府对于SGIP的资助已于2012年底结束。早在2011年，面对联邦资助到期问题，美国智能电网互操作国家协调官乔治·阿洛德（George Arnold），在SGIP管理委员会会议上责成SGIP管理委员会，开始筹划SGIP逐步削减对联邦资助的依赖，提高从私营机构赢取资金支持的计划。2013年4月，SGIP正式转型为SGIP 2.0，SGIP 2.0主要利用会费机制从私营企业、组织或联盟中筹集资金，但对公共部门拨款也保持开放态度。

此前，SGIP是一个松散的论坛性组织，缺乏正式的法律组织结构，因而无法与其他法人实体签订合同或从商业渠道筹集资金。虽然此前由于SGIP与NIST的直属关系和联邦支持，原有机制高效地支持了SGIP的标准研究活动，但却无法

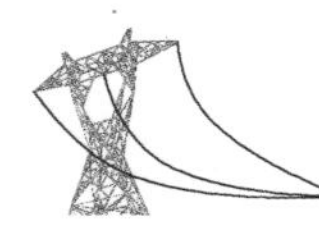

适应未来工作需求。为此，由政府资助的 SGIP 发展成具有严密组织机构、等级制会员制度的独立法人实体 SGIP 2.0。鉴于这种转变，NIST 不再维持现行的资金支持，但仍有意向 SGIP 提供适度资金帮助，具体金额有赖于其 2013 年度的联邦预算。相应的 NIST 也不再直接为 SGIP 聘用、管理项目经理。

为了确保 SGIP 2.0 的顺利运作，SGIP 管理委员会特别建立了一个专家小组制定商业计划，支持向自筹法人实体的转化。在 2012 年 4 月，商业维持计划工作组(Bussiness Sustain Plan Working Group，BSPWG)向管理委员会提交了第一版商业维持计划(BSP V1.0)，并通过 2012 年春季大会及后续流转讨论，广泛征询修改意见，编制了 BSP V2.0。

根据商业维持计划(business sustain plan，BSP)规定，SGIP 2.0 主要履行以下 5 方面的职责：①为支持智能电网标准化发展提供技术支持和组织协调；②识别必要的测试和认证要求，同时提供基本原理，通过智能电网标准的使用最终实现互操作性；③监督以上活动的执行，维护发展动力和研究成果；④主动向业界各相关方推广互操作性的定义和意义；⑤向其他类似国际或国家组织延伸，以促进实现全球互操作性；

SGIP 2.0 的组织结构大部分将延续原有结构，但由于向独立法人的转变及日后会费制度和筹资运作监督的需要，SGIP 2.0 管理机构进行了相应调整，如特别增加审计委员会。其管理委员会结构如图 3-2 所示。

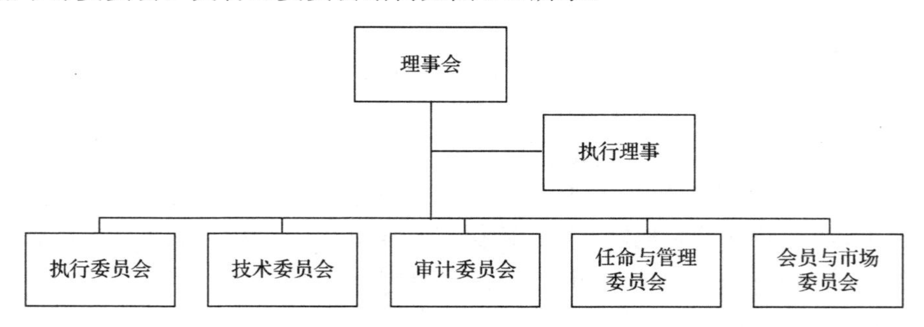

图 3-2　SGIP2.0 管理委员会结构图

BSP 2.0 根据会费额度将会员划分为 3 个级别：具备投票权和管理权会员、具备活动参与权会员、可获取市场认证和研究资料会员，每个级别会员又分为 P 成员和 O 成员。在同一级别中，又根据权利大小分为若干等级，如同为具备投票权和管理权的会员，最高可有权代表董事会表决，最低则仅可对向成员开放的一般事项投票。为了延续 SGIP 在智能电网业界已赢得的广泛认可和参与度，SGIP 2.0 在划定会费时也对成员的性质和规模进行了考量，主要从盈利性和非营利性两方面进行考虑。

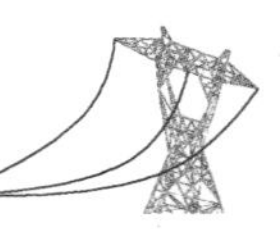

SGIP 在全球范围内已建立了良好的声誉，赢得了广泛的认可，与 IEC、ITU、欧洲 3 个标准化组织（CEN/CENELEC/ETSI）等主要国际标准组织密切合作。SGIP 领导层和核心团队精通智能电网技术，熟悉国际标准和相关国际规则，积淀深厚，成员众多且具有广泛的代表性。随着 SGIP 工作的开展，其在智能电网国际标准化领域的影响日益扩大。SGIP 转型为 SGIP2.0 后，进一步向国际化标准组织转变。欧洲智能电网协调组（European Smart Grid Coordination Group，SGCG）与 SGIP 签署了战略合作协议，共同发布了白皮书，建立了常态交流机制。印度、日本、韩国等主要亚洲国家及以巴西为代表的拉美国家均表现出强烈的参与意愿，SGIP 2.0 在未来智能电网国际标准领域将占据越来越重要的地位。

2）IEEE

2009 年，IEEE 的第 21 标准协调委员会（IEEE Standards Coordinating Committee 21，SCC21）设立 IEEE P2030 项目，对智能电网互操作性进行了研究，于 2011 年发布了研究报告最终版——《IEEE P2030 能源技术、信息技术与电力系统、众多应用及负荷集成的智能电网互操作导则》[14]。

IEEE P2030 旨在定义和解决智能电网不同组织结构层次之间和层次内的互操作性问题，通过定义术语、功能特性、评估原则和功能应用准则等内容扩充智能电网知识库，加强对概念的理解，并为不同技术层次元素的整合提供技术指南。

IEEE P2030 制定标准的主要目的是为定义和理解智能电网中电力系统和终端应用及负荷的互操作性提供指导；研究能源技术、通信技术和信息技术的整合策略，实现发、输、配、用电环节的无缝操作与运行；研究相关接口定义和互连框架，提高电网体系结构的设计水平，以建设更加灵活、可靠的电力系统。

3.2.2　欧洲

欧盟委员会为推进智能电网标准化工作，先后颁布了 3 项政令（mandate），分别为 2009 年 3 月颁布的 M/441（关于智能电表）、2010 年 6 月颁布的 M468（关于电动交通）、2011 年 3 月颁布的 M/490（关于智能电网标准体系）。这 3 项政令对 CEN、CENELEC 和 ETSI 在上述 3 个方面的工作提出了要求。CEN、CENELEC 和 ETSI 是欧洲的三个重要的标准化组织（european standardization organizations，ESO）。

CEN/CENELEC/ETSI 为更好地执行政令，成立了三方联合工作组，研究并发布了两个研究报告——《CEN/CENELEC/ETSI 联合工作组关于智能电网标准化的最终报告》和《欧洲智能电网标准化建设》（*Final Report of the* CEN/CENELEC/ETSI JWG *on standards for smart grids* 和 *Recommendations for smartgrid standardization in Europe*，提出了欧洲智能电网标准化工作建议。在 M/490 颁布前，由联合工作组承担欧洲智能电网标准化协调工作。

2011 年 7 月，为履行 M/490 赋予 CEN/CENELEC/ETST 的职责，在联合工作组的基础上成立了 SGCG。SGCG 负责智能电网标准化协调工作，并设立了指导委员会(Steering Committee)，指导各工作组工作，根据工作内容，又先后设立了标准识别工作组、流程工作组、架构工作组和信息安全工作组。

SGCG 代表欧洲参与国际和区域标准化活动，并与 IEC、ISO、ITU-T 等国际标准化组织建立了合作关系。2011 年 9 月，SGCG 与 NIST 签订了合作白皮书，共同推动智能电网标准化国际合作，为全球智能电网解决方案提供标准支撑。2012 年 11 月，SGCC 完成了研究报告——《欧洲智能电网协调组报告：第一批推荐标准》2.0 版(SGCG/M/490/B*Smart Grid Report ：First sets of standards*)(2.0 版)。

3.2.3 中国

国家能源局于 2010 年 10 月组建了国家智能电网标准化总体工作推进组，从国家层面全面推进标准体系、设备及国际合作工作。

国家电网在 2009 年确定了智能电网的发展战略，启动了“国家电网公司智能电网标准体系”的研究，2010 年正式发布了国家电网公司的《坚强智能电网技术标准体系规划》[15]，推进了国内智能电网的发展，对智能电网的建设起到了规范和指导作用。

“国家电网公司智能电网技术标准体系”由 8 个专业方向构成，如图 3-3 所示，涵盖了发电、输电、变电、配电、用电、调度、信息通信、综合规划 8 个专业方向，26 个技术领域，总计 92 个标准系列，并根据该体系编制了制订计划。

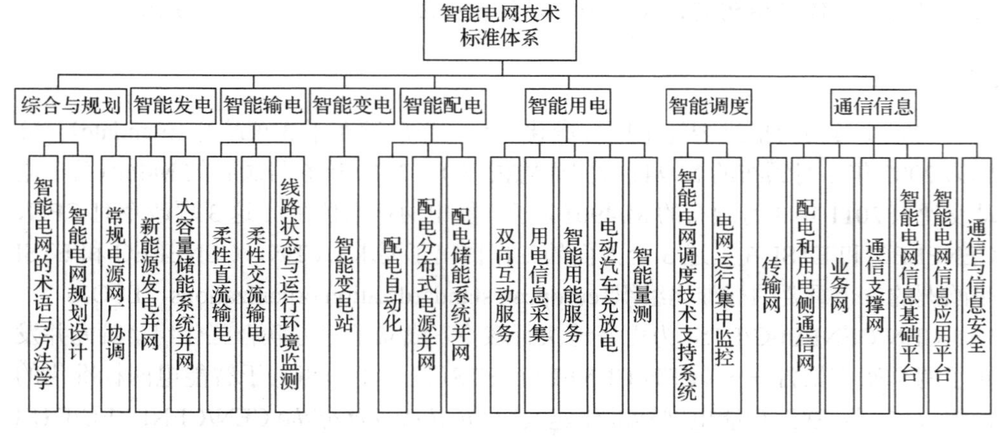

图 3-3　国家电网公司提出的“智能电网技术标准体系”结构

国家电网公司的《坚强智能电网技术标准体系规划》中推荐了 22 项核心标准，见表 3-6。

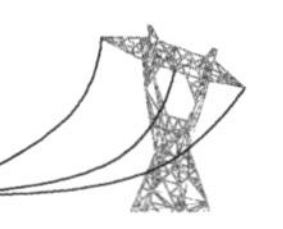

表 3-6　智能电网首批核心标准及其与国家标准、国际标准对应表（截至 2017 年 12 月 31 日）

序号	名称	已有国家标准	已有国际、国外标准
1	《电力系统安全稳定导则》（DL 755—2001）	无	无
2	《智能电网的术语与方法学》	无	IEC 62559
3	《风电场接入电网技术规定》（Q/GDW 1392—2015）	GB/T19963—2011	无
4	《光伏电站接入电网技术规定》（Q/GDW 1617—2015）	GB/T 19964—2012	无
5	《输变电设施可靠性评价规程》（DL/T 837—2012）	无	无
6	《输电线路在线监测系统标准系列》（Q/GDW 242～245）	无	无
7	《智能变电站技术导则》（Q/GDW 383—2009）	无	GB/T30155-2013
8	《变电站通信网络和系统标准系列》（DL/T 860）	无	IEC 61850
9	《配电自动化技术导则》（Q/GDW 1382—2009）	无	无
10	《电力企业应用集成—配电管理的系统接口》（DL/T 1080）	无	IEC 61968
11	《开放的地理数据互操作规范》	无	OGC OpenGIS
12	《分布式电源接入电网技术规定》（Q/GDW 1480—2015）	无	IEEE 1547
13	《智能电能表标准系列》（Q/GDW 354～365）	无	无
14	《电动车辆传导充电系统》（GB/T 18487）	GB/T 18487	IEC 61851
15	《能量管理系统应用程序接口》（DL/T 890）	无	IEC 61970
16	《远动设备和系统通信协议标准系列》（IEC 60870）	GB/T 18700	IEC 60870
17	《信息系统安全等级保护基本要求》（GB/T 22239—2008）	GB/T 22239	无
18	《电力系统管理及信息交换—数据和通信安全标准系列》（GB/Z 25320）	GB/Z 25320	IEC 62351
19	《电力系统及其信息交换管理—参考架构》（IEC 62357.1）	无	IEC 62357.1
20	《信息安全管理体系标准系列》（ISO/IEC 27000）	GB/T 22080、GB/T 22081	ISO/IEC 27000 系列
21	《信息技术安全性评估准则标准系列》（GB/T 18336）	GB/T 18336	ISO/IEC 15408
22	《网络和终端设备隔离部件安全技术要求》（GB/T 20279—2015）	GB/T 20279	无

3.2.4　企业联盟

企业联盟在智能电网标准制定方面也发挥着重要的作用。企业联盟是指出于确保各合作方的市场优势、应对共同的竞争者或将业务推向新领域等目的，企业间结成互相协作和资源整合的一种合作模式。目前，与智能电网相关的企业联盟主要有 ZigBee、OPENADR、OASIS、BACnet、ECHONET 等。

3.3 智能电网标准化路线图对比分析

全球范围，公开发布《智能电网标准化路线图》的组织/机构由NIST、IEC、SGCG、DIN 和德国电气工程师协会(VDE)联合组成的德国电工委员会(DKE)和中国国家电网公司。

3.3.1 编制思路和目的

IEC、NIST、IEEE、欧盟、德国在研究制定智能电网标准的技术路线图及研究智能电网标准时，都以实现智能电网的互操作为主要目的。

3.3.2 内容

NIST、IEC、欧盟和德国的路线图中，都强调智能电网需实现电力流和信息流的双向互动，均重视用电侧和配电侧电网的研究，重视IEC 61850、IEC 61970、IEC 61968等几个重要系列标准的完全映射和一致性的研究和推动。

3.3.3 参与和管理机制

IEC、欧盟智能电网标准体系的编制由多国的代表共同开展研究，体现了一定范围内各利益相关方的观点；NIST智能电网标准体系的编制主要集中在美国国内，反映了生产制造商、相关公司、研究机构等各利益相关方的观点，同时也参考了别国的意见。IEC、NIST、欧盟的研究报告完成后，都会经过一个较长时间的征求意见期，以在更大范围内吸收各方公众的意见。

3.3.4 体系结构

NIST路线图以美国电力科学研究院(Electric Power Research Institute，EPRI)的研究报告为基础，后又加入了 SGIP 的研究成果，覆盖了智能电网的各个环节和技术领域，体系完整，可操作性强。

NIST利用所建立的智能电网概念参考模型及其框图，分析互操作标准需求，提出优先行动计划，包含了用例分析、标准互操作性测试、信息安全等内容。IEC路线图中也包括了概念模型，提出了信息体系结构、SOA 架构等，分 13 个专业分支，从概述、需求、现有标准、差距和建议5个方面进行了分析，但没有如NIST那样提出明确的制订计划和步骤；欧盟和德国的路线图发布较晚，大量借鉴了IEC和NIST的研究成果。

欧盟和德国的研究报告，并没有提出明确的工作计划，更多的是从现状、建议、环保、法规等角度对标准进行描述、提出需求。此外，欧盟和德国的路线

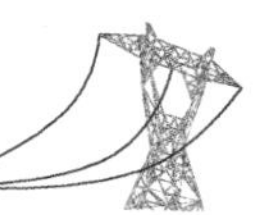

图的专业面没有 IEC 和 NIST 覆盖的广，主要注重用户侧标准和分布式能源应用标准。

3.3.5　采用的研究方法和思路

IEC SG3、NIST 和 IEEE P2030 均采用了先进的分析方法。IEC SG3 制定了 IEC 标准间映射工具(smart grid mapping tool)，实现了对 IEC 标准的图形化管理。在识别缺失标准或需要完善标准时，采用“用例”(use case)的方式，制定统一的应用接口，实现各个标准之间的互操作。NIST 建立了常设的架构工作组，通过建立概念模型及智能电网框架图，描述各个领域间互操作的接口，分析通信技术和接口的标准需求。NIST 也采用用例方法分析智能电网标准的互操作性，并通过检测方法验证标准的互操作性。IEEE P2030 采用自顶向下的分层立体方法分析互操作标准需求。

3.3.6　标准化管理

NIST 通过成立 SGIP，建立了完善的标准化协调管理机制。SGIP 设有管理委员会，对标准化研究和标准制定工作进行协调管理，下设标准体系委员会、测试和认证委员会两个常设的委员会，分别负责研究智能电网的概念模型和标准体系、对标准的互操作性进行测试和认证。SGIP 初期设立了一个永久性的信息安全工作组，后来又增设了 3 个永久性工作组，分别研究相关的法律、市场和教育、知识产权问题。SGIP 设有临时性的领域分析工作组(Domain Expent Working Group，DEWG)，根据工作情况会增加工作组，任务完成后工作组解散。IEC 和欧盟因涉及国家较多，各参与国代表参与编制工作，工作机制比较松散。

智能电网工程建设和标准制定需要系统化的思考。需要综合考虑智能电网标准体系的系统架构、通信与信息安全等领域；需要综合考虑智能电网设备与系统的互操作性问题；需要考虑将要制定的标准化工作能为社会接受，有工程应用的前景；需要考虑制定的标准重点应在接口集成并方便实施；需要考虑智能电网设备和系统的文件维护；需要考虑工程初始阶段，制定的标准将强调用户的需求，工程后期，要更加注重系统的集成和互操作性能。

重视顶层设计与系统规划，解决跨领域的系统设计。技术标准首先需遵守国家的法律法规，满足标准规范；应通过顶层设计与系统规划，推动标准的补充完善；应强调智能电网互操作性，提供关于智能电网互操作性的知识库，给出智能电网互操作性参考模型，并将其作为辅助工具进行智能电网的规划与设计。

3.4 智能电网标准开发的 IEC 观点

智能电网标准研究过程中，《IEC 智能电网标准化路线图》1.0 版[10]提出了开展智能电网标准的一些观点，如下所述。

3.4.1 电网发展和技术进步需要新的标准

IEC 认为，智能电网只是从能源产生到能源消费这整个能源链变革中的趋势之一。由传统电网发展到智能电网，电力系统将发生很多变化，如潮流将从单向(从集中发电点经输配电网流向消费者处)转变为双向；电力系统结构和运行方式也将不得不改变，以满足间歇式新能源、分布式发电和储能、电动汽车的发展需要；消费者也将同时利用智能技术、用户侧发电和储能系统，做出自身的能源消费选择及参与需求响应。现有的技术标准不能完全满足智能电网的发展需求，需要制定新标准或对已有标准进行修订。

3.4.2 互操作技术是标准研究的主线

智能电网由不同参与者提供的若干系统或部件组成，这些系统或部件与既有系统实现集成，共同形成智能电网。为了让智能电网可持续地运行，提供预想的服务和功能，各系统或部件之间的互操作性至关重要。

所以，IEC 在制定智能电网标准化路线图时,强调互操作标准的重要性，互操作标准可保证这些领域的信息互联互通和互操作。IEC 将互操作性定义为两个或两个以上的网络、系统、装置、应用或部件相互作用、交换信息和使用信息执行必要功能的能力。就智能电网标准而言，互操作意味着两个或两个以上的系统部件可交换有意义的信息，并对所交换信息有共同的理解；系统内的各部件保持一致性行为，符合一定的规则；满足可靠性、时效、隐私和安全要求。

3.4.3 标准化工作需要系统工程方法的指导

智能电网将实现一系列新技术、新系统与既有系统的集成应用，智能电网标准为此提供保障，因此，制定标准体系时，需将系统的集成应用与标准之间建立衔接关系，这是一个“自上而下”的过程。但以往的经验表明，由于多种原因包括历史原因、组织原因和技术成熟度原因，在许多情况下，这种衔接并不容易实现，存在着标准之间不一致、有缺失和重叠等问题。IEC 制定智能电网路线图旨在促进这种衔接能在所有相关技术委员会的标准研制工作中得以实现，这同时也是 IEC 面临的主要挑战之一。在按“自上而下”的流程制定标准时，需要采用用例驱动方法，通过用例分析出标准需求。这是制定智能电网标准化路线图的系统

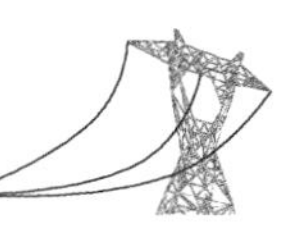

工程方法，也是保证智能电网标准体系系统性、完整性的必要手段。

《智能电网系统工程方法》[16](IEC PAS 62559)提出了解决复杂问题的系统工程方法，将工程问题采用分阶段的系统工作方法进行系统的分解。方法将工程问题中的用户需求和技术解决办法分开考虑。在初期阶段，标准将强调用户的需求(从外部看)，需要电力企业、配电和输电运营商提出他们的要求。在工程的后一阶段，应用于技术设计和规范(从内部看)的标准允许系统设计人员和集成人员使用不仅说同样的语言而且动作协调甚至可以互换的装置。

3.4.4　标准的内外部需求与自由和创新

我们正在处理的是巨大的"俄罗斯玩偶"(也可以说是"系统的系统")。在确定了我们想要考虑哪一个"俄罗斯玩偶"(子系统)之后，我们需要从每一个研究对象的外部和内部两方面着手。为了不对智能能源技术的发展和创新造成阻碍，IEC 并不对解决方案和应用本身做太多标准化的规定。对内部，每个对象或子系统的规范要保证产品的质量与功能，要给厂商留有自由发挥的余地和创新空间；对外部，每个对象或子系统要能够与其他系统互连互通，保证实现系统的整体性能和功能需求。

但是建设复杂系统最主要的挑战是需要从世界不同供应商处采购大量不同的可以互换的零部件并将他们简单地组装起来。现在对互操作标准的需求非常巨大，这些标准允许从任意的供货商那里购买各种设备，并知道他们将以相同的方式工作。这不仅仅是接口标准的问题，因为他们必须以相同的方式在较深的层次上互动。并不是强制要求全面的、详细的、可以用作整个设备蓝图的技术规范，在一些关键接口做到这一点更有力。正是互操作的有效标准为制造商和电力企业的利益创造了巨大的自由和创新空间。

3.4.5　如何开发新的标准

有必要建立新的标准吗？智能电网范围广泛，因此，潜在的标准领域也非常庞大和复杂。然而，今天的机会在于电力企业、设备供应商和政策制定者都在积极参与。技术不是应用的障碍，其根本问题在于组织结构和优先次序，以便侧重于那些第一要务——在实现一个互操作和安全的智能电网的目标中，给用户提供最大的利益。

可以使用已有的各种成熟标准和最佳做法，以便于推进智能电网技术的部署。但主要问题有两个，一个是对需要哪些标准缺乏认识，以及缺乏明确的最佳做法和应用这些标准的监管导则；另一个是智能电网工程需要使用由不同的组织或技术委员会独立开发的标准，很多标准表面上看似匹配，但实际上在一些层面上对相关概念的处理存在差异，最终导致不能兼容。所以，必须着手随后的智能电网互操作认证。为此，应该制定一些准则，包括执行互操作的机制和在哪些适当情况下可以利用商业认证活动。

3.4.6 从建立系统的标准框架入手

各种工程不能每次都是从零重新开始，不能重复各种相同的发现和昂贵的错误修正过程。如果没有出现一个清晰的全球市场，供应商可能会减少他们在开发新产品中的投资。

智能电网领域的各种项目，需要建立像工具箱一样的通用框架结构，这比预期还要迫切。这些框架结构应当包括最优方法的指导方针和成套的标准。

(1) 智能电网项目的指导方针：描述常识意义上会出现但并不总是执行的主要步骤(需求分析、设计、集成、测试、验证)，还要给出如何界定互操作的边界和适用程度。

(2) 在用户需求层面建立一套标准，可在一般情况下使用。这一部分是最新的，因此标准的制定更加容易。

(3) 在技术开发和规范层面建立一套标准，包括电工技术和信息技术。这些领域已经有大量的标准存在，需要在最大程度上使他们的交叉面之间有兼容性。这些框架结构的价值在于提供了一个保证兼容性标准(部分标准)简短列表的目录。

这些框架结构的逐步出台需要一段时间。

3.4.7 强调 CIM 在进一步制定智能电网国际标准中的主导作用

传统电力系统中为了满足各专业领域应用目的而开发的系统，在智能电网中想要相互集成，需要付出巨大的努力，主要障碍在于很多系统并未使用统一的数据标准。根据 IEC 61970 系列标准，拥有基于标准数据模型——CIM 为系统集成奠定了基础。CIM 确定了一种通用语言和数据建模，旨在通过直接接口来简化参与系统与应用之间的信息交换。IEC 强调 CIM 是智能电网各组成系统的重要标准接口的基础，CIM 在智能电网标准的研制中起主导作用。

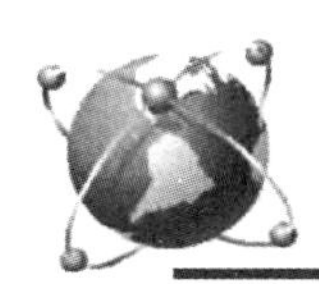

第4章　智能电网概念模型与参考架构

4.1　体系架构设计的目标和原理

智能电网涉及众多利益相关方。不同开发商提供的设备/系统(包括新设备/系统和既有设备/系统)将在庞大而复杂的系统内集成并协同工作，满足互操作性，因此体系架构的指导作用至关重要。

设计体系架构，应满足下述几个目标：

(1)帮助利益相关方理解智能电网组成元素及各元素之间的关系；

(2)描述智能电网中功能和目标之间的关系，这些目标由主要利益相关方确定；

(3)为设想的业务、技术服务、支持系统和程序提供一系列高水平、战略性的观点；

(4)提供跨领域、跨公司、跨产业集成系统的技术路径；

(5)指导组成智能电网的各种体系结构、系统、子系统和配套标准的建设和发展。

在智能电网的体系架构中，有两个重要的概念，即智能电网概念模型和智能电网参考架构。

智能电网概念模型是将智能电网按照专业技术和业务范围划分成不同的域(domain)，对域的主要功能和域之间的关联关系所进行的高层次、总体性的描述。NIST提出的智能电网概念模型提供了一个高层框架，此框架定义了7个智能电网域，显示连接每个域的所有通信和能源/电力流及它们之间的关联关系。因为智能电网是一个不断演变中的、网络化的、由众多系统组成的系统(system of system)，智能电网概念模型能为标准制定组织开发更为详细的智能电网视图提供指导[13]。

智能电网参考架构，一般指对软件整体结构与组件的抽象描述，从不同的视角来看，可以分为系统架构、技术架构和应用架构。

系统架构指完整系统的组成架构。例如，将系统分成服务平台、管理门户、终端门户、ATM门户、外部系统及接口、支撑系统等几个部分。将系统进行合理的划分后，然后再进行功能分类。例如，服务平台内部划分为系统管理、用户管理、账号管理、支付管理、接口层、统计分析等逻辑功能。总之，将整个系统业务分解为逻辑功能模块，并且科学合理，这些模块就形成了系统架构。

技术架构是从技术层面描述，主要是分层模型，如持久层、数据层、逻辑层、应用层、表现层等，然后分别说明每层使用什么技术框架，如Spring、hibernate、ioc、MVC、成熟的类库、中间件、WebService等，要求这些技术能够概括整个系统的主要实现。

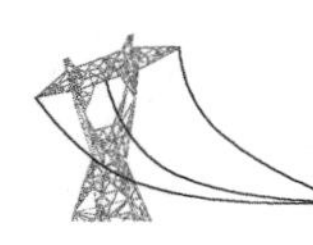

应用架构主要考虑部署。例如，不同的应用如何分别部署，如何支持灵活扩展、大并发量、安全性等，需要画出物理网络部署图。按照应用进行划分的话，还需要考虑是否支持分布式SOA。

上面描述的是软件系统的架构概念。与软件系统的架构概念相似，智能电网参考架构也是一种表达方式，允许根据多种视角(如商业视角、功能视角)看待智能电网，这些视角可以兼顾智能电网的各利益相关方，可以反映电力系统的管理需求和互操作性需求。典型的智能电网参考架构是由欧盟M/490项目开发的智能电网架构模型(the smart grid architecture model，SGAM)[17]，实际上，这种参考架构把几个架构(业务架构、功能架构、信息架构、通信架构)综合到了一个框架中。由欧盟M/490项目开发的智能电网架构模型将在本章第4.4节中详细描述。

创造和使用智能电网参考架构的动机是可以有一个蓝图来开发将来的系统和组件，在产品投资组合中提供识别产品差距或产品缺失的可能性。该蓝图还可以用于理清某个智能电网领域的技术现状与功能需求，为与其他领域的互操作提供基础。开发智能电网参考架构的另外一个重要动机是确保通过一个适当的方法识别标准存在的缺失。

智能电网参考架构是从使用或设计的角度观察智能电网的概念结构和整体组织，智能电网参考架构体现了智能电网应用和系统设计时必须满足的主要原则和需求。

4.2 NIST智能电网概念模型

4.2.1 总体概念模型

NIST智能电网概念模型由7个域组成，即发电域、输电域、配电域、用户域、市场域、运行域和服务域[12]，如图4-1所示。每一个域及其子域都包含智能电网角色(roles)及相关的应用(applications)，它们通过接口连接。

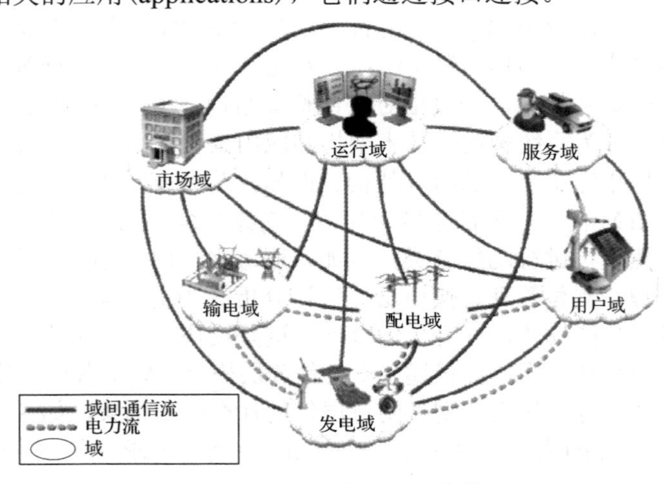

图4-1　NIST智能电网概念模型

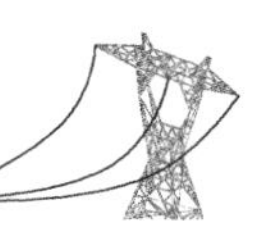

角色是通常的或期望的功能、性能或服务，角色由参与者(actor)扮演，一个参与者可以扮演许多角色。

参与者可以是一个人、一个组织或一个系统。参与者至少有一个角色来启动活动或与活动进行交互。参与者可以是设备、计算机系统、软件程序或者是拥有设备、计算机系统、软件程序的组织。参与者有能力做出决策，并与其他参与者通过接口交换信息。

应用是应角色要求而执行服务的自动化流程，有些应用由单个角色执行，而有些应用由几个参与者/角色共同完成，如家庭自动化、太阳能发电及储能、能量管理等。

域对角色进行分组，以发现定义接口的共性。一般来说，同一域中的角色具有相似的目标。同一域内的通信可能具有相似的特性和要求。域可以包含其他域或子域。在智能电网系统中有 7 个域，见表 4-1。基于当前及近期电网的视角，表 4-1 中表达的域是逻辑上的。将来，有些域可以合并，如输电域和配电域。一些域的名字可能会进化，如大容量发电域(在 NIST2.0 中[12])现在已变成了发电域(在 NIST3.0 中[13])，这是因为分布式能源和可再生能源日益扮演着越来越重要的角色。

表 4-1　智能电网概念模型中的域

域	域中的角色和服务
发电域	为输、配电设备提供电力源，既包括传统发电，也包括分布式发电
输电域	长距离输电，也可存储电能
配电域	向客户配送电能，也可存储电能
用户域	电力的终端用户。也可有小容量发电、储电及用电管理。按传统划分方法可划分成 3 种用户类型，即 居民用户、商业用户和工业用户，每种均有其特有的用电特性
市场域	电力市场中的运营者和参与者
运行域	电力调度机构
服务域	向电力用户和企业提供服务的机构

如图 4-1 所示，为了实现智能电网的功能，某一域中的角色通常需要与其他域的角色进行交互。某一域也可能包含其他域的元素。例如，北美的 10 个独立系统运营商(independent system operator，ISO)与区域输电组织(regional transmission organization，RTO)既是市场域中的角色也是运行域中的角色。与此类似，一家配电企业通常也不完全从属于配电域，它可能包含运行域中的角色(如配电管理系统)，也可能包含用户域中的角色(如计量表计)。一家涵盖发、输、配电业务的垂直一体化电力企业可能在多个域中都有角色。

智能电网概念模型不仅仅用来识别智能电网参与者和智能电网中可能的通信

路径，同时也为我们识别领域内/外的交互及潜在的应用和功能提供了一种有用的方法。它并不是用来定义解决方案或实施途径的设计图。换言之，概念模型是描述性的，而不是规定性的。概念模型的主要目的在于帮助人们更好地理解智能电网中错综复杂的关系，而非规定某利益相关方该如何实施智能电网策略。

智能电网概念模型可以作为监管、商业模式、信息和通信技术架构、标准等的基础，因为它形成了所有这些活动的共同起点，所以它有可能确保上述所有视角/观点之间的一致性。智能电网概念模型是分析智能电网特性、用途、行为、界面、需求和标准的基础。它并不代表智能电网的最终结构，而是为描述、讨论、发展智能电网的结构提供有效的工具。智能电网概念模型适用于编制规划、发展要求及文档，还能支持将多样化、不断扩展的智能电网中相互关联的系统和设备组织在一起。

4.2.2 发电域模型

发电域是把电力交付给用户的第一个过程(图 4-2)。发电是将其他形式的能量转化为电能的过程，这些能量的来源多种多样，包括化学燃烧、核裂变、水力、风力、太阳能辐射、地热。发电域的边界是输电域或配电域。发电域在电气上连接到输电域或配电域，并与运行域、市场域、输电域及配电域共享接口。

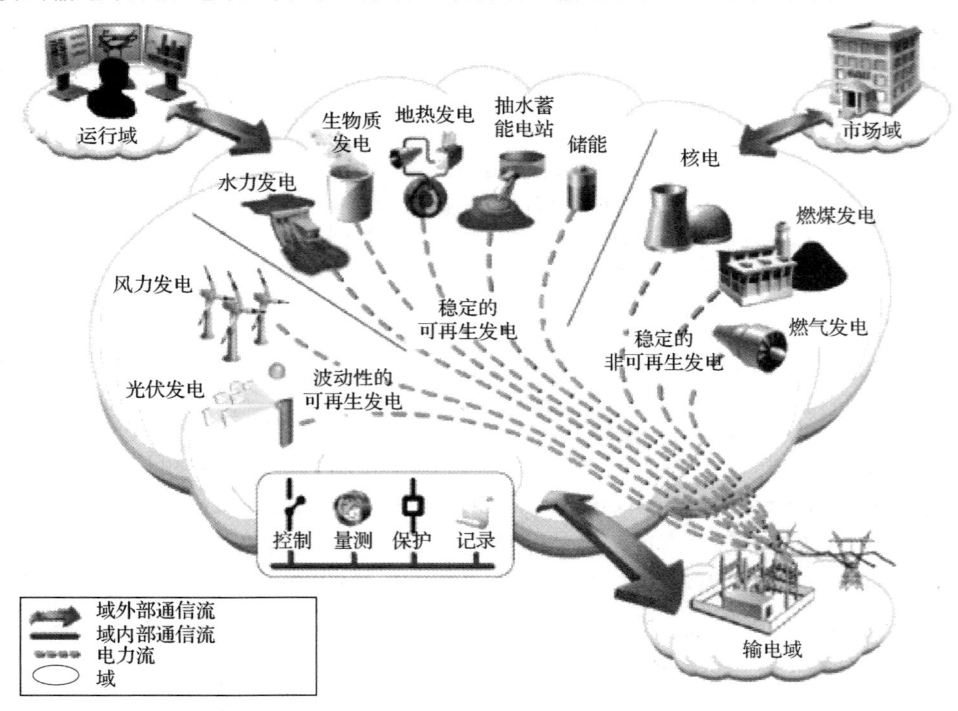

图 4-2　智能电网发电域模型

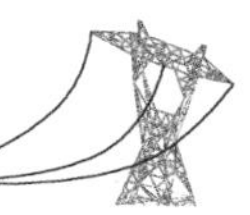

发电域与输电域/配电域的通信是至关重要的，因为如果没有电力输送系统，用户就得不到供电服务。发电域应能对关键性能和服务质量方面的问题进行通信，如电力缺乏（特别是风能和太阳能这样的波动性能源）和发电机故障问题。这些通信可以使电力来自其他电源，从而直接（通过运行）或间接地（通过市场）解决电力供应缺乏的问题。

对发电域的新要求可能包括控制温室气体排放、提高可再生能源发电比例并提供储能来管理可再生能源发电的间歇性和随机性。发电域中的角色包括各种设备，如继电保护、远程终端单元、监控设备、故障录波器、用户接口和可编程逻辑控制器。

发电域的典型应用见表 4-2。

表 4-2　发电域的典型应用

典型应用	描述
控制	由相关角色完成，在运行域进行电力潮流和电力系统可靠性的管理。例如，使用变电站内相角调节器控制两个相邻电力系统的电力潮流
量测	由相关角色完成，提供区域内潮流和系统状况的可视化。未来，量测装置可能置于电网的表计、变压器、馈线、开关和其他设备中。例如，通过监控和数据采集(supervisory control and data acquisition，SCADA)系统从远程终端单元采集到数字和模拟量测量，提供给运行域的电网控制中心
保护	由相关角色完成，对于可导致停电、限电或设备损坏的系统故障和其他事件能做出快速反应，可以保证电力系统的可靠性和电能质量。可以在本地或更大范围内实现
记录	由相关角色完成，为了金融、工程、运行和预测需要，能够对电网中发生的事件进行复审
资产管理	由相关角色共同完成，确定设备维护周期、计算设备寿命并记录其运行维护历史，以便于未来运行和工程决策时进行复核

4.2.3　输电域模型

输电是指将大容量的电能通过多个变电站，从发电侧传送到配电侧。输电网络通常由拥有输电网的电力公司、RTO/ ISO 来运行，其主要责任是通过输电网的电力供需平衡保证电网的稳定性。输电域的角色实例包括远程终端单元、变电站表计、继电保护、电能质量监测、相量测量单元、电压跌落监测仪、故障录波器和变电站的用户接口。

智能电网输电域模型如图 4-3 所示。输电域的典型应用见表 4-3。输电域可能包含分布式能源、储能或调峰发电机组。

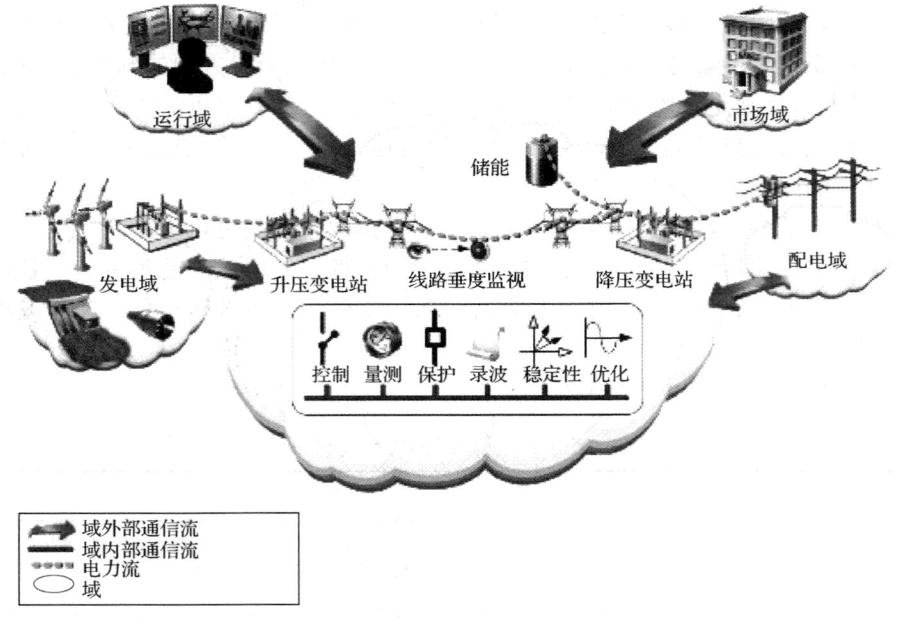

图 4-3 智能电网输电域模型

表 4-3 输电域的典型应用

典型应用	描述
变电站	变电站内的控制和监测系统
储能装置	控制储能单元充放电的系统
量测和控制	包括所有的用来量测、记录和控制的系统，以保护和优化电网运行

电能供应及辅助服务(备用容量)是从市场域获得，由运行域安排计划和运行，最终通过输电域经配电域供应到用户域。

输电域的大多数活动是在变电站中进行的，通过变电站中的变压器在整个电力供应链上进行升压和降压，变电站还包含开关、保护和控制设备。图 4-3 显示了连接发电机组(包括调峰机组)的升压变电站，和连接配电网(包括储能设备)的降压变电站。每个变电站也可能连接一条或多条输电线路。

输电塔、电力线路和现场遥测设备(如电线下垂探测器)构成了输电网络的基础设施。输电网通常是由 SCADA 系统进行监控，它是由通信网络、监测装置和通信设备构成。

4.2.4 配电域模型

配电域与输电域、用户域、用户表计计量点、分布式储能及分布式发电具有电气连接(图 4-4)。配电系统有多种结构，包括放射状、环状和网状结构。

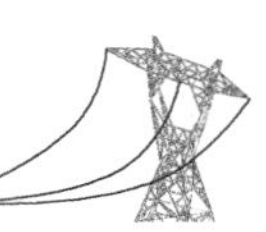

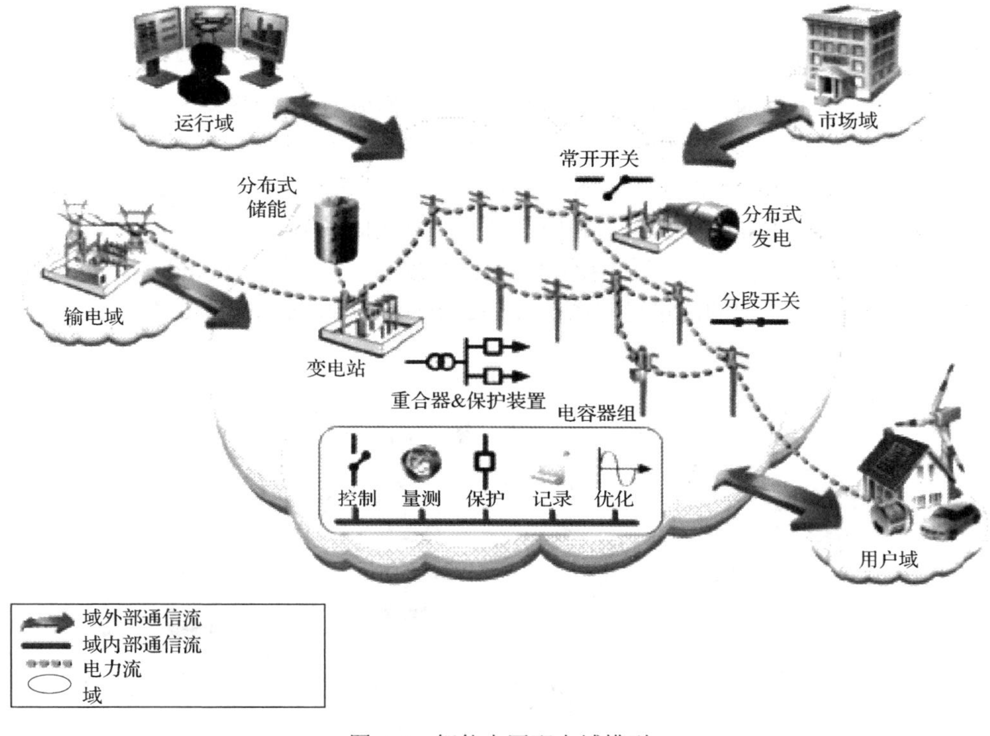

图 4-4　智能电网配电域模型

传统配电系统的结构经常为辐射状，遥测装置很少，域内所有通信都是由人工实现的。域中安装的主要传感设备就是用户端的电话，停电后通过电话呼叫安排现场维修人员进行供电恢复。目前域中的通信可以是双向的，且电气连接也开始支持双向流通。配电角色可采用本地设备间(点对点)的通信或更集中式的通信方式。

在智能电网中，配电域与运行域紧密通信，对与市场域和其他环境安全因素相关的电力潮流进行实时管理。市场域与配电域的通信方式将影响到本地用电和发电。反过来，市场域导致的本地用电/发电行为的变化，将对配电域甚至输电域的运行产生影响。在有些模型中，第三方(服务商)可以通过配电域的基础设施与用户域进行通信，这将改变通信基础设施的选择。配电域的典型应用见表 4-4。

表 4-4　配电域的典型应用

典型应用	描述
变电站	变电站内的控制和监测系统
储能装置	控制储能单元充放电的系统
分布式能源	位于电网配电端的电源
量测和控制	包括所有的用来量测、记录和控制的系统，以保护和优化电网运行

4.2.5 用户域模型

用户是整个电网支撑的最终利益相关方，其构成用户域(图 4-5)。用户域中的角色使用户能够管理其用电和发电。有些角色还能提供用户域与其他域之间的控制流和信息流。用户域的边界通常是电力公司表计和能源服务接口(energy service interface，ESI)。ESI 为电力公司和用户之间的交互提供了一个安全接口。反过来，ESI 可以作为一个连接基础设施系统的桥梁，如楼宇自动化系统(building automation system，BAS)和客户的能量管理系统(energy management system，EMS)。

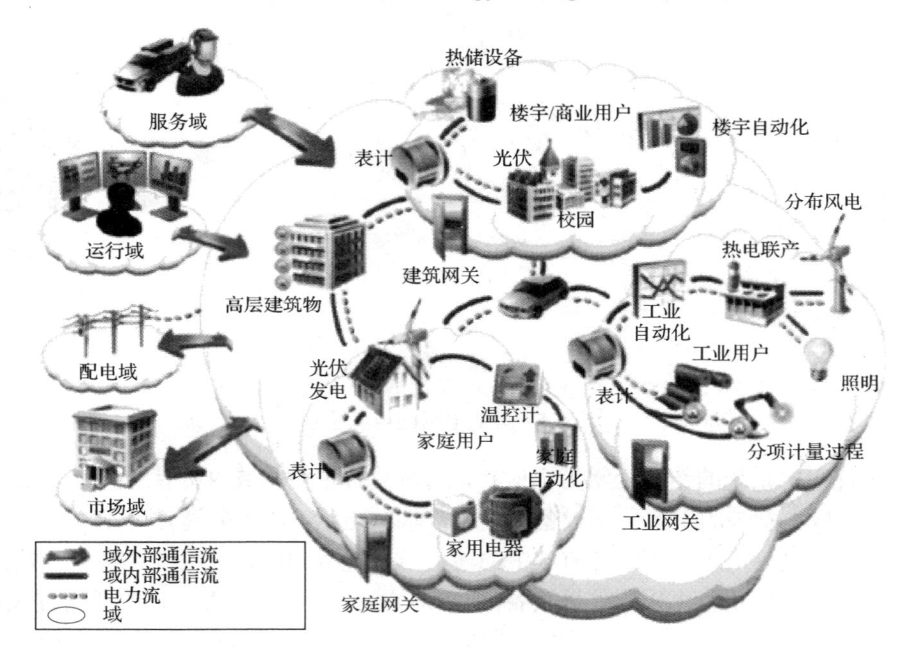

图 4-5　智能电网用户域模型

用户域通常分为家庭用户、商业/楼宇用户、工业用户 3 个子域。这些子域的电能需求通常设定为居民用户用电不超过 20kW，商业/楼宇用户用电为 20～200kW，而工业用户的用电高于 200kW。每个子域有多个角色和应用，这些角色和应用也可能在其他子域中。每个子域有一个表计角色和能量服务接口；能量服务接口可能在表计中，也可能在能量管理系统中，或者在终端设备中。 能量服务接口是用户域的主要服务接口，它通过 AMI 或其他方式(如互联网)可以与其他域通信。能量服务接口为客户端的设备和系统提供接口，可直接或间接地通过家庭区域网络(home area networks，HAN)或其他局域网(local area network，LAN)提供接口。

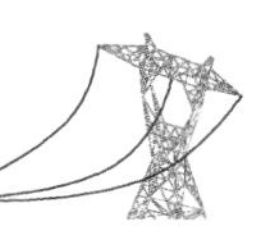

每个用户可能有不止一个能量管理系统，因此可能有一个以上的通信路径。能量管理系统可能是一些应用的接入点，这些应用包括远程负荷控制、分布式发电监控、居民用户用电显示、电能表或者其他类型表计的读取、楼宇管理系统等。为了网络安全的目的，能量管理系统可以提供审计和日志服务。用户域与配电域之间有电气连接，并且用户域与配电域、运行域、市场域和服务域之间有通信连接。用户域的典型应用见表 4-5。

表 4-5　用户域的典型应用

典型应用	描述
楼宇或家庭自动化	能够在楼宇内实现多种控制功能的系统，如照明控制和温度控制
工业自动化	能够控制工业生产过程的系统，如制造或仓储。与楼宇或家庭自动化系统相比，这些系统有着截然不同的需求
微型发电机	包含各种类型的分布式发电机，如太阳能、风能和水力发电机。在客户端利用能源发电，并且可以通过通信对其进行监测、调度和控制

4.2.6　市场域模型

市场是电能及其服务的买卖场所。市场域中的角色交换价格信息，并实现电力系统内的供需平衡(图 4-6)。市场域的边界包括控制电网的运行域、与电能供应相关的域(发电域、输电域、配电域、服务域)和用户域。

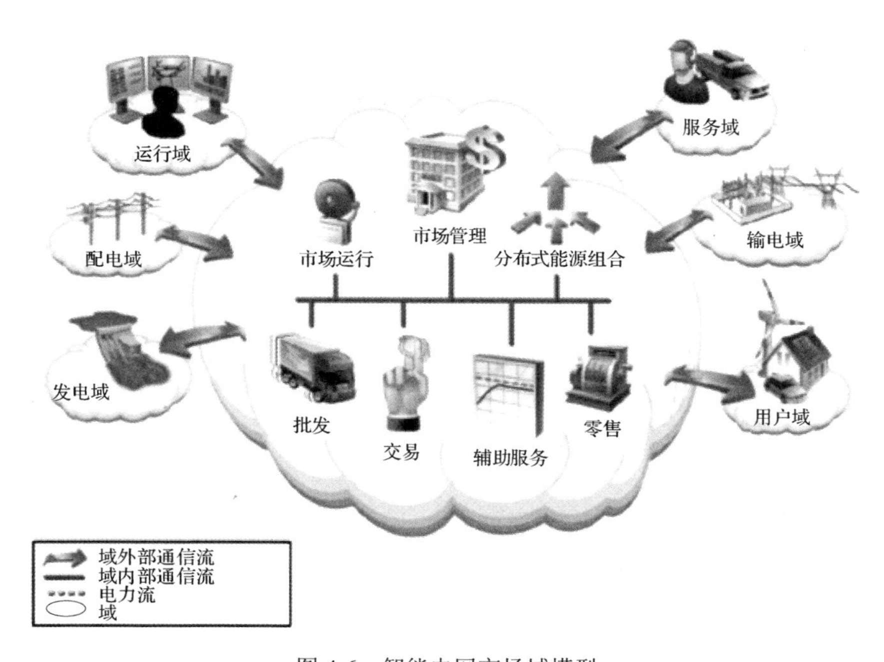

图 4-6　智能电网市场域模型

市场域和与电能供应相关的域之间的通信是至关重要的，因为能否有效地匹配发电和用电取决于市场。与电能供应相关域包括大容量发电和分布式能源。分布式能源位于输电域、配电域和用户域。“北美电力可靠性委员会关键基础设施保护”(North American Electrical Reliability Corporation Critical Infrastructure Protection，NERC CIP)中规定：容量超过300MW的发电机是大容量发电机；大多数分布式能源容量较小，并且通常是通过组合参与市场。目前分布式能源在市场中占有一定比例，随着智能电网的发展，分布式能源所占比例会进一步增加。

市场域的相关通信必须是可靠的、可追溯的和可审查的。此外，这些通信必须支持电子商务的标准，具有完整性和不可抵赖性。随着小型分布式能源所占电能比例的增加，与这些电源通信的允许延迟必须降低。

市场域所面临的最大挑战是将价格和分布式能源信号传递到每个用户子域，简化市场规则，增强组合各种市场参与者的能力，确保市场信息向所有供应商和用户透明开放，管理(和监督)电力零售和批发价格，发展市场域和用户域之间及贯穿其中的有关价格和能量特性的通信机制。市场域的典型应用见表4-6。

表4-6 市场域的典型应用

典型应用	描述
市场管理	市场管理者包括批发市场的ISO，以及许多ISO/RTO地区的期货市场， 如纽约商品交易所(New York Mercantile Exchange, NYMEX)和芝加哥商业交易所(Chicago Mercantile Exchange, CME)；此外，还有输电市场、服务市场和需求响应市场；一些出力可削减的分布式能源也作为可调度的发电
零售	零售商把电力卖给最终用户，将来它有可能组合用户间的分布式能源或作为其经纪人参与市场。大多数零售商又作为交易方参与批发市场的交易
分布式能源的组合	把小的参与者(如供应商、用户或者出力可削减的分布式能源)组合在一起，使分布式能源在更大的市场中发挥作用
交易	交易员是市场参与者，包括用做供电、用电和可削减出力的负荷组合，以及其他合格的电力公司，主要交易业务是电量
市场运行	市场运行使特定的市场功能得以顺利实现，这些功能包括金融结算和商品销售结算、报价流、审计、平衡等
辅助服务	辅助服务为市场提供频率调整、电压控制、旋转备用等服务，以及其他由FERC、NERC及各ISO所规定的服务

4.2.7 运行域模型

运行域中的角色负责电力系统正常运行，目前这些功能中的大部分由规定的电力公司负责(图4-7)。智能电网将使越来越多的功能外包给服务提供商，其他功能随着时间的推移也会变化。但是，不管服务域和市场域如何变化，仍需电网公司提供电网规划和运行的基本功能。

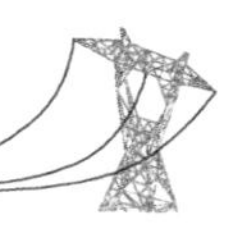

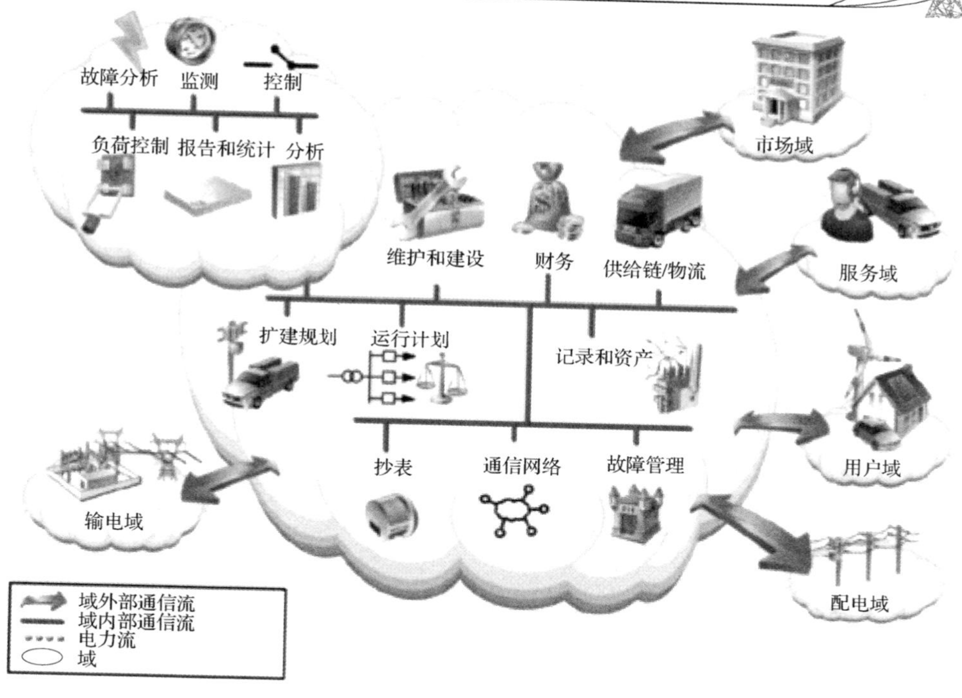

图 4-7　智能电网运行域模型

在输电网运行中，能源管理系统用于可靠、高效地分析和运行电力系统；而在配电网运行中，则是用类似的配电管理系统(distribution management system，DMS)用于分析和运行配电系统。

运行域内的典型应用见表 4-7。这些应用源于 IEC 61968-1 中关于该域的接口参考模型。

表 4-7　运行域的典型应用

典型应用	描述
监测	网络运行监测角色监视网络拓扑、连接和负载情况，包括断路器和开关的状态及控制设备状态。它们定位客户电话投诉位置和现场维修人员位置
控制	网络控制由本域内的角色协调，他们只监视广域、变电站及当地自动或手动控制
故障管理	故障管理角色可以提高故障的定位、识别、隔离和恢复供电的速度。他们为客户提供信息，协调维修人员的派遣、编辑统计信息
分析	运行反馈分析角色对比分析实时运行中获取的有关电网故障、线路连接和负载情况的信息，以优化设备的定期维护
报告和统计	运行统计和报告角色将在线数据存档并就系统的有效性和可靠性进行比较分析
计算	实时网络计算角色(未显示)可以为系统运行人员评估电力系统可靠性和安全性提供技术支撑

续表

典型应用	描述
培训	调度员培训角色(未显示)可以为调度员提供仿真现有实际系统的设施
记录和资产	记录和资产管理角色跟踪并报告变电站和电网设备的库存，提供地理信息数据和地理位置显示，维护非电力资产的记录，并进行资产投资规划
运行计划	运行计划和优化角色对电网运行进行仿真，安排开关投切，调度检修人员，通知受影响的客户和安排恢复供电的计划。他们通过高峰发电、倒闸操作、切负荷或需求响应来保持恢复供电的低成本
维护和建设	维护和建设角色协调设备的检查、清洁和调整，组织建设和设计，调度和制定维修及建设计划，并捕获现场收集的记录以查看完成任务所需的信息
扩建规划	电网扩建规划角色制定长期发展规划以提高电力系统可靠性；监督成本、性能及建设计划；确定电网扩建项目，如新的线路、馈线、或开关
客户支持	客户支持角色帮助客户采购、供应、安装并报修电力系统服务。他们也传递并记录客户故障报告

4.2.8　服务域模型

服务域的角色为电力系统发电、配电和用电的整个业务过程提供支撑服务(图 4-8)。这些业务过程包括从传统的计费和客户账目管理等电力服务，到用户管理和住宅管理等增强型客户服务。

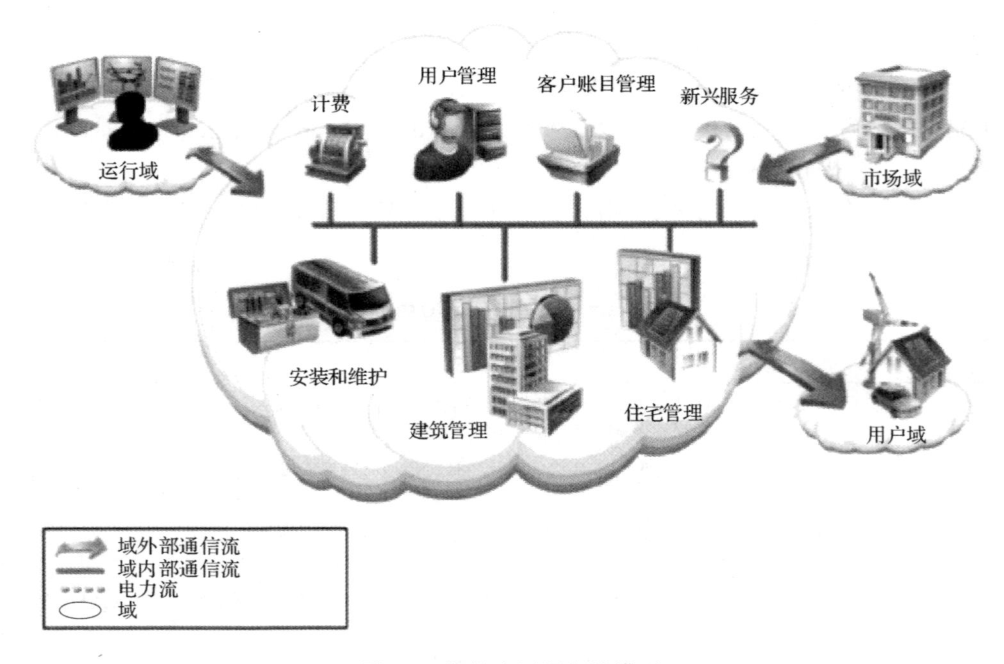

图 4-8　智能电网服务域模型

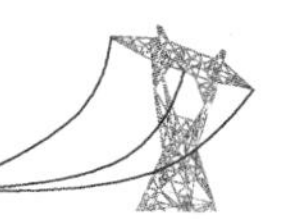

服务提供商不得在提供现有或新兴服务时危及电网的网络安全性、可靠性、稳定性和完整性。

服务域与运行域、市场域和用户域共享信息。服务域与运行域的通信对于系统控制和态势感知是至关重要的；其与市场域和用户域的通信也很关键，因为这可以促进通过开发“智能”服务促进经济增长。例如，服务域可以提供接口，促进用户域和市场域的信息交互。

服务域将创造新服务和产品来满足智能电网不断发展所带来的新需求和新机遇。服务可以是由电力服务提供商、现有的第三方或新商业模式所产生的新参与者提供。新兴服务代表一个重要的经济增长点。

服务域的首要挑战是开发关键接口和制定标准，促进动态的、市场驱动的生态系统的建设，并同时保护关键的电力基础设施。这些接口必须能够在多种网络技术下工作，同时能够保持一致的语义信息。智能电网的开展为服务域所带来的好处如下：

(1)智能电网促进了第三方开发蓬勃发展的市场，以有竞争力的成本向用户、电力公司和利益相关者提供增值服务和产品。

(2)降低了为智能电网其他域的服务成本。

(3)用户在电力供应链中变为积极的参与者，使得用户用电量降低，而发电量增加。

服务域的典型应用见表 4-8。

表 4-8　服务域的典型应用

典型应用	描述
用户管理	通过提供联系方式和为用户解决问题的方式来管理客户关系
安装和维护	安装和维护与智能电网交互的楼宇设备
建筑管理	监测和控制建筑物电能，对智能电网的信号做出响应，以最大限度降低对居住者的影响
住宅管理	监测和控制家用电能，对智能电网的信号做出响应，以最大限度降低对居民的影响
计费	管理用户计费信息，包括发送账单和办理支付业务
客户账目管理	管理供应商和用户的业务账目

4.3　智能电网互操作

4.3.1　互操作对象和概念

智能电网标准应用的一个最大的动机就是实现不同网络间的互操作，为此

NIST 成立了众多利益相关方参与的 SGIP，协调各领域的互操作[13]。SGIP 的任务和职能如图 4-9 所示。

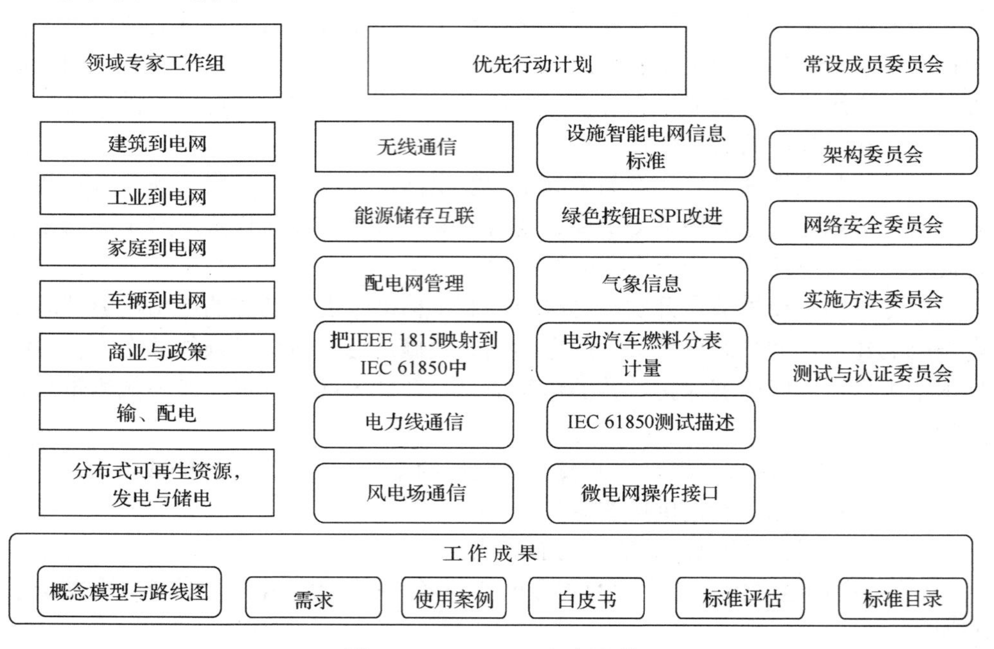

图 4-9　NIST SGIP 组织职能

SGIP 致力于实现从无标准可循的自定义并网到实现即插即用标准的不同层次的互操作(图 4 -10)。

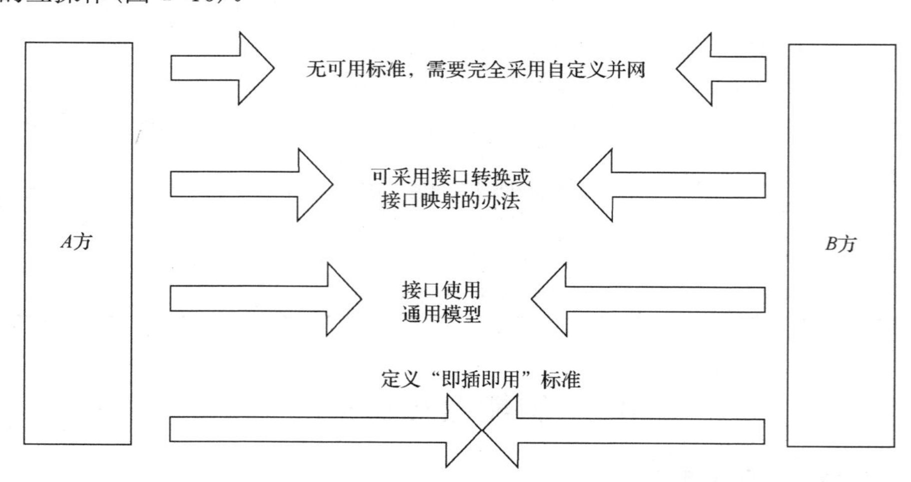

图 4-10　不同层次的互操作概念

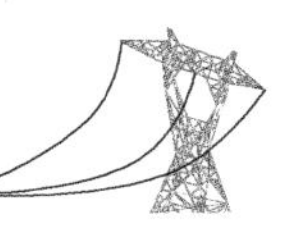

4.3.2　GWAC 协议栈

互操作是指两个或多个电网、系统、设备、应用或组件互通、交换并方便地应用信息的能力。其安全、有效、几乎没有或没有给用户带来不便。智能电网将是一个满足互操作的系统，也就是说，不同的系统应能够交换有意义的、可操作的信息，以支持电力系统安全、可靠和高效地运行。所交换的信息在这些系统中应有相同的含义，并能形成协议响应。智能电网之间信息交换的可靠性、准确性和安全性必须达到所需的性能水平。

复杂的大型集成系统需要由不同的互操作层组成，从插座或无线连接到参与分布式业务交互所进行的兼容的过程或程序。下面采用了智能电网架构委员会(The Grid Wise Architecture Council，GWAC)的高级分类方法。

如图 4-11 所示，美国 GWAC 提出了分为 8 个层次的“GWAC 协议栈”[12]，其重要特性是分层定义了清晰的接口——建立某一层的互操作性将提高其他层次的灵活性。“GWAC 协议栈”所示的 3 个类别 8 个层次代表了不同等级的互操作性要求，支持智能电网的各种互动和交易。诸如物理设备层包含了用于编码与数据传输等的简单功能，一般定义在最底层。通信协议及应用定义在次高层、最高层用于商业功能定义。鉴于功能的复杂性与日俱增，“GWAC 协议栈”需要分层实现最终互操作性要求。每层通常依赖于其下的多个层次才能得以实现。最显著的例子是互联网：具有公共的网络互操作层，基础连接层可以是以太网、无线网或微波通信网，但不同的网络可以以相同的方法进行信息交换。

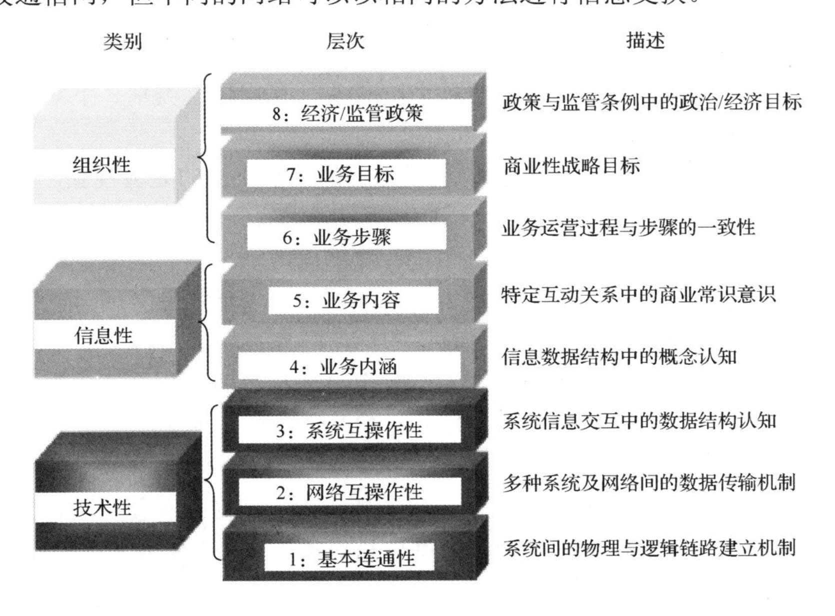

图 4-11　美国 GWAC 提出的 8 个层次的“GWAC 协议栈”

4.3.3 协议栈简化

关于系统与组件之间交互的互操作模型，GWAC 提出了分层互操作的思路，欧洲智能电网专家在其基础上做了进一步简化，分为业务层(business layer)、功能层(function layer)、信息层(information layer)、通信层(communication layer)、组件层(component layer)，如图 4-12 所示。

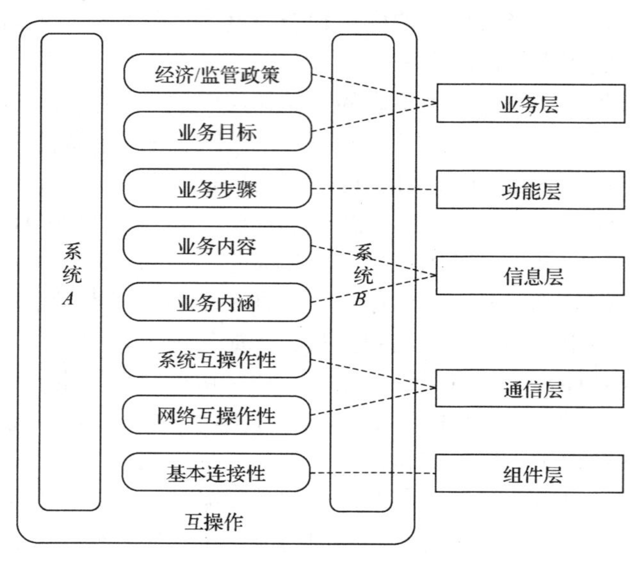

图 4-12 互操作性层次

如果需要详细分析互操作层，可以仍按照 8 个互操作层类别。下面介绍聚合后的这 5 个互操作性层次。

(1)业务层：业务层代表了与智能电网相关的信息交换的业务视图。智能电网参考架构可以用来映射监管和经济(市场)结构及政策、商业模式、市场参与各方的业务组合(产品和服务)。业务功能和业务流程也可以在这一层中表示。通过这种映射方式，可以帮助企业高管决策新的商业模式和具体的商务项目，也可以帮助监管机构定义新的市场模型。

(2)功能层：功能层描述功能和服务，其中包括在架构视角上描述它们之间的联系。在应用程序、系统和组件中，功能与参与者和物理实现无关。功能从用例中提取出来，与参与者无关。

(3)信息层：信息层描述了在功能、服务和组件之间交换和使用的信息，包含信息对象和基础的规范化数据模型。这些信息对象和规范化数据模型代表了常见的语义功能和服务，允许通过某种通信方式交换可互操作的信息。

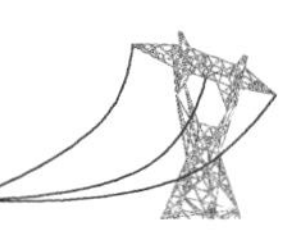

(4) 通信层：通信层的重点是在基本用例、功能或服务、相关信息对象或数据模型的上下文中，描述协议和组件间的互操作信息交换机制。

(5) 组件层：组件层的重点是在智能电网背景下参与所有组件的物理分布。它包括系统参与者、应用、电力系统设备(通常位于过程和现场层)、保护和远动设备、网络基础设施(有线/无线通信连接、路由器、交换机、服务器)等。

4.4　智能电网参考架构

虽然智能电网的定义并不统一，但 21 世纪先进的电网概念，已经转移到了一系列的数字化计算与通信技术及服务，与输电基础设施集成方向上。考虑到新需求的产生、新应用的开发和最新技术(特别是信息和通信技术)的集成，可以把智能电网看作是当前电网的进化。在一个安全、可靠、高性能和集成的网络中，把信息通信技术集成到电网，将提供扩展的应用管理功能。

电网的这种变化将形成一个具有多个利益相关方、多个应用及需要互操作的多个网络的新架构。开发智能电网(尤其是开发智能电网标准)时，只有依赖一组一致的模型，才能获得这种新的架构。这组模型就是参考架构。

智能电网参考架构旨在解决智能电网架构实施智能电网解决方案时面临的问题。对于任何参考架构，其目标是为电力公司提供指南，指导电力公司开发特定的智能电网架构、实现特定的功能。

前面已经说过，参考架构是一种表达方式，允许根据多种视角表达智能电网，这些视角可以兼顾智能电网的各利益相关方，可以把电力系统的管理需求和互操作性需求结合起来，从不同视角(从顶层到更详细的视图)描述智能电网。

典型的智能电网参考架构是由欧盟 M/490 项目开发的智能电网架构模型(SGAM) [17]，它由 5 层构成:业务层、功能层、信息层、通信层和组件层。这 5 层是对 GWAC 互操作性类别的抽象和浓缩，GWAC 是 SGIP 下属的智能电网架构委员会。每一层都是一个智能电网平面，它的两个维度分别是电气过程的域和信息管理的区域(zone)，该平面跨越从发电到用户的输、配电链，以及电力系统从上至下信息管理的各个层级。该模型用来表达在电气过程的每个域中，有哪些信息管理区域间发生了交互。

4.4.1　参考架构的原则

定义智能电网参考架构的原则至关重要，SGAM 的原则是普遍性、可定位性、一致性、灵活性、可伸缩性、可扩展性和互操作性[17]。

1）普遍性

智能电网参考架构是一个模型，是用一个共同的、中立的观点来表达智能电网架构。该架构必须提供与解决方案和技术无关的模型，对现有的架构不能表现出任何倾向性偏好。

2）可定位性

智能电网参考架构的基本思想是把实体（entities）分别放到智能电网平面和层次的适当位置。根据这个原则，一个实体及该实体与其他实体的关系可以用一个全面的、系统的视图来清楚表达。例如，一个给定的智能电网用例可以从架构的角度进行描述，即把它的实体（业务流程、功能、信息交换、数据对象、协议、组件）均包含在合适的域、区域和互操作层次（layer）。

3）一致性

一个给定的用例或功能的一致性映射，意味着智能电网参考模型的所有层次都被一个合适的实体覆盖。如果有一层没有被覆盖，这意味着没有规范（数据模型、协议）或组件可用来支持这个用例或功能。这种不一致表明对于一个给定的用例或功能，需要规范或标准。当 5 层都被覆盖时，说明这个用例或功能可以用给定的规范/标准和组件实现。

4）灵活性

为了允许用例、功能或服务的多种可替代，灵活性的原则可以应用于智能电网参考架构的任意一层。这一原则至关重要，可以保证智能电网未来用例、功能和服务的发展需求。此外，灵活性原则要求智能电网架构具有可扩展性、可伸缩性和可升级性。

通常来说，用例、功能或服务是与区域无关的。例如，一个集中式的 DMS 功能可以放置在调度区域；分布式 DMS 功能可以放在现场（field）区域。

功能或服务可以嵌套在不同的组件中，对于具体案例应该具体分析。

为了满足特定的功能性和非功能性需求，一个给定的用例、功能或服务可以以多种不同的方式映射到信息层和通信层。例如，控制中心和变电站之间的信息交换，可以用 IEC 61850 在 IP 网络上实现，也可以用 IEC 60870-5-101 在同步数字序列（synchronous digital hierarchy，SDH）通信网络上实现。

5）可伸缩性

从顶层看，智能电网参考架构覆盖整个智能电网。为了详细地研究给定用例、功能和服务，可以仅仅研究特定的域和区域，如智能电网参考架构可以缩小到仅仅关注微电网。

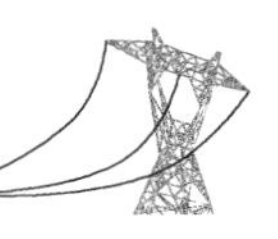

6) 可扩展性

智能电网参考架构反映了目前组织的域和分区，在智能电网的进化中，或许需要通过增加域和区域来扩展智能电网参考架构。

7) 互操作性

智能电网参考架构是一个互操作层次与智能电网平面的三维抽象展示。参与者、应用、系统和组件之间的交互，可以通过模型(信息层)、协议(通信层)、功能或服务(功能层)和业务约束(业务层)之间的连接或关联来表达。通常来说，实体(组件、协议、数据对象等)之间的联系通过接口建立。换句话说，一个满足互操作性、一致性的交互，可以在参考架构的层中表示为一系列一致的实体、接口和关联。

一致性和互操作性的原则构成了智能电网参考架构的连贯性。一致性确保这 5 层有着明确的联系，互操作性确保交互(接口、规范标准)条件在每个层都能得到满足。对于一个给定的用例、功能或服务，这两个原则都需要实现。

4.4.2　智能电网参考架构的智能电网平面

在电力系统管理中，通常会区分电气过程视角和信息管理视角。电气过程视角是指电能转换链的物理域，信息管理视角是指对电气过程管理的分层区域。智能电网参考架构的区域见表 4-9。智能电网平面域和分层区域模型如图 4-13 所示。

表 4-9　智能电网参考架构的区域

区域	描述
过程	包括能量的物理、化学或空间转换(电能、太阳能、热、水、风等)和直接参与的物理设备(如发电机、变压器、断路器、架空线、电缆、电气负载及任何类型的传感器和执行器，这些设备部分或直接连接到过程)
现场	包括保护、控制和监控电力系统过程的设备，如保护继电器、间隔控制器，以及任意类型的智能电子设备(IED)，它们从电力系统获取过程数据
厂/站	代表对现场层次的区域聚合，如数据集中、功能聚合、变电站自动化、当地 SCADA 系统、工厂监控
调度	在各自的领域中进行电力系统控制操作，如配电管理系统、发电和输电系统中的能量管理系统、微电网管理系统、虚拟电厂管理系统(聚合多个分布式资源)、电动汽车收费管理系统等
企业	包括商业和组织的流程、服务和企业(公用事业、服务提供商、能源交易商等)的基础设施，如资产管理、物流、员工管理、员工培训、客户关系管理、计费和采购等
市场	反映了能量转换链中可能的市场操作，如能源交易、批发市场、零售市场等

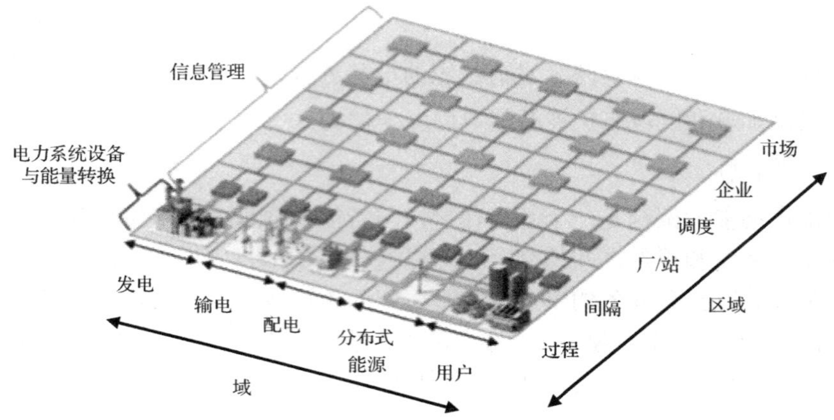

图 4-13　智能电网平面——域和分层区域模型

智能电网架构模型的区域，代表了电力系统信息管理的层次[18]。这些区域反映了分层模型，应用了电力系统管理中聚合及功能分离概念。

聚合概念考虑了电力系统管理的多个方面。

(1) 数据聚合：为了减少调度要通信和处理的数据量，来自现场的数据通常聚合或集中到厂/站(station)；

(2) 空间聚合：将不同位置的系统或设备进行聚合。例如，将安排在不同间隔中的高压/中压电力设备聚合形成一个变电站；将多个分布式能源聚合成一个电厂；将客户端的分布式能源表计聚合为一个社区集中器。

功能分离概念导致了分区，不同的功能被分配到特定的区域。功能分离的原因通常是功能的具体性质，但也考虑了用户自身的逻辑。实时功能通常在现场和厂/站区(计量、保护、相角测量、自动化等)。覆盖一个地理区域、多个变电站或电厂及城市区域的功能通常位于调度区(如广域监测、发电调度、负荷管理、平衡、区域电网监控、仪表数据管理等)。

4.4.3　智能电网架构模型

智能电网架构模型融合了前面介绍的智能电网平面和互操组层的概念。这个融合产生了一个三维模型(图 4-14)，它的 3 个维度分别是：①*X*: 域(电气过程)；②*Y*: 区域(信息管理)；③*Z*: 互操作层智能电网架构模型是一个三维模型，一个维度是 5 个互操作层(业务层、功能层、信息层、通信层和组件层)，其他两个维度是智能电网的二维平面，即域(覆盖完整的电能转换链:发电、输电、配电、分布式能源和用户)和区域(代表电力系统层级的管理：过程、现场、厂/站、调度、企业和市场)。

欧洲智能电网协调工作组/参考架构(Smart Grid Coordination Group/Refere- nce Architecture，SG-CG/RA)选择了 4 个视角:业务、功能、信息和通信。从体系结构

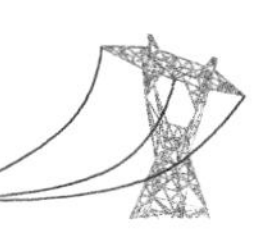

的观点(architecture viewpoints)来看，参考架构应视为把几个架构综合到了一个共同的框架中，这几个架构分别是业务架构、功能架构、信息架构和通信架构。

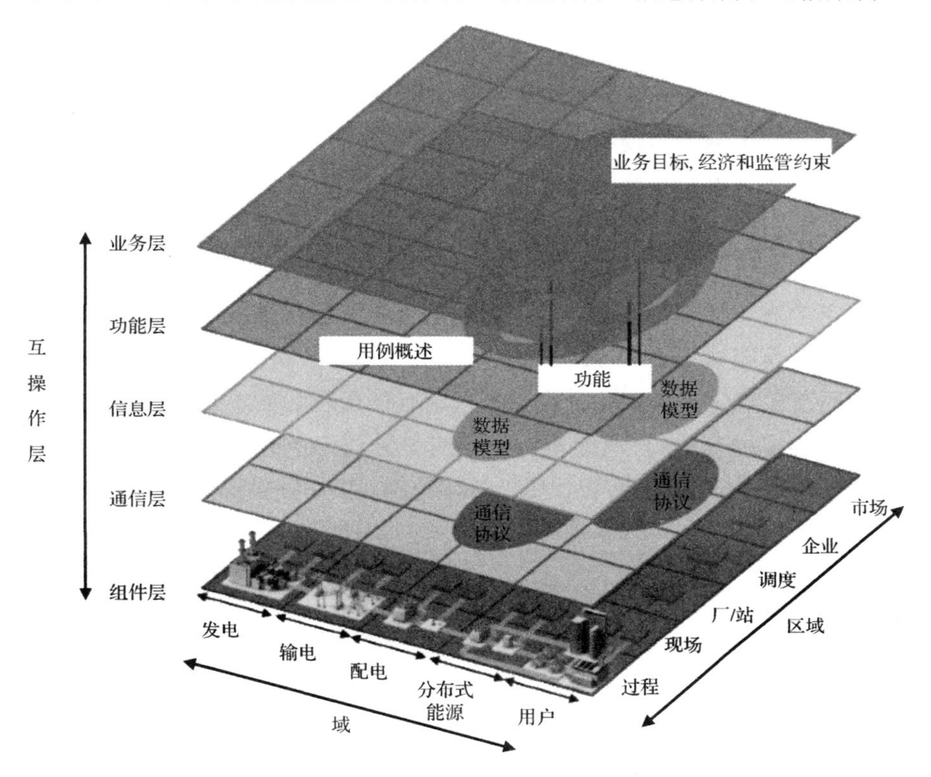

图 4-14　智能电网架构模型

业务架构是从方法论的角度表达，以确保选择何种市场或商业模式，以及确保以一致和连贯的方式开发正确的商务服务和基础架构。

功能架构提供了一个元模型，并给出了智能电网典型功能组的架构概览(旨在支持高层服务)。

信息架构表达了数据模型和接口的概念，以及这些概念是如何应用到智能电网参考模型中的。此外，它引入了逻辑接口的概念，旨在简化接口规范的开发，尤其是在多个参与者具有跨域的关系时。

通信架构处理智能电网的通信，用智能电网通用用例获取需求，考虑已有通信标准的充足性，识别通信标准与需求之间的差距。它提供了一组标准化工作建议，分析互操作性规范如何满足需求。

4.4.4　智能电网参考架构在智能电网标准化中的应用

在智能电网电气域和电力信息管理层次结构的背景下，又考虑到互操作性，智能电网参考架构允许表达实体(实体指业务流程、功能、信息交换、数据对象、协议、组件)及他们之间的关系。智能电网参考架构旨在用一种架构方法，提供对智能电网用例设计的支持，允许以技术中立的方式表达互操作性视角，而不管这些用例反映的是当前电网的实施方式还是未来智能电网的实施方式。

由于智能电网参考架构组件涵盖了域、区域和互操作层 3 个维度，可以以多种方式应用智能电网参考模型，如下所述。

1) 智能电网参考架构使信息共享更容易

由于智能电网参考架构采用了共同模型和元模型，使得标准化前(如研究项目)和标准化过程中的不同利益相关者之间的信息共享更容易。相关的例子清楚地表明，元模型的观点提供了一个合适的方法，来表示各种标准化机构和利益相关者群体的已被开发的现有解决方案。

2) 利用智能电网参考架构，比较不同的智能电网解决方案

利用智能电网架构模型(即将已有架构映射到一个通用视图来分析智能电网用例)可以显示和比较不同的智能电网解决方案，这样就可以检测出各范式、路线图和观点之间的差异和共性。把用例所包含的功能、服务、序列图、功能性及非功能性需求等映射到智能电网架构模型中，通过这种映射或分解方法，更容易分析不同的架构方案，因为这样可以表达出技术和领域方面的问题，可支持用例实现。

3) 识别各个领域的标准缺失，分析智能电网已有标准的差距

智能电网参考架构提供了一个对已有标准归类和识别标准差距的好方法。找出已有标准的具体范围，一方面发现标准恰当的应用，另一方面发现/识别标准或模型的缺失和应该开发的标准。

图 4-15 表达了识别标准差距的过程。

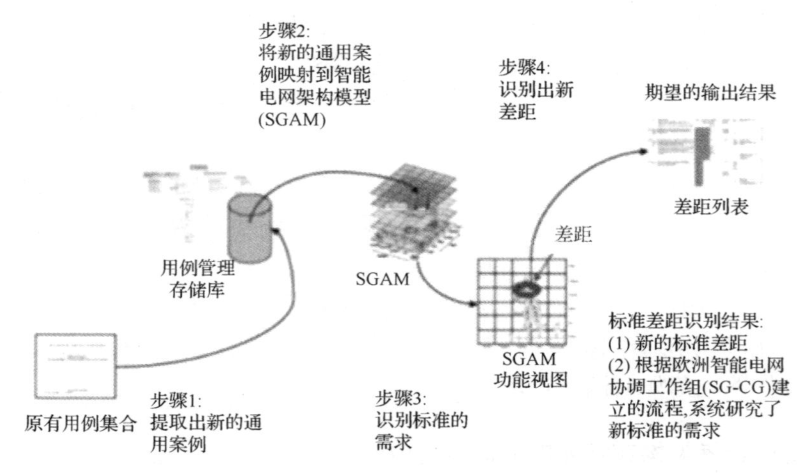

图 4-15　识别标准差距的过程

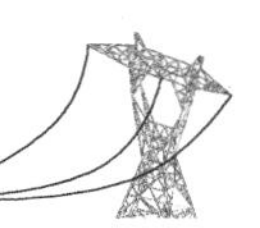

(1) 通过研究原有用例集合，提取出新的通用案例。新的通用案例应该描述通用概念，而不是一个项目的具体实现。新的通用案例在用例管理存储库中存储和维护；

(2) 将新的通用案例映射到智能电网架构模型；

(3) 对于这个功能视图，必须调查具体每层的需求，并且与已存标准的能力做比较；

(4) 如果系统/用例的一部分不存在标准或现有标准不满足要求，就识别出了智能电网架构模型中存在的差距。

欧盟的智能电网标准化项目 M/490 是一个正在开展的国际性智能电网标准化进程，如图 4-16[19]所示。这个进程采用基于应用场景驱动的方法协调各个标准化组织的技术委员会的工作。这个过程的输入是各种应用案例从市场收集到的需求、研究/试点项目及现场实施项目。就这些应用案例的整体内容进行分析，并通过应用案例库进行管理，然后将这些应用案例映射到智能电网架构模型，可用于确定此应用案例是否受现有标准支持，若有差距，就需要研究新的标准。在缺少规范的情况下，必须以文档方式记录相应的差距，交给相应的委员会，以备制定新的标准。如果受现有标准支持，则该标准可以视为适合智能电网。

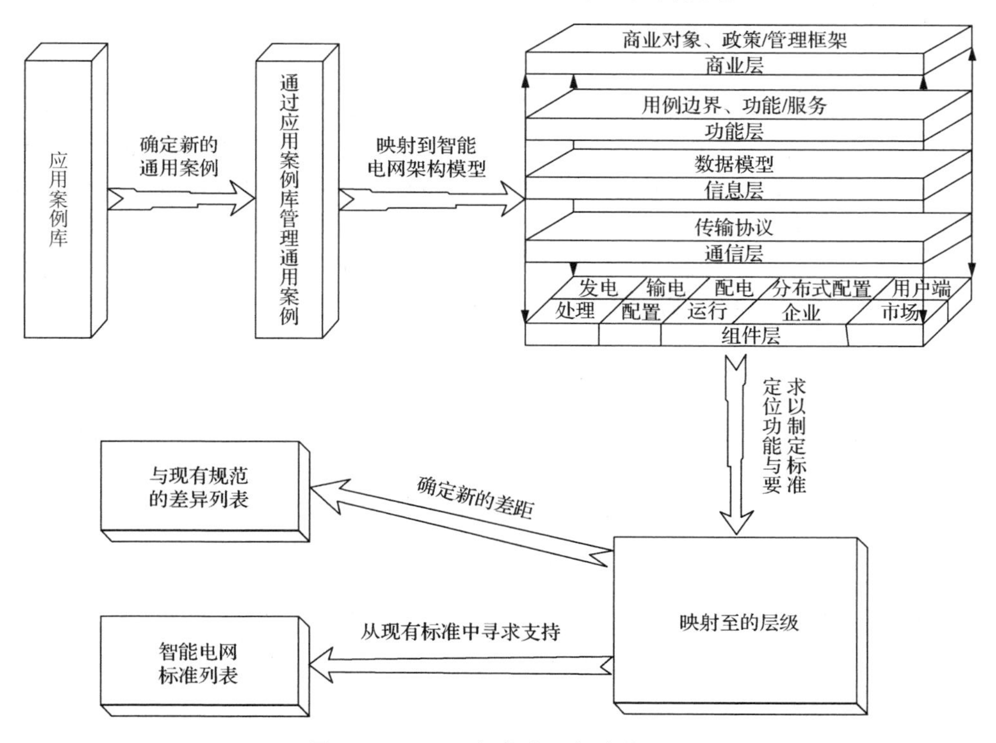

图 4-16　M/490 智能电网标准化进程

第 5 章　标准化的系统工程方法

5.1　智能电网实现体系

5.1.1　智能电网互操作标准体系

按照ISO/IEC的分工模式，智能电网互操作标准体系的构成应该主要包括ISO体系内的各组成部分，如图 5-1 所示。IEC 的各工作组负责除基础通信以外大部分的标准化工作，该图由 TC57 提供，整体突出了该委员会的作用，但不可否认的是，该委员会确实负责了大部分的智能电网互操作标准的制定工作，其中最典型的是 CIM 模型(IEC 61970 和 IEC 61968)和通信互操作 IEC 61850 系列标准。除此之外，该委员会还负责安全、测试等方面的标准化工作，可以说，智能电网的基础设施很大一部分都在该技术委员会。其他如 TC88 负责风电相关标准的制定工作，TC13 负责电工仪表、计量、费率、通信协议等相关标准的制定工作，TC65 负责工业自动化相关的标准的制定工作。

IEC 与 ISO 其他负责网络通信协议的委员会也有协作，除了 ISO 体系外，还和其他国际组织如 IEEE、CIGRE、结构信息标准促进组织(Organization for the Advancement of Structured Information Standards，OASIS)、世界万维网联盟(World Wide Web Consortium，W3C)、国际互联网工程任务组(The Internet Engineering Task Force，IETF)、对象管理组织(Object Management Group，OMG)等协作，还与一些国家标准化组织，如美国的 ANSI，进行协同工作，共同形成了一个智能电网标准化生态圈。

5.1.2　智能电网系统的金字塔架构[20]

图 5-2 描述了智能电网系统开发的方法论——金字塔架构，该方法强调自上向下、由实际应用的业务需求出发，驱动战略目标的制订，从战略目标到战术方法的确定，再到适用标准的遴选，最后落实到具体的项目专家及项目团队来实现。下面介绍该架构中各组成部分是如何配合的。

(1) 业务需求通常在业务用例(business cases)中确定并由负责人批准，业务需求推动项目的执行。这些项目需要整合众多利益相关方的需求。智能电网方法促使这些利益相关方的“领域专家”用容易理解的“用例集”来描述他们的需求。然后项目工程师用这些“用例”开发一个统一的用户需求文档，以反映所有利益相关方的要求。

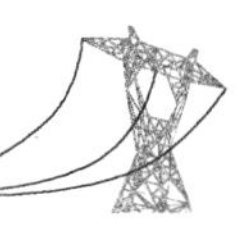

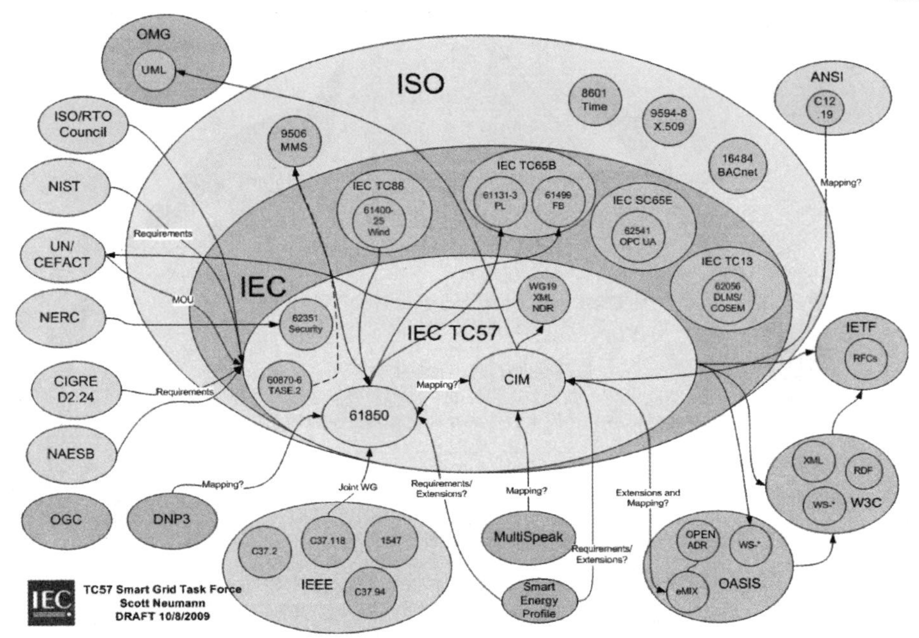

图 5-1　ISO/IEC 等各国际标准组织对智能电网标准化的分工结构

资料来源：IEC TC57 的范围界定

OMG 为对象管理组织；UML 为统一建模语言；ISO/RTO council 为独立系统/区域输电运营商协会；NIST 为美国国家标准和技术研究院；UN/CEFACT 为联合国贸易便利化与电子业务中心；NERC 为北美电力可靠性协会；CIGRE 为国际大电网会议组织；NAESB 为北美能源标准化协会；OGC 为开放地理空间信息联盟；DNP 为分布式网络协议；IEEE 为国际电气与电子工程师协会；Smart energy profile 为智慧能源子集；multispeak 为一个美国的工业联盟组织，开发 multispeak 标准；OpenADR 为开放自动需求响应(一个美国的工业联盟组织，开发 OpenADR 标准)；eMIX 为能源市场信息交换；WS-*为万维网服务系列标准；OASIS 为结构化信息标准促进组织；XML 为可扩展标记语言；RDF 为资源描述框架；W3C 为世界万维网联盟；IETF 为国际互联网工程任务组；RFCs 为请求评议文件；ANSI 为美国国家标准学会；ISO 为国际标准化组织；IEC 为国际电工委员会；CIM 为公共拓展模型；9506 MMS-ISO 9506 为制造报文规范标准系列；8061 Time-ISO 8601 为日期和时间的表示方法标准系列；9594-8-ISO/IEC 9594-8 为开放系统互连标准；16484 BACnet-ISO16484 为楼宇控制和自动化系统标准系列；61400-25 wind-IEC 61400-25 为风电场监视和控制的通信标准系列；61131-3 PL-IEC 61331-3 为可编程逻辑控制语言标准；61499 FB- IEC 61499 为工业过程测量与控制系统中的功能块标准系列；62541 OPC UA-IEC 62541 为用于过程控制的对象连接与嵌入统一架构标准系列；62056 DLMS/COSEM- IEC 62056 为设备报文规范，能源计量配套规范标准；NDR 为网络数据表达方式；62351 security- IEC 62351 为数据和通信安全标准系列；60870-6 TASE2 为远动协议标准系列

(2) 战略目标集中于抽象建模、安全、网络、系统管理、数据管理、集成、互操作性和技术自主(与工艺无关的技术)性。这些战略要素需要贯彻到系统设计阶段，从用户需求转为具体的技术规范。

(3) 战术方法使用信息模型、公共服务和相关接口中与工艺无关的技术。这种战术方法确定了技术概念和方法，从而使系统设计能够贯彻战略要求。

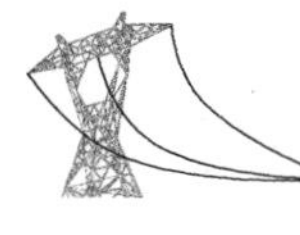

图 5-2　智能电网系统开发的金字塔架构方法论

(4) 标准、技术和最优方法可应用于不同项目。一个标准不能适用于所有行业和领域。能源行业的信息需求包括许多特殊类型，一些是其本身独有的业务需求，而另一些则是所有行业的共同需求。因此，智能电网体系将这些独特的需求归类为智能电网体系环境，根据其共同的需求定义每个环境，并确定可能的最适用的标准和技术。

(5) 智能电网体系方法，专注于不同群体如何最好地使用智能电网组件。这些群体包括负责人、自动化系统设计人员、电力系统规划人员/工程师、项目工程师、信息专家、监管部门和标准化组织。

5.1.3　智能电网系统业务需求和功能需求

智能电网系统的金字塔的最顶端由电力系统业务需求构成。它们是智能电网系统金字塔架构中所有后续组成部分的推动者。满足这些业务需求的项目通常是通过业务用例确定，其中包括项目立项理由、预期的商业利益、需要考虑的各种可能的情况选项(包括反对或推进支持该选项的原因)、预期项目成本、差距分析和预期风险。一旦项目批准，下一步就是确定功能需求。

过去，从项目批准到实施往往只要求少数电力系统工程师制订和编写技术规范，然后发给供应商(或在内部使用)以购买电力系统设备或一些基于计算机的控制系统和软件系统。这些工程师往往只是描述他们所想要的，一般不会关心其他

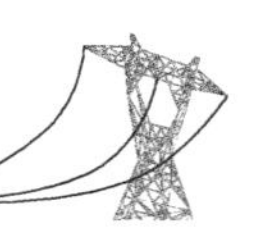

群体的需求，即不考虑整体业务需求。

现在的业务场景发生了改变，大多数电力系统设备、计算机系统及软件系统需要集成到一个更大的整体系统中。更多的用户希望利用电力系统及相关信息系统带来的信息优势，通常这些信息远远超出了核心用户的兴趣范围。例如，调度员使用 SCADA 系统监测关键的电力系统状态，但不会有兴趣关心例行维修工作、配电变压器负载、用户的电能质量测量。不过，如果这些调度员使用的系统能够提供更多类型的信息，那么其他使用者也会从中获益。

自动化系统的分立已经不再满足成本/效益原则。然而，确定和整合所有新用户全部的新需求，似乎是一个非常艰巨的任务，自上而下的系统工程方法提供了一种解决方案。在项目启动时，组建跨领域小组，这些小组使用称为用例的方法，通过调研来评估什么样的业务和功能需求是信息系统的目标。用例尤为注重信息系统在部署后如何被实际使用，而不受现有产品设计的约束。电力公司旨在清晰界定自身需求，而供应商尽可能自由地提出创新的解决方案。

5.1.4　阶段化智能电网系统开发流程

另一种审视智能电网系统架构的方法是从其开发阶段入手。实施智能电网项目的总过程包含以下 5 步，如图 5-3 所示。

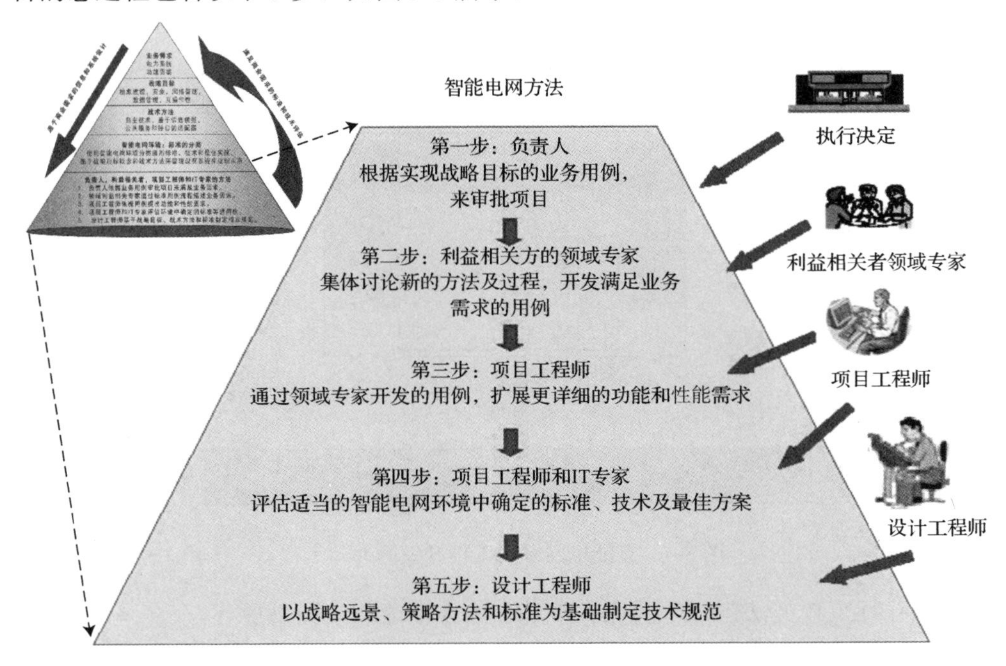

图 5-3　实施智能电网项目的总过程

(1) 第一步：负责人使用业务用例批准项目，满足业务需求。尽管财务要求是至关重要的，但从技术的角度来看，负责人审批项目的关键是他们要求全部的智能电网战略问题(安全、网络管理、数据管理等)都应在业务用例中解决。特别要指出的是业务用例应当明确申明战略目标问题是否是项目的一部分，如果不是，说明其原因。战略远景问题包括用例建模、抽象数据模型的使用、安全事宜、网络和系统管理、数据管理及集成/互操作性。

(2) 第二步：利益相关方的领域专家通过正式的用例过程描述他们的用户需求。用例使这些专家可以用一种标准的方式表达他们的需求，这些需求经过进一步调整和具体化后，将在下一阶段形成更详细的功能和性能需求。

(3) 第三步：项目工程师通过领域专家开发的用例扩展出更详细的功能和性能需求。

(4) 第四步：项目工程师和 IT 专家评估在一定的智能电网环境中确定的标准、技术和优选方法对于本项目的适用性。

(5) 第五步：设计工程师根据战略远景、策略方法和标准制定本项目的技术规范。

5.1.5 并行化智能电网系统开发流程

另一个观察智能电网系统工程开发过程的方法如图 5-4 所示，图中 3 个并行的流程代表了并行工程方法。

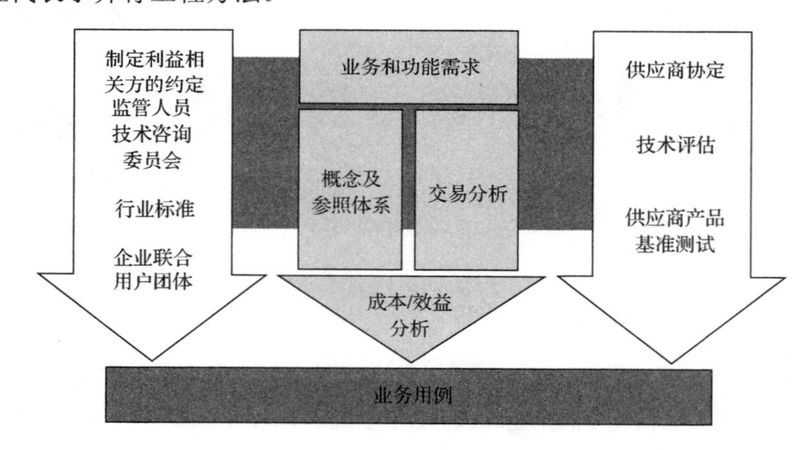

图 5-4 智能电网系统工程开发的并行工程

该并行工程方法包括不同业务维度上的 3 个流程，如下所述。

1) 业务和功能需求

业务和功能需求流程是必需的，它能够有效地将下列问题联系起来，即将“为

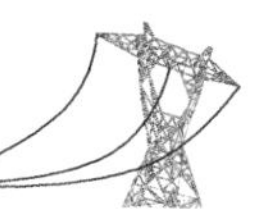

什么要在这个项目中投资”“系统有什么功能和能力”“谁参与了系统信息和谁将是信息的使用者”“哪里是所需功能的数据源”“所有的机构和技术组件是如何整合到逻辑体系中的”“为了满足电力企业的要求，需要哪些系统、子系统和组件”等问题与“为了达成项目目标，电力公司要使用什么标准、技术、和供应商方案”联系起来。带着这些问题，电力企业就可以开始业务和功能需求的搜集确定过程、创建概念和参考体系、进行折中分析和成本/效益分析。

2) 制定利益相关方的约定

有许多来自电力系统外部的利益相关方也会对电力系统的运行产生影响，这些利益相关方包括监管人员、技术咨询委员会、行业标准、企业联合和用户团体。这些外部相关方也是在系统开发中要考虑的需求来源。

3) 供应商协定

智能电网的发展要求制定规范和开发技术，使得来自不同供应商的设备能够互操作。现在，部署多个系统的项目都要建立大量的卖方协议，用来评估能够满足最低程度互操作的当前市场容量和能力。这个流程也需要进行深入的技术评估，同时根据需求进行供应商产品基准测试。

4) 最终业务用例和应用调整

为了让管理和监管层支持和批准一个信息系统的实施，必须组建一个有力的业务用例，说明建立一个新系统能够带来的好处，并且评估与全部系统成本比较的初期和中期效益。高层的业务用例早在业务和功能需求阶段就已开始研究，并经过开发过程进一步明确和细化。因此，当开始部署系统时，负责人就以已经掌握了的需求信息最终决定项目的进行与否。某些电力企业的项目在此阶段可能还需要监管机构的批准。

5.2　方法学总体框架

智能电网系统工程方法学总体框架如图 5-5 所示，主要由以下人员和项目步骤所组成。

1) 电力企业负责人

根据项目的必要性和需求，审查并批准立项。

2) 电力系统领域专家

电力系统领域专家和项目工程师组成项目小组。项目组的第一项任务应确定可能影响项目或受到项目影响的所有电力系统的专家和其他利益相关方(用户)，这些人员或其代表应(全时、兼职、或尽可能)参加项目组。电力系统领域专家审查已有智能电网用例的概念和适用性，这些用例可通过互联网进行查询。电力系统领域专家开发出一个用例清单(功能描述)，不仅要考虑特定的业务需求，还要考虑其他用户需求，以及项目将来可能影响或受到影响的可能性。电力系统领域专家在了解用例过程的项目工程师的协助下起草关键用例，包括所有必要的用户需求。电力系统领域专家复审并更新这些用例，以确保用户需求能够得到正确的理解，避免可能出现的误解、重复、遗漏和矛盾。

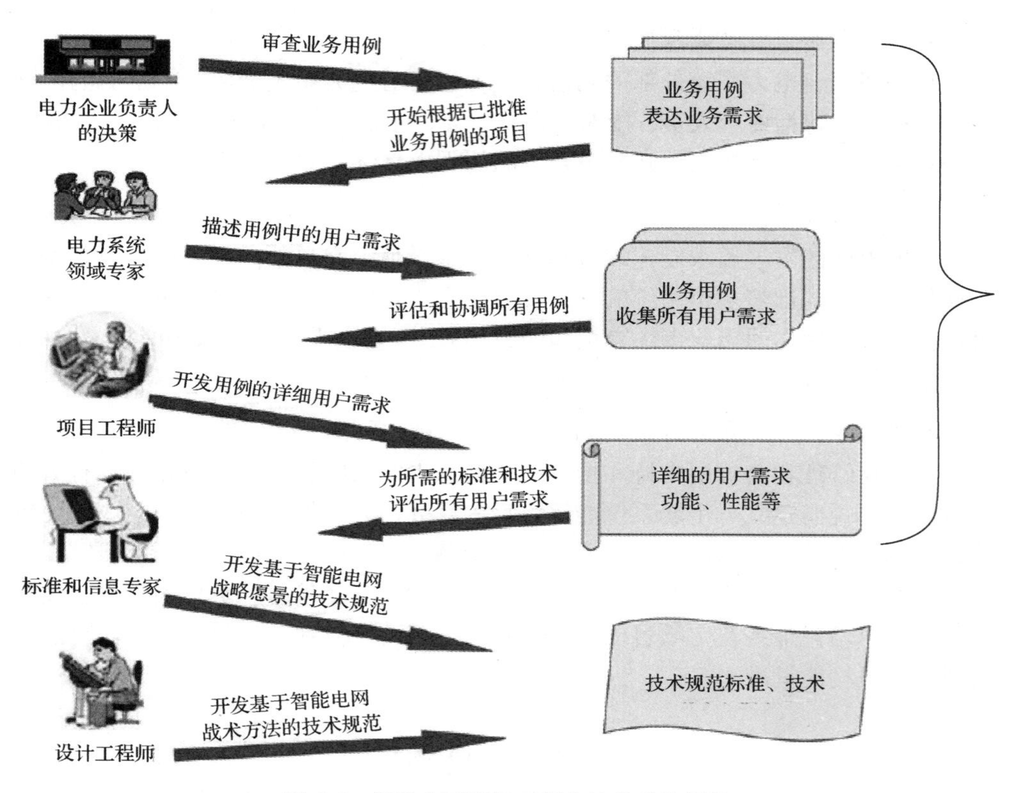

图 5-5　智能电网系统工程方法学总体框架

3) 项目工程师

项目工程师对这些用例进行评估和调整，从中形成一个全面、详细、只包含用户需求的文档。根据用户需求文档，由信息专家决定采用哪些适当的标准和技术，在确定关键标准和技术时，应具备智能电网体系的战略眼光。

4) 标准和信息专家

根据用户需求文件，由信息专家决定采用哪些适当的标准和技术，在确定关键标准和技术时，应具备智能电网体系的战略眼光。

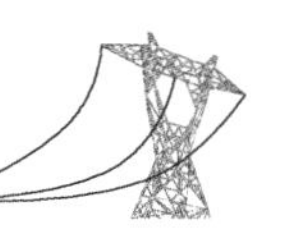

5）设计工程师

设计工程师制定技术规范，将用户需求、信息专家确定的战略标准和技术与智能电网系统开发开发技术手段结合起来。

最终在用户需求文档中详细描述的用户需求包含以下6个方面。

（1）功能。指从用户的角度来看的功能，包括流程的功能描述、用户选项、输入数据的类型、结果的类型及可能的界面外观。

（2）配置构成。如现场数据的访问、变电站电气噪声环境、控制中心的局域网或跨组织的交互。

（3）性能要求。如有效性、响应时间、延迟时间、精度、结果更新频率及其他用户参数。

（4）安全要求。如保密性、访问权限、故障和/或入侵监测、故障管理，以及其他的安全性、可靠性和故障问题。

（5）数据管理要求。如设备的数量与规格、数据量、预期数据增长量、数据访问方法、数据维护，以及其他数据管理方面的问题。

（6）约束。如合同、法律、法规、安全规则或其他可能影响需求的问题。

一个完整的智能电网系统工程方法学包括确定用户需求和形成技术规范，此处介绍的系统工程方法详见文献，仅涉及确定和记录用户需求的方法。

5.3　智能电网系统用例

5.3.1　用例概念

自从公众开始使用电力以来，电力企业的主要任务是设计、建设、运营和维护电力系统的基础设施。考虑到对电力系统信息化和自动化日益增长的需求，目前信息基础设施也必须加强与电力系统的协调，进行仔细的设计、建设、运行和维护。

电力工程师一直基于多年来建立起来的标准和技术来建造电力系统基础设施；信息工程师也必须遵守那些支持电力系统需求的有关信息基础设施方面的标准和技术。

为有助于确定使用何种标准和技术，需要有一种方法便于电力工程师和信息工程师之间的沟通。IEC 62559（use case methodology，用例方法）提出了针对智能电网应用开发的用例方法。这个方法必须允许电力工程师表达他们对信息化的用户需求，而不必立即成为“信息专家”。

用例在许多行业中已被证明是最好的系统工程方法，智能电网系统也是基于用例的概念。一个用例就是一个如何使用系统的“场景”，由实际使用它的人开发。用例给用户提供了一个方式来清晰和全面地描述他们的信息需求，信息专家和设计工程师使用这种方式来开发满足用户需求的自动化系统。

如图 5-6 所示，电力公司应组织有跨领域小组参与的一系列研讨会，来开发基于用例的需求。用例特别强调了系统在部署后如何使用，而不会受现有产品设计的束缚。电力公司必须明确定义自己的需求，然后让供应商自由发挥，提出创新性的解决方案。

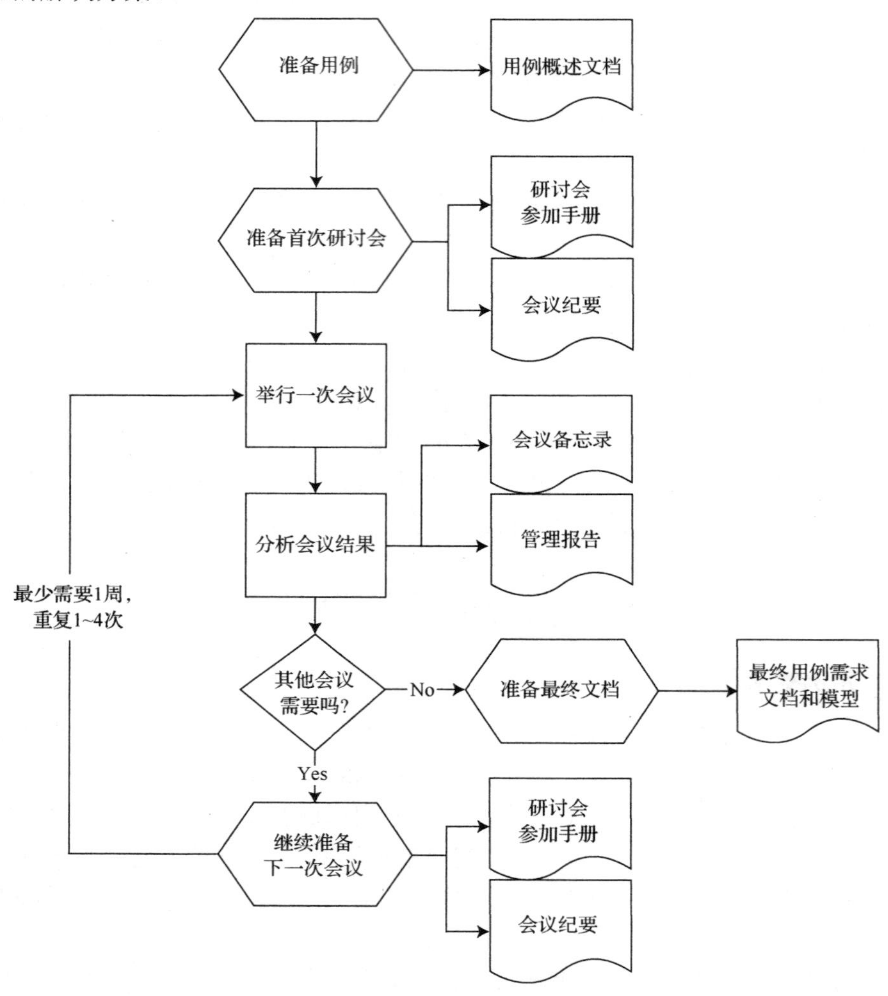

图 5-6　用例研讨会需求开发过程

分析系统的两类需求：功能需求和非功能需求。

功能需求描述系统必须实现的功能，包括响应事件的动作或自动完成的动作行为；表示系统所提供的运作机制和功能特性。

非功能需求从执行和性能角度描述了系统必须包含的特性。这些特性称为“约束”“行为”“准则”“性能目标”等，将决定系统功能实现的优劣程度。非功能

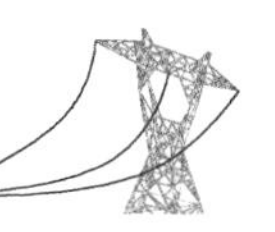

需求包括可靠性、安全性、可用性、可升级性、可扩展性、可伸缩性、兼容性、安全性和一致性。

5.3.2　用例举例

1. 信息采集用例

本节是以采用 AMI 数据定位停电及复电服务作为信息采集用例的一个例子展开描述。

1)用例描述：配电操作员使用 AMI 数据定位停电及复电服务

传统配电网的停电监测受限于传感器的部署及响应停电事件的能力。部署 AMI 能够有效地提高供电公司定位停电和复电的能力。SCADA 由于只监视到变电站，对于局部停电鞭长莫及，而远程故障指示器(remote fault indicators，RFIs)能够提供探测停电故障的信息，但是要受限于其布点数量。只有 AMI 能够将“触手”伸及供电网络的最末端。AMI 系统能够探测任意一条线路和变电站，确保能实现快速定位停电等故障。除精准定位停电之外，AMI 还能用来确认复电处理结果，使得供电公司能够主动锁定尚未恢复电力供应的客户，并为之积极地提供后续服务。AMI 系统可以综合其他系统(SCADA、配电客户关系管理系统、甚至是客户)报送的停电事件确定停电范围，这可以在降低人力成本和交通成本的同时更好地确定停电原因，并报送数据给相关的人员及设备。如果能有客户报送的停电数据，则可以在确认非客户端设备故障的情况下，节约运输费用和人力。

在该用例中，配电运行中心(Distribution Operation Center，DOC)的调度员，使用客户表计传来的消息或者 AMI 传来的表计状态判断停电范围。利用这些数据，供电公司可以准确定位故障点，并对配电开关进行重新组态，以减小故障的影响，一般是减少故障影响的关键客户的数量。准确定位故障点，对于分派维修班组及时恢复故障区域的供电很有必要，维修完成后，配电开关再次组态，恢复原来的配置。

该用例可为供电公司带来以下收益：①利用表计帮助识别停电事故，提高客户满意度；②检测停电发生在配电变压器还是其他故障点，减少响应时间，降低复电成本；③及时检测到停电，有助于提高配电网络的可靠性统计指标；④检测并记录停电信息，帮助供电公司核实有关投诉的真实性。

关于用例的详细说明如下所述。

配电调度员使用一条由 AMI 系统和停电管理系统(outage management system，OMS)提供的客户停电信息检测停电、定位停电原因、隔离故障并计算出最佳恢复方案。为了确定配电网中停电的发生和记录停电时长，AMI 系统要给 OMS 报送停电数据。

(1)OMS。OMS 使用 AMI 系统送来的停电信息和客户报告的停电信息确定配电网中受到影响的范围及定位故障点。为实现该功能，OMS 需要持续不断地监视以下信息或机构：①呼叫中心提供的客户信息；②配电馈线上的故障检测器；③AMI 系统周边的信息聚合机构；④处于维修状态的检修班组信息；⑤SCADA 系统输入，如变电站和各类变压器上的馈线量测、闭锁、保护跳闸、故障指示、故障位置等；⑥来源于停电或者故障预测设备的输入。

(2) 客户信息。停电发生后，客户将联系呼叫中心通知供电公司，并试图从供电公司得到停电原因、影响区域、估计的停电时长等信息。

(3) 停电检测。发生在表计的客户侧的停电事故，即发生在客户单点的停电，不会影响表计同 AMI 系统的通信，表计会报告给 AMI 系统发生了停电事故，以及停电不会影响到表计的供电侧。当客户代表接到客户打来的报告停电的电话时，可以告知客户停电原因在客户侧。

区域停电可能影响到诸多客户，同时影响表计同 AMI 系统通信的能力，这种情况下的停电检测是利用客户表计最后时刻报送的数据或来源于 AMI 系统的其他数据确定停电的范围。AMI 系统指示区域内失去了同表计的联系，并允许 OMS 推断可能的停电区域和影响到的设备。

(4) 检修班组调度。配电运行调度员可以分派检修人员进行隔离停电、恢复供电、修复等操作，该分派需要下发工单给检修人员。工单包括停电地址和 OMS 系统保送的受影响客户的相关信息。检修人员分派出去后要定期报告检修作业的状态到 OMS。业务规则与假设如下：①用例有其适用的客户等级(如 200kW 以下负荷的客户)；②供电侧故障引起的停电可能影响到诸多客户，同时影响表计同 AMI 系统通信的能力；③如果停电仅发生在客户侧，表计将会保持与 AMI 系统的通信；④知道配电系统中停电发生的位置会带来很大好处，而这是现在的 SCADA 系统所不能提供的。

2) 角色

信息采集用例的角色描述见表 5-1。

表 5-1 信息采集用例角色描述

角色名称	角色类型	角色描述
系统操作员	人员	停电时，系统操作员操作开关，指导维护人员恢复电力供应
调度员	人员	停电发生时，调度员查看 OMS，定位故障和分派检修修复
客户服务系统	系统	也称客户信息系统，负责维护客户联系信息，算费，收付账单
停电管理系统	系统	对计划停电和故障停电管理的信息化系统
表计	设备	用于计量的仪表
呼叫中心	系统	等待客户来电报告故障停电，并将客户呼叫信息传送到停电管理系统便于分析
输配检修人员	人员	确定停电发生后，接受分派指令到现场进行维修作业，随时报告复电作业的进展给呼叫中心

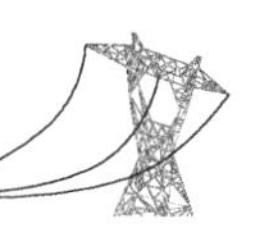

3)主要场景分析(基本事件流)——侧向停运

该场景中，停电发生在配电系统的某一侧向(部分配电线路)，OMS 从 AMI 系统或者其他来源获得停电信息，利用该信息，OMS 可以识别最有可能的停电位置并分派检修人员去维护。维修结束，AMI 系统确认所有客户得到电力供应。基本事件流触发条件和步骤描述分别见表 5-2 和表 5-3。

表 5-2 基本事件流触发条件

触发事件	主要角色	前置条件	后置条件
发生停电	OMS	电力系统运行正常	电力完全恢复

表 5-3 基本事件流步骤描述

步骤	角色	描述
第 1 步	表计	表计报送停电信息
第 2 步	OMS	OMS 收到停电信息
第 3 步	呼叫中心	接到停电报告电话
第 4 步	OMS	OMS 计算停电位置
第 5 步	调度员	调度员分派检修人员
第 6 步	输配检修	检修人员处理恢复供电
第 7 步	表计	表计报送复电给 OMS
第 8 步*	调度员	使用 OMS 确认所有客户恢复了电力供应
第 9 步		电力供应完全恢复

*：步骤 8 包含两步，分别为 8.1.1 和 8.1.2。

4)备用场景分析(辅助事件流)——复电后部分客户没有恢复供电

在某些场景下，当故障修复完成后，由于另外的原因，一些客户仍未恢复电力供应。该场景说明如何检测此类停电及分派检修人员进行必要的维修。辅助事件流触发条件和步骤描述分别见表 5-4 和表 5-5。

表 5-4 辅助事件流触发条件

触发事件	主要角色	前置条件	后置条件
停电没有完全恢复	OMS	侧向停运已经发生	所有客户完全恢复供电

表 5-5 辅助事件流步骤描述

步骤	角色	描述	备注
8.1.1 步	OMS	AMI 判断部分客户未获得恢复电力供应，并报告给 OMS	电力恢复时，AMI 能够判定某些电表未复电
8.1.2 步	OMS	调度员依据 OMS 的信息决定分派哪些检修人员去现场维修，然后进入主要场景第 5 步	

5) 功能需求

具体的功能需求描述见表 5-6。

表 5-6　功能需求描述

功能需求	关联场景	关联步骤
AMI 系统能够访问或者自行维护一份客户档案及拓扑，便于定位停电故障	1	第 1 步
表计在加电时能够通信	1 2	第 2 步 第 8 步 8.1.1 步
AMI 系统能够记录基本表计功能提供的停电信息	1	第 2 步
AMI 系统能够记录停电时长，用于后续统计分析	1	第 2 步
表计应报告复电信息(电压及其质量)	1 2	第 7 步 8.1.1 步
OMS 可接收 AMI 系统在一小段时间内收集多个电表送来的停电/复电信息	1	第 2 步
表计应能分辨出电压暂降(电能质量事件)还是停电	1	第 1 步
表计只有在真实的停电事件发生时分断开关	1	第 1 步
表计在一段时间内应具备必要的功能，分辨出停电还是电能质量事件	1	第 1 步
表计的分断开关应在供电公司进行组态配置	1	第 1 步

注：关联场景中 1 为基本事件流；2 为辅助事件流。

6) 业务需求

业务需求描述的详细内容见表 5-7。

表 5-7　业务需求描述

业务需求	关联场景	关联步骤
SCADA、OMS、AMI、通信系统必须协同工作，识别故障及其位置	1 2	

7) 信息交互

信息交互描述的详细内容见表 5-8。

表 5-8　信息交互描述

场景	步骤	信息发出者	信息接收者	交换的信息
1	第 1 步	表计	OMS	计量点，停电时间
1	第 3 步	OMS	呼叫中心	停电通知
1	第 5 步	OMS	调度员	停电原因

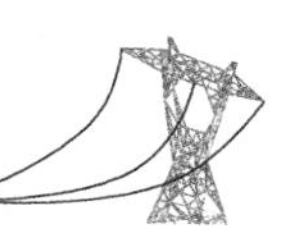

2. 智能电网用户接口公共基础类用例

该类用例主要用于提取智能电网用户接口信息，应具有的基本功能如下所述。

(1) 提供智能电网接口用户的基本信息、实时信息、历史信息和未来信息。基本信息包括用户地址、用户名、银行账号、用户设备的相关信息(设备的额定/最大电压、电流、频率等)等；实时信息包括当前用电量、实时电压、实时电流、实时频率等实时数据；历史信息包括用户的历史用电量、消费记录、历史电价、故障报修记录、负荷曲线等数据；未来信息包括用户近期、中期、远期的预期用电量、预期电价、故障报修记录、负荷曲线等数据。

提供用户设备基本信息时，应使用相应原语向电网提出读取用户基本信息的指令。另一方接收到请求后，采用相应原语作为回应，提供用户设备的相关信息。信息交换流程如图 5-7 所示。

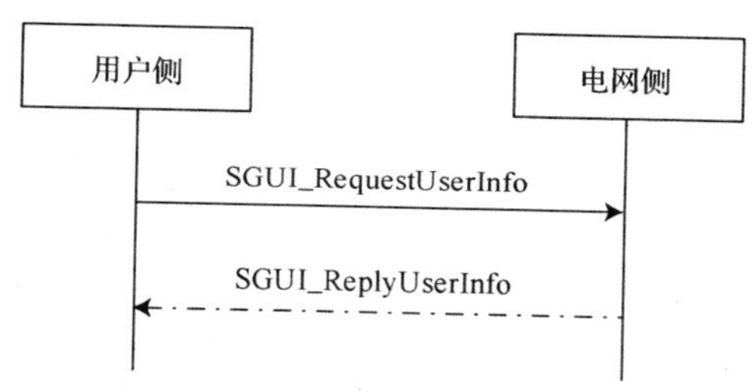

图 5-7 获取用户设备相关信息的信息交换流程

获取用户实时信息，一般由电网发起，向用户方提出读取用户当前用电量相关信息的请求；用户接收到请求后回应，提供用户实时用电信息支持。

用户历史用电信息操作包括历史信息创建、历史信息请求、历史负荷变更和历史用电信息删除。历史信息创建由用户发起，向电网提供关于用户的基本注册及历史用电相关信息。电网接收到用户发送的请求后，采用原语作为回应，向用户提供电网中存储的用户历史用电信息和创建的情况。历史信息请求、历史负荷变更及历史用电信息删除由电网发起，向用户请求相关信息，用户接收到请求后，采用原语作为回应向电网提供用户的相关情况。未来信息请求、变更与删除由电网发起，向用户请求未来负荷相关信息。用户接收到电网发送的请求后向电网提供用户的用户未来信息情况。

(2) 提供能源价格信息，包括当前时段的电价信息和费率结构等，具体的功能体系包括以下 3 个方面：①广播能源价格信息。由电网发起向用户方广播能源价格相关信息请求。②能源价格变更时，由电网发起校正能源价格信息，用户接收到电网发送的变更请求后回应。③能源价格信息删除由用户发起，采用原语让用户删除相应的能源价格信息，用户接收到电网发送的请求后，采用原语作为回应，

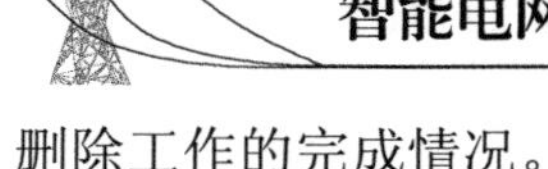

删除工作的完成情况。

(3) 实现能源交易功能。电网侧向用户侧提供除能源价格以外的其他能源交易信息，包括创建交易、取消交易、重新交易等功能。创建交易由用户发起，向电网提供关于用户的基本信息和能源交易请求信息。电网接收到用户发送的请求后，采用原语作为回应，向用户提供电网的基本信息和服务信息；重新交易与取消交易可由用户或电网中的任意一方发起，接收请求后由另一方发送原语作为回应。

(4) 实现能耗控制。电网侧向用户侧提供能耗控制信息，调整用户的用能结构，主要包括创建能耗控制、变更能耗控制、取消能耗控制等。创建能耗控制由电网发起，向用户发出能耗控制请求信息，用户接收到电网发送的请求后回应；变更能耗控制时，由电网发起，向用户发出能耗控制调整请求信息，用户接收请求后通过原语回应；取消能耗控制可由用户或电网中的任意一方发起发送请求，接收请求后由另一方发送原语作为回应。

(5) 设置电表参数。电网侧为用户侧设置电表的电压参数、电流参数、电源频率、耗电计量等信息，还包括对电表的重启、清零等操作。相关功能包括创建电表设置、更改电表设置、取消电表设置等，均由电网发起，采用对应的原语向用户发出请求信息，用户接收到电网发送的请求后，采用相应的原语作为回应。

(6) 实现电能质量监控。电网侧提供对用户侧电能质量进行监控的信息，包括创建监控、取消监控等操作。创建电能质量监控由电网发起，向用户发出，用户接收到电网发送的请求后通过原语回应；当电网侧或用户侧不需要监控电能质量时，可由电网或用户中的任意一方发起并发送请求，接收请求后由另一方通过原语回应。

(7) 提供、接收电能质量信息。电网侧为用户侧提供电能质量信息，将检测到的电能质量信息传递给用户，相关功能包括创建、请求、删除等操作。请求与创建电能质量信息由用户发起，向电网发出请求信息，电网接收到用户发送的请求后，采用原语作为回应；删除电能质量信息由电网发起，通过对应的原语删除用户的电能质量信息后，用户通过原语回应。

(8) 实现时间同步。分布式计算系统提供同步的统一途径，用于用户设备和系统设备之间的时间同步。一般由用户发起，向用户发出时间同步的要求；用户收到电网发送的请求后通过原语回应，与电网进行时间同步。

(9) 完成用户注册。用户注册的相关信息主要包括注册、重新注册、取消注册等操作。注册是由用户发起，向电网提供关于用户的基本注册信息及相关信息。电网接收到用户发送的请求后通过原语回应，向用户提供电网的基本信息和服务信息，以及针对该用户的唯一注册身份标识。重新注册是当用户的注册信息发生变化时，可以通过上述“注册”流程，重新在电网注册；如果是电网的注册信息发生变化，则由电网发起请求，用户接收到请求后通过原语回应，并通过“注册”

流程重新注册。取消注册可由用户或电网中的任意一方发起发送请求，接收到请求后，由另一方通过原语回应。

(10)用户登录功能，用于用户登录系统，包括登录、取消登录等操作。用户登录由用户发起，向电网发送用户的账号基本信息，电网收到请求后向用户提供电网的基本信息及服务信息；取消登录可由用户或者电网的其中一方发起并发送请求，另一方通过原语回应。

3. 需求响应类用例

需求响应通过引入合理的激励机制引导用户优化用电方式，提高终端用电效率，用经济、技术和行政手段控制电力系统负荷的增长速度及调整电力系统的负荷曲线，取得最佳经济效益。需求响应作为智能用户接口中最为重要的用例，从大的方面可以分为以下几类，见表5-9。

表5-9　需求响应类用例分类

序号	用例名称	描述
1	创建DR项目	电网公司创建DR项目
2	更新DR项目信息	电网公司更新DR项目信息
3	删除DR项目	电网公司删除DR项目
4	创建DR用户	依据项目，DR用户进行注册/登录
5	更新DR用户	依据项目，更新DR用户信息
6	删除DR用户	依据项目，删除DR用户信息
7	注册DR设备	在用户账号下，注册DR设备
8	更新DR设备信息	在用户账号下，更新DR设备信息
9	删除DR设备	在用户账号下，删除DR设备
10	提交DR投标要约	用户发出DR投标要约(购买和出售)
11	请求DR参与信息	电网公司请求用户参与DR项目信息
12	监控DR信息	电网公司监控用户DR项目的执行状况
13	传递DR辅助服务信息	电网公司传递对DR项目有辅助服务的相关信息
14	传递峰值需求信息	用户向电网侧传递峰值需求信息
15	确认DR合约	电网侧发送用户参与DR的合约,用户签字确认后回复电网侧

其中，有序用电—协议避峰是需求响应的重要用例之一，涉及数据采集、避峰指令传递、评估结算等子功能。在此，将其作为实例展示用例分析的具体内容。

(1)用例名：有序用电—协议避峰。

(2)范围和目的：主要描述工业用户参与有序用电过程中所采用的协议避峰实

施过程。

(3) 简述：协议避峰的主要实施过程是通过事先与特大型电力客户签订《实行快速协议避峰让电协议书》。当系统出现供应缺口时，提前30～60分钟，通过电话和传真通知客户紧急避峰。客户履行协议避峰承诺后，电网公司可以根据各地政策和协议进行或不进行适当的经济补偿。

(4) 用例描述：在用例实施过程中，主要包括电网公司内部校核与确认避峰容量；调度部门向电网操作人员下发避峰需求；电网操作人员根据预案，分配需要参与的用户数及每个用户的避峰时间和容量，并将避峰指令下发给用户；用户接收到指令后，进行相应的设备控制操作；电网用电信息采集系统根据所采集的计量数据进行避峰效果评估和结算。

(5) 角色：电网公司、政府电力运行主管部门、工业用户。

(6) 前置条件：电网公司事先与特大型电力客户签订《实行快速协议避峰让电协议书》。

(7) 基本事件流：①电网公司确定避峰容量，确定避峰参与用户及其避峰时间和容量；②电网公司将避峰指令传递给相关用户；③用户接收到避峰指令后在规定时间进行相应的设备控制操作；④电网公司根据避峰实施情况进行评估和结算。

(8) 用例图：有序用电—协议避峰用例图如图5-8所示。

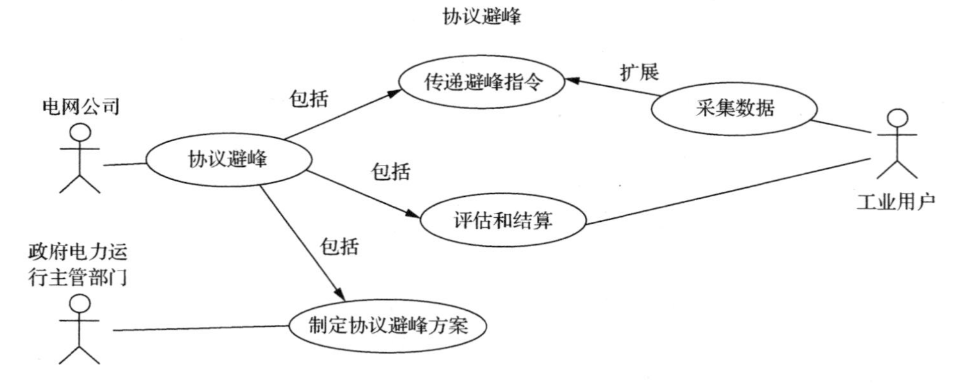

图5-8　有序用电—协议避峰用例图

(9) 信息交互内容：协议避峰信息交互内容具体见表5-10。

表5-10　协议避峰信息交互内容

编号	名称
1	用户基本信息
2	用户实时信息
3	电表参数

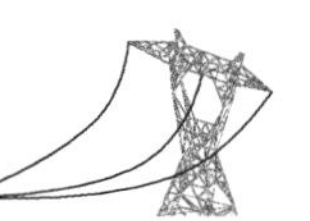

续表

编号	名称
4	用户参数
5	实时负荷数据
6	系统版本信息
7	时间信号
8	用户注册信息
9	用户登录信息
10	传递合约信息
11	传递协议避峰指令
12	评估和结算
13	协议避峰方案

(10)信息交互过程：协议避峰信息交互过程具体见表 5-11。

表 5-11　协议避峰信息交互过程

角色	发出信息	接收信息
电网	6、7、10、11、12	1、2、3、4、5、6、9
用户	1、2、3、4、5、6、8、9	6、7、10、11、12
政府电力运行主管部门	13	13

注：表中数字对应表 5-10 中的序号。

第 6 章　智能电网的主要标准

6.1　重 要 标 准

6.1.1　IEC 推荐的核心标准

1. IEC 61970 标准系列

IEC 61970 标准系列是电力系统管理及其信息交换技术委员会第十三工作组(IEC TC57 WG13)制定的电力公共信息模型与相关模型应用接口的标准系列，其目的是统一调度自动化系统内部各应用间交换电网实例文件的格式、语义和交换方式，以实现电力系统基本运行监测和分析计算对所需原始数据和计算结果的信息互操作。

电力系统 CIM 的前身是 20 世纪 90 年代初美国电力科学研究院为调控中心能量管理系统应用程序接口(application program interface，API)所开发的信息模型。CIM 最初仅对输电系统进行描述，包括一次系统元件及其基本参数，如发电机、变压器、线路、开关、负荷等；二次系统元件及其应用，如电气拓扑、SCAOA、远方终端单元(remote terminal unit，RTU)等。CIM 的成功被 IEC 认可，由 EPRI 提交给 IEC、成为 IEC CIM 电网模型标准。表 6-1 为自 2002 年第一版 IEC CIM 发布以来，围绕 IEC CIM 所制定的 IEC 61970 标准系列。

表 6-1　IEC 61970 标准系列

标准标号	标准名称	级别	版本	颁布时间
IEC 61970-1	《导则和一般要求》	IS	第一版	2005.12.07
IEC 61870-2	《术语》	TS	第二版	2004.07.28
IEC 61970-301	《公共信息模型》	IS	第六版	2016.12.16
IEC 61970-302	《公共信息模型的动态模型扩展》	IS	第一版	制定中
IEC 61970-303	《公共信息模型元数据》	IS	第一版	制定中
IEC 61970-401	《组件接口(CIS)框架》	TS	第一版	2005.09.06
IEC 61970-402	《通用服务》	IS	第一版	已撤销
IEC 61970-403	《公用数据级》	IS	第一版	已撤销
IEC 61970-404	《高速数据访问》	IS	第一版	已撤销
IEC 61970-405	《通用事件与订阅》	IS	第一版	已撤销

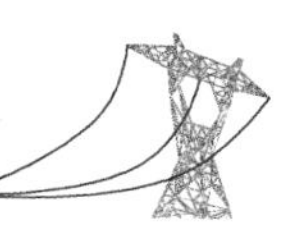

续表

标准标号	标准名称	级别	版本	颁布时间
IEC 61970-407	《时间序列数据访问》	IS	第一版	已撤销
IEC 61970-451	《量测值接口》	IS	第一版	制定中
IEC 61970-452	《CIM 静态输电网模型子集》	TS	第三版	2017.07.26
IEC 61970-453	《图形子集》	IS	第一版	2014.02.25
IEC 61970-454	《业务对象注册服务规范》	IS	第一版	制定中
IEC 61970-456	《电力系统计算结果子集》	IS	第一版	2015.09.29
IEC 61970-457	《电力系统动态特性子集》	IS	第一版	制定中
IEC 61970-458	《CIM 的发电领域扩展》	IS	第一版	制定中
IEC 61970-459	《模型交换框架》	IS	第一版	制定中
IEC 61970-460	《模型变化的交换子集》	IS	第一版	制定中
IEC 61970-501	《公共信息模型资源描述框架(CIMRDF)》	IS	第一版	2006.03.08
IEC 61970-552	《CIMXML 模型交换格式》	IS	第二版	2016.09.27
IEC 61970-555	《基于 CIM 的高效模型交换格式(CIM/E)》	TS	第一版	2016.09.27
IEC 61970-556	《基于 CIM 的图形交换格式(CIM/G)》	TS	第一版	2016.09.27
IEC 61970-600-1	《电网模型交换规范-结构与规则》	TS	第一版	2017.07.26
IEC 61970-600-2	《电网模型交换规范-交换子集》	TS	第一版	2017.07.26

IEC 61970-301 部分的更新十分频繁，已进化至第六版。实际上，标准的定稿和发布远滞后于 IEC CIM 的开发，有以下两方面的因素。

(1) 智能电网概念的推出，使传统电力系统进入了快速发展和变革的轨道，越来越多的新系统元件成为电网的核心部件，如 FACTS、超导设备；越来越丰富的外部元件并入电网，如 DER、充放电设施等。IEC CIM 必须不断在原有版本的基础上扩展新模型，以适应系统运行的需要。

(2) 二次系统的更新工作需要时间，包括需求、认知、开发、验证、固化等过程。考虑到系统的稳定性、可靠性及人力成本，目前的产品进化周期都与实际的应用进度需求存在差距，业界厂商们与研究人员相比均表现得相对谨慎。

即使 IEC CIM 的开发工作不断推进(目前已进化至第十八版)，但对其的认可和共识需经历长期过程，这在业界产生了“追踪当前最新版本的 IEC CIM，还是仅参考发布版本”的问题，表现在有的系统基于过去的版本，新开发的系统基于较新的版本，从而在信息互操作上形成障碍。

从表 6-1 中还可以发现 IEC TC57 WG13 发展思路的转变，即从 IEC 61970-40X 部分的撤销，到 IEC 61970-45X 部分的高速发展。前者(IEC 61970-40X 部分)是早期为交换电网信息且根据不同应用要求而规定的通信接口协议。随着计算机和通信技术的高速发展，软、硬件环境已提升至前所未有的高度，数据交换的性能已不再是系统的瓶颈，其发展理念也逐步由以通信为核心被以数据为核心所取代。因此，通信接口协议(前者，即IEC 61970-40X部分)已不再是IEC CIM应用的重点关注领域，而各种应用不同的数据需求(后者，即IEC 61970-45X部分)成为IEC CIM的应用重点。

当前IEC CIM已经十分庞大，如何理解、如何掌握、如何应用等问题已越来越突出。IEC 61970-600系列标准的推出，以实例的形式指导了工程化开发和应用。

2. IEC 61968标准系列

IEC 61968标准系列(表6-2)是IEC TC57 WG14开发的电力企业信息集成接口标准。一般认为IEC 61968是IEC 61970系列标准在配电领域的扩展，体现在模型扩展和应用扩展两个方面。但其主要面向系统间的信息集成，与IEC 61970标准系列的目标不同，因此采用了不同的技术路线和实现方法。

表6-2 IEC 61968标准系列

标准标号	标准名称	级别	版本	颁布时间
IEC 61968-1	《接口体系与总体要求》	IS	第二版	2012.10.30
IEC 61868-2	《术语》	TS	第二版	2011.03.30
IEC 61968-3	《电网运行接口》	IS	第二版	2017.04.11
IEC 61968-4	《台帐与资产管理接口》	IS	第一版	2007.07.11
IEC 61968-5	《分布式能源的企业集成》	IS	第一版	制定中
IEC 61968-6	《维护与建设接口》	IS	第一版	2015.07.07
IEC 61968-8	《用户运行接口》	IS	第一版	2015.05.27
IEC 61968-9	《抄表与控制接口》	IS	第二版	2013.10.16
IEC 61968-11	《CIM在配电领域的扩展》	IS	第二版	2013.03.06
IEC 61968-13	《配电CIMRDF模型交换格式》	IS	第一版	2008.06.24
IEC 61968-14	《MultiSpeak与CIM的映射》	TS	第一版	2015.06.10
IEC 61968-100	《IEC 61968的实现方法》	IS	第一版	2013.07.26
IEC 61968-102	《高效XML交换》	IS	第一版	制定中
IEC 61968-103	《TC57 WG14工作样板》	IS	第一版	制定中
IEC 61968-900	《IEC 61968-9的实施导则》	TR	第一版	2015.10.29

从IEC 61968标准系列中的各子标准的名称和编号来看，模型已不再是本系列标准所关注的重点，而应用和业务的数据需求是核心，当然，其依然基于IEC CIM。IEC 61968-1规定了消息机制，应用互联网技术这种松散的数据交换方式使不同厂商的不同系统间的信息互操作更加容易。IEC 61968-3～IEC 61968-9针对不同的应用制定了不同的IEC CIM子集(profile)，即从IEC CIM中抽取与特定应

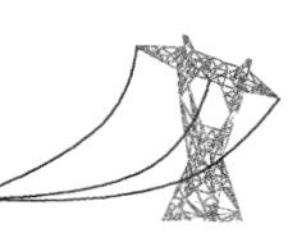

用相关的模型片段。

IEC 61968 标准系列指明了在电力企业系统层面信息集成的解决方案，但其也存在一定的缺陷。由于各国、各电力企业、各厂商在类似的业务应用方面都存在差异，强制使用统一的模型子集虽然就信息互操作而言具有优势，但可能会限定应用的创新和消除差异化。在实际应用中，应用开发人员需要针对每个业务应用的特殊需求制定相应的模型子集以满足工程需求，而不一定强制使用 IEC 61968 标准系列制定的标准化子集。当然，IEC 61968 标准系列提供了可靠的方法论，其中 IEC 61968-3～IEC 61968-9 的内容具有参考性。

在 IEC CIM 中，输电网模型与配电网模型是一体化的，从目前的发展趋势来看，IEC 61968 标准系列从先前的配网模型转向了业务应用的子集；IEC 61970 标准系列从输电网模型扩展为整个智能电网模型及其分析计算的子集。客观上来看，虽然 IEC 61968 标准系列的开发迟于 IEC 61970 标准系列，但后者在修订过程中也借鉴了前者的思路；而前者完全继承了后者的技术。因此，在实际应用中，无论模型还是业务应用的子集，都不应该有输电和配电之分。

3. IEC 61850 标准系列

IEC 61850 标准系列（表 6-3）是由 IEC TC57 WG10 开发，最初应用于变电站自动化，对变电站自动化系统的通信网络、装置建模和系统配置进行的标准化。在变电站自动化系统中的应用获得成功后，IEC 61850 标准系列逐渐延伸到了分布式能源监控、水电站自动化、配电自动化、电动汽车监控等领域，应用范围正在覆盖整个电力公用事业的各类自动化系统。目前 IEC 61850 标准系列由 IEC TC57 WG10、WG17、WG18 及 IEC TC88 JWG25 合作制定和维护，已经在第二版中将原名“变电站通信网络和系统”更改为“电力自动化通信网络和系统”。

表 6-3　IEC 61850 标准系列

标准标号	标准名称	级别	版本	颁布时间
IEC 61850-1	《介绍与概述》	TR	第二版	2013.03.14
IEC 61850-2	《术语》	TS	第一版	2003.08.07
IEC 61850-3	《总体要求》	IS	第二版	2013.12.12
IEC 61850-4	《系统和项目管理》	IS	第二版	2011.04.11
IEC 61850-5	《功能和设备模型的通信要求》	IS	第二版	2013.01.30
IEC 61850-6	《智能电子装置通信的配置描述语言》	IS	第三版	2017.09.15
IEC 61850-6-100	《SCL 在变电站自动化系统的功能建模》	TR	第一版	制定中
IEC 61850-6-2	《电力自动化系统人机界面配置描述语言》	IS	第一版	制定中
IEC 61850-7-1	《基本通信结构——原则和模型》	IS	第二版	2011.07.15
IEC 61850-7-2	《基本通信结构——抽象通信服务接口》	IS	第二版	2010.08.24
IEC 61850-7-3	《基本通信结构——通用数据》	IS	第二版	2010.12.16

续表

标准标号	标准名称	级别	版本	颁布时间
IEC 61850-7-4	《基本通信结构——逻辑节点和数据对象》	IS	第二版	2010.03.31
IEC 61850-7-410	《基本通信结构——水电厂监控》	IS	第三版	2015.11.12
IEC 61850-7-420	《基本通信结构——分布式电源逻辑节点》	IS	第一版	2009.03.10
IEC 61850-7-500	《变电站应用功能建模》	TR	第一版	2017.07.26
IEC 61850-7-510	《水电站建模导则》	TR	第一版	2012.03.22
IEC 61850-7-6	《IEC 61850 应用于基本应用子集(BAPs)》	TR	第一版	制定中
IEC 61850-8-1	《特定通信服务映射——映射到 MMS 和 ISO/IEC 8802-3》	IS	第二版	2011.06.17
IEC 61850-8-2	《特定通信服务映射——映射到 XMPP》	IS	第一版	制定中
IEC 61850-9-1	《特定通信服务映射——采样值的多点连接单向串行通信》	IS	第一版	已撤销
IEC 61850-9-2	《特定通信服务映射——采样值映射到 ISO/IEC 8802-3》	IS	第二版	2011.09.22
IEC 61850-9-3	《电力系统自动化精准授时》	IS	第二版	2016.05.31
IEC 61850-10	《一致性测试》	IS	第二版	2012.12.14
IEC 61850-10-3	《功能测试》	TR	第一版	制定中
IEC 61850-80-1	《IEC 60870-5-101/104 向 CDC 映射》	TS	第二版	2016.07.28
IEC 61850-80-3	《网络协议映射——需求分析和技术选择》	TR	第一版	2015.11.12
IEC 61850-80-4	《COSEM 向 IEC61850 数据模型的转换》	TS	第一版	2016.03.16
IEC 61850-80-5	《IEC 61850 与 ModBus 间信息交互》	TR	第一版	制定中
IEC 61850-90-1	《IEC 61850 应用于变电站间通信》	TR	第一版	2010.03.16
IEC 61850-90-2	《IEC 61850 应用于变电站与调度中心通信》	TR	第一版	2016.02.25
IEC 61850-90-3	《IEC 61850 应用于状态检修和分析》	TR	第一版	2016.05.12
IEC 61850-90-4	《通信网络工程》	TR	第一版	2013.08.06
IEC 61850-90-5	《IEC 61850 应用于同步向量信息传输》	TR	第一版	2012.05.09
IEC 61850-90-6	《IEC 61850 应用于配电自动化系统》	TR	第一版	制定中
IEC 61850-90-7	《DER 逆变器的对象模型》	TR	第一版	2013.02.21
IEC 61850-90-8	《电动汽车的对象模型》	TR	第一版	2016.04.07
IEC 61850-90-9	《IEC 61850 应用于电力储能系统》	TR	第一版	制定中
IEC 61850-90-10	《IEC 61850 应用于计划》	TR	第一版	2017.10.19
IEC 61850-90-11	《IEC 61850 应用的逻辑建模方法》	TR	第一版	制定中
IEC 61850-90-12	《广域通信网络工程》	TR	第一版	2015.07.23
IEC 61850-90-14	《IEC 61850 应用于 FACTS》	TR	第一版	制定中
IEC 61850-90-15	《IEC 61850 应用于 DER 并网》	TR	第一版	制定中
IEC 61850-90-16	《IEC 61850 应用于智能电网设备管理》	TR	第一版	制定中
IEC 61850-90-17	《IEC 61850 应用于传输电能质量数据》	TR	第一版	2017.05.22
IEC 61850-90-18	《IEC 61850 应用于告警处理》	TR	第一版	制定中
IEC 61850-90-19	《规则约束的访问控制》	TR	第一版	制定中
IEC 61850-90-20	《冗余系统》	TR	第一版	制定中

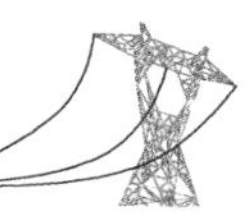

2003年IEC发布了IEC 61850第一版。该标准使变电站内来自不同厂商的智能电子设备(intelligent electronic equipment，IEE)能够实现互操作，并很快得到了全球范围主要电力系统二次设备制造商的支持，并迅速在全球推广。IEC 61850第一版发布后，IEC TC57 WG10一方面积极收集该标准在应用过程中暴露出的问题，发现和解决存在的缺陷与不足；另一方面展开与IEC和IEEE等其他工作组的合作与协调，积极推广IEC 61850在电力系统其他专业的应用。经过几年的努力，IEC 61850第二版已逐步完成，从2009年年底开始发布。IEC 61850第二版对第一版进行了全面修订与扩展。为了让使用者更好地理解与应用IEC 61850，针对网络应用、测试、输变电设备状态监测等重要专题，IEC TC57 WG10还起草了多份技术报告，成为智能电网通信体系的重要基础标准。

在第一版中，IEC 61850标准系列主要针对变电站自动化系统应用，定义了大约90种逻辑节点。随着技术的发展，这些逻辑节点在内容和种类上都不能满足工程实践的需求。为此，IEC 61850标准系列第二版对已有的逻辑节点和公用数据类的内容进行了修订，同时又增加了很多新的逻辑节点，使逻辑节点总数达170多个。IEC TC57 WG10对基于IEC 61850-6标准系列第一版的工程实践进行了总结，在原有的4种模型文件的基础上，IEC 61850标准系列第二版又新增了2种模型文件，使变电站系统集成过程得到优化。IEC TC57 WG10对基于IEC 61850-10第一版的通信一致性测试活动进行了总结，IEC 61850-10第二版完善和优化了IEC 61850通信一致性测试活动。

目前，IEC 61850的应用领域已经涉及发电、输变电、配用电和调度领域，成为智能电网重要的基础性标准。IEC 61850技术体系由国际标准、技术报告和技术规范构成。在IEC文件体系中，技术报告的约束性和强制性虽不如国际标准，但其仍具有很高的权威性。在行文风格上，技术报告比国际标准自由，很多技术报告对所涉及的专题进行了翔实的分析，并提出了解决方案，报告本身更像一本专著。这些报告覆盖了在各领域应用IEC 61850所需要面临的主要问题，对使用者具有重要的参考价值。IEC TC57 WG10与IEEE、CIGRE及IEC其他小组合作，起草包括储能、风电、水电、FACTS等应用的国际标准与技术报告。

总体来说，对IEC 61850标准系列的理解和使用上，存在着不同的看法，如下所述。

(1)认为IEC 61850标准系列技术体系太过庞大，对于轻量级的应用反而制造了麻烦。

(2)认为IEC 61850标准系列面向变电站自动化系统的运行控制，对其他自动化控制系统采用相同的技术要求存在不合理性。

(3) 由于历史原因或者从保护投资和技术稳定的角度考虑，即便标准体系中的部分内容已经落后或者接受了付费授权，已经成熟应用IEC 61850标准系列技术的厂商在改变既有架构方式上保有很强的惯性。

从技术发展的角度来看，IEC 61850标准系列与IEC 61970标准系列、IEC 61968标准系列的总体思路是一致的，即“模型”和“数据服务”只是针对的对象、视角、需求和数据表达方式不同，且均需通过通信协议的映射来实现数据的交互。因此，解决模型和数据服务的差异，就能够实现从现场设备到调控中心直至企业级的数据互操作和应用。但是，这一问题始终困扰着IEC TC57标准系列和标准使用者，也正因为如此，形成了“输电、配电、自动化”数据分立的局面。

4. IEC 62325标准系列[21]

IEC 62325标准系列为电力市场运营领域重要的国际标准，与IEC 61970标准系列和IEC 61968标准系列一起构建了IEC CIM的主体内容。IEC 62325标准系列定义了市场管理系统(market management system)内的信息建模，以及EMS与市场管理系统间信息交换的通用标准，为电力系统自动化产品“统一标准、统一模型、互联开放”的格局建立了基础。随着中国电力市场化改革的深入推进，大用户直接交易、售电放开等新的市场模式将不断出现，该系列标准对中国电力市场运营具有很好的借鉴和参考价值，有必要及时跟踪、转化和应用，以提升中国电力市场的运营水平。

1) 标准系列介绍

IEC 62325标准系列分为6个部分，共22个标准。主要包括IEC 62325-301、IEC 62325-35X系列、IEC 62325-45X系列、IEC 62325-55X系列、IEC 62325-450系列、IEC 62325-550-X系列。

IEC 62325-301是IEC 62325标准系列中的核心模型，是欧洲式、北美式电力市场的公共信息模型。在公共信息模型IEC 62325-301的基础上，分为2个分支，即欧洲式电力市场标准和北美式电力市场标准(图6-1)。

欧洲式电力市场标准主要包括3个部分：欧洲式电力市场子集IEC 62325-351、欧洲式电力市场主要业务模型IEC 62325-451-X系列及欧洲式电力市场主要业务信息交互模型IEC 62325-551-X系列。欧洲电力市场建立模型的主要特点是：电力市场交易的开展基于市场成员间信息的规范化交换，以市场文档为核心;对于电力市场中每一个业务流程，给出一个特定的业务模型文档集。目前，初步形成了合同、计划、结算、输电能力分配、备用资源安排、信息发布等主要业务模型文档(分别对应建立了一类标准)，结合业务需要，后续可能进一步扩展。

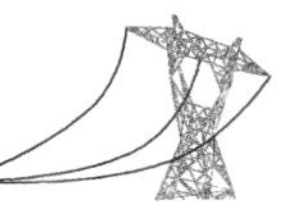

公共信息模型（IEC 62325-301）

建模与通信机制（IEC 62325-450）
欧洲式市场子集（IEC 62325-351）
美国式市场子集（IEC 62325-352）
其他市场子集（IEC 62325-35X）

确认子集（IEC 62325-451-1）
计划子集（IEC 62325-451-2）
结算子集（IEC 62325-451-3）
日前市场子集（IEC 62325-452-1）
实时市场子集（IEC 62325-452-2）

输电能力分配子集（IEC 62325-451-4）
备用资源安排子集（IEC 62325-451-5）
信息发布子集（IEC 62325-451-6）
金融输电权市场子集（IEC 62325-452-3）
容量市场子集（IEC 62325-452-4）

UML到概念XML结构的欧洲式转换规则（IEC 62325-550-1）
UML到概念XML结构的北美式转换规则（IEC 62325-550-2）

确认信息交互文件（IEC 62325-551-1）
计划信息交互文件（IEC 62325-551-2）
结算信息交互文件（IEC 62325-551-3）
日前市场信息交互文件（IEC 62325-552-1）
实时市场信息交互文件（IEC 62325-552-2）

输电能力分配信息交互文件（IEC 62325-551-4）
备用资源安排信息交互文件（IEC 62325-551-5）
金融输电权市场信息交互文件（IEC 62325-552-3）
容量市场信息交互文件（IEC 62325-552-4）

图 6-1　IEC 62325 标准系列公共信息模型

美国式电力市场标准主要包括3个部分：美国式电力市场子集IEC 62325-352、北美式电力市场主要业务模型 IEC 62325-452-X 系列及北美式电力市场主要业务信息交互模型 IEC 62325-552-X 系列。美国式电力市场建立模型的主要特点是：考虑电网运行物理模型和安全约束，其定义了一个市场运营的公共全集;对于实际运营的电能、辅助服务、容量市场、输电权市场等不同的市场品种，再分别定义对应的业务模型子集。目前，初步规划了日前市场、实时市场、容量市场、输电权市场等主要业务模型子集。

2) 标准应用情况

目前，IEC 62325 标准系列已经在欧洲电力市场运营中得到初步应用，欧洲输电运营商联盟(European Network of Transmission System Operators for Electricity，ENTSO-E)已经组织完成了两次互操作实验，分别针对 IEC 62325-451-1、IEC 62325-451-2 及 IEC 62325-451-3、IEC 62325-451-4、IEC 62325-451-4、IEC 62325-451-5 开展了良构性检测、良构性深度检测、正确性检测、正确性深度检测、转换度检测 5 个方面的检测。

中国也已开展标准转化工作，目前已完成 IEC 62325-301 的行业标准转化工作，并已启动 IEC 62325-351 和 IEC 62325-352 行业标准的转化工作。此外，在继承 IEC 62325-301 的基础上，针对中国电力市场分级运营，多方合同、结算等市场特点，进行了相应扩展，发布了国家电网公司企业标准《电力市场交易运营系统业务数据建模标准》，并以此为基础，编制了国家电网公司企业标准《电力市场交易运营系统标准数据模型》。

3) 标准应用的适用性分析

由于欧洲电力市场目前的趋势朝着统一互联方向发展，标准中的欧洲电力市场部分主要针对双边交易，覆盖了成员、合同、计划、结算等中长期运营实际业务的信息交互标准。其与中国现行的统一市场运营模式和业务类似，所以对中国现在的电力交易运营具有重要的借鉴作用和参考意义。美国电力市场运营更关注电力资源集中优化，因此，标准中的美国电力市场部分以日前、实时市场为主，覆盖日前市场、实时市场、金融输电权市场、容量市场等多品种联合运营的业务，对于中国电力市场未来的发展具有借鉴作用。

从目前来看，IEC 62325 标准系列，如果要在中国电力市场运营中得到良好应用，还需要在以下几个方面进一步开展工作。

(1) 目前的两大系列——欧洲统一运营电力市场和美国电力市场均为平级市场间信息交互，而中国现行市场体系为分级市场，不同市场间存在层级关系，需要在 IEC 62325-351 和 IEC 62325-352 的基础上进一步扩充，建立市场间的层级关系。

(2) 目前的模型中缺少对于多方合同、电量计划等中国市场运营核心业务的信息描述，如果要实现标准在中国电力市场运营中的实际应用，还需要进行扩展。从实际执行情况来看，针对国际标准进行扩展有两种方式，分别是：①继承 IEC 62325-301 标准，在此基础上，结合中国市场特点进行扩展，形成新的标准；②提出 IEC 62325-301 的扩展需求，积极与国际标准化组织沟通，将其纳入 IEC 62325-301 中，在此基础上，进一步建立有别于美国式市场和欧洲式市场的新的分支——IEC 62325-353、IEC 62325-453 系列、IEC 62325-553 系列等，以适用于以中国模式为代表的正处于渐进化推进中的电力市场运营模式。

考虑到标准系列体系化，以及标准的特点，无疑第 2 种方式更为科学，但难度也更大，其实现需要针对欧洲式模型或北美式模型分支，开展深入研究。

随着中国电力市场改革的深入推进、全球能源互联网战略的启动及国家电网公司全国统一电力市场交易平台的进一步推广应用，可以预见，未来几年，IEC 62325 标准系列将具有更为广阔的应用前景。

5. IEC 62056[22]

随着微电子技术和信息技术的发展，电力系统由智能计量仪表、自动化装置、现代通信设备等组成的各类系统逐步取代过去由感应系计量表计、手动装置、人工操作等组成的运行模式。为满足电力市场变革和用户管理中的抄表(含自动)、用户服务、价格表(电费)、负荷/供应管理、服务质量、设备/系统检查、数据信息和增值服务、配电系统自动化等方面的需求，各生产厂家、系统集成商、电力供应商提出了大量解决方案。此类解决方案大多是为解决生产运行中的某些具体问题设计的，因而其通信协议一般采用自定义方式，如电能表增加新功能、系统功能改变或扩充等。当电力系统的用户管理、贸易结算、供电合同、价格表(电费)等方面(即电力市场商务过程，这个商务过程从对交付产品-能量的测量开始，到费用征收为止)实现综合管理时，由于各系统的通信协议不兼容，造成系统间互连、互操作性困难。

为了解决上述问题，满足市场商务过程对计量数据一致性、合法性、溯源性、安全性的要求，IEC TC13 WG14 根据公共事业部门的商业过程的特点，制定了 IEC 62056《电能计量——用于抄表、费率和负荷控制的数据交换》系列标准。该标准系列采用对象标识、对象建模、对象访问和服务、通信介质接入方式等方法，从通信的角度建立了仪表的接口模型，它不包含仪表的数据采集和数据处理方面的内容，从“外部”来看，这个接口模型代表了计量仪表在商业过程中的“行为特征”。

IEC 62056 标准系列整体上分为两大部分，一部分是与通信协议、介质无关的电能计量配套技术规范(COmpanion Specification for Energy Metering，COSEM)，包括 IEC 62056-61(对象识别系统)和 IEC 62056-62(接口类)两部分；另一部分是依据开放系统互联(open system interconnection，OSI)参考模型和 IEC 61334 制定了通信协议模型，即设备语言报文规范。该标准系列不仅适用于电能计量，而且是集电、水、气、热统一定义的标准规范，支持多种通信介质接入方式，其良好的系统互连性和互操作性是迄今为止较为完善的计量仪表通信标准。

IEC 62056 标准系列目前共包括 6 个部分：①第 61 部分为对象标识系统；②第 62 部分为接口类；③第 53 部分为 COSEM 应用层；④第 46 部分为使用协议的数据链路层(high level data link control，HLDLC)；⑤第 42 部分为面向连接的异步数据交换的物理层服务和过程；⑥第 21 部分为直接本地数据交换。如图 6-2 所示。

6. IEC 62351 标准

IEC 62351 标准是 IEC TC57 WG15 为电力系统安全运行针对有关通信协议(IEC 60870-5、IEC 60870-6、IEC 61850、IEC 61970、IEC 61968 系列和 DNP 3)而开发的数据和通信安全标准。IEC 62351 标准的全名为《电力系统管理及其信息交换—数据和通信安全性》(*Power Systems Management and Associated Information Exchange-Data and Communications Security*)，它由 8 个部分组成，以下对该标准各部分作简要介绍。

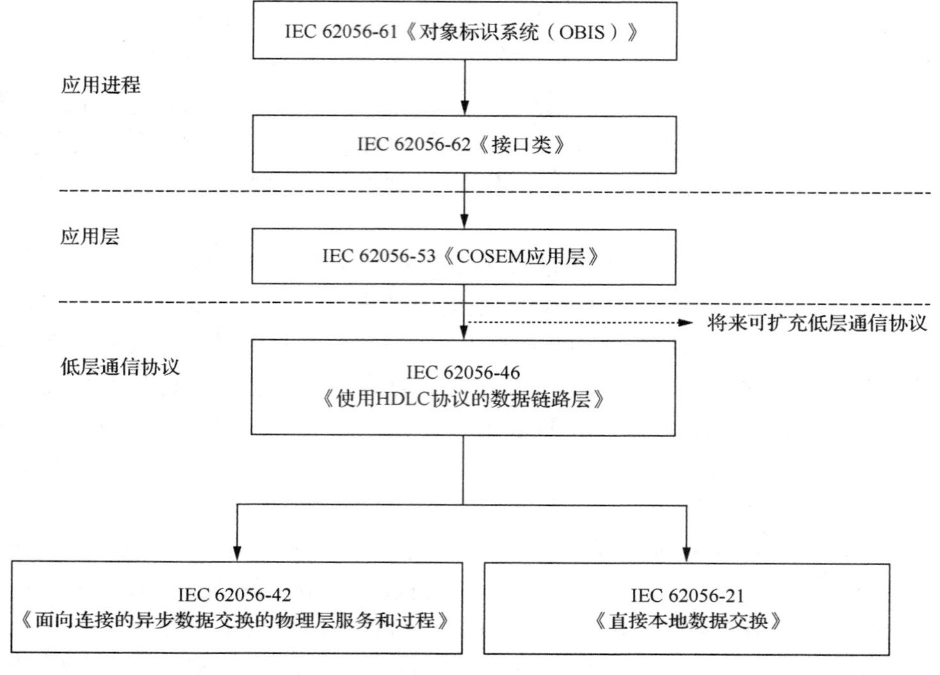

图 6-2　IEC 62056 标准系列框架图

1) IEC 62351-1：介绍

本标准的第一部分包括电力系统运行安全的背景，以及 IEC 62351 安全性系列标准的导言信息。

2) IEC 62351-2：术语

这部分包括 IEC 62351 标准中使用的术语和缩写词的定义。这些定义尽可能建立在现有的安全性和通信行业标准的定义之上，所给出的安全性术语广泛应用于其他行业及电力系统。

3) IEC 62351-3：包括 TCP/IP 平台的安全性规范

IEC 62351-3 提供任何包括 TCP/IP 协议平台的安全性规范，包括 IEC 60870-6 TASE.2、基于 TCP/IP 抽象通信服务接口(abstract communication service interface，ACSI)的 IEC 61850 ACSI 和 IEC 60870-5-104。它规定了在互联网上包括验证、保密性和完整性的安全配合的传输层安全性(transport layer security TLS)的使用；介绍了在电力系统运行中有可能使用的 TLS 的参数和整定值。

4) IEC 62351-4：包括 MMS 平台的安全性

IEC 62351-4 提供了包括制造报文规范(Manufacturing Message Specification，MMS)(9506 标准)平台的安全性，包括 TASE.2[调度中心间通信协议(ICCP)]和

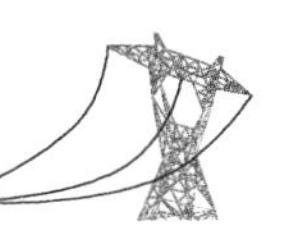

IEC 61850。它主要与TLS一起配置和利用它的安全措施，特别是身份认证。它也允许同时使用安全和不安全的通信，所以，在同一时间并不是所有的系统都需要使用安全措施升级。

5) IEC 62351-5：IEC 60870-5及其衍生规约的安全性

IEC 62351-5对该系列版本的规约（主要是IEC 60870-5-101，以及部分的IEC 60870-5-102和IEC 60870-5-103）和网络版本（IEC 60870-5-104和DNP 3.0）提供不同的解决办法。具体来说，运行在TCP/IP上的网络版本，可以利用在IEC 62351-3中描述的安全措施，其中包括由TLS加密提供的保密性和完整性。因此，唯一的额外要求是身份认证。串行版本通常仅能与支持低比特率通信媒介，或与受到计算约束的现场设备一起使用。因此，TLS在这些环境使用的计算和/或通信会过于紧张。因此，提供给串行版本的唯一的安全措施包括地址欺骗、重放、修改和一些拒绝服务攻击的认证机制，但不尝试解决窃听、流量分析或拒绝加密等问题。这些基于加密的安全性措施可以通过其他方法来提供，如虚拟专用网（virtual private network，VPN）或“撞点上线”技术，依赖于采用的通信和有关设备的能力。

6) IEC 62351-6：IEC 61850对等通信平台的安全性

IEC 61850包含变电站LAN的对等通信多播数据包的3个协议，它们是不可路由的。所需要的信息传送要在4ms内完成，因而采用影响传输速率的加密或其他安全措施是不能接受的。因此，身份认证是唯一的安全措施，IEC 62351-6为这些报文的数字签名提供了一种涉及最少计算要求的机制。

7) IEC 62351-7：用于网络和系统管理的管理信息库

这部分标准规定了用于电力行业通过以简单网络管理协议（Simple Network Management Protocol，SNMP）为基础处理网络和系统管理的管理信息库（management information base，MIB）。它支持通信网络的完整性、系统和应用的健全性、入侵检测系统（intrusion detection system，IDS）及电力系统运行所特别要求的其他安全性/网络管理要求。

8) IEC 62351-8：基于角色的访问控制

这一部分提供了电力系统中访问控制的技术规范。通过本规范支持的电力系统环境是企业范围内的，以及超出传统边界的，包括外部供应商、供应商和其他能源合作伙伴。本规范精确地解释了基于角色的访问控制（role-based access control，RBAC）在电力系统中企业范围内的使用。它支持分布式或面向服务的架构，这里的安全性是分布式服务的，而应用面向来自分布式服务的消费者。

IEC 62351系列标准中所采用的主要安全机制包括数据加密技术、数字签名技术、信息摘要技术等，其常用的标准有先进的加密标准(advanced encryption standard，AES)、数据加密标准(data encryption standard，DES)、数字签名算法(digital signature algorithm，DSA)、RSA公钥密码、MD5信息摘要算法、D-H密钥交换算法、SHA-1哈希散列算法等。当有新的更加安全可靠的算法出现时，也可以将其引入到IEC 62351标准中。

7. IEC 61508标准

随着电气、电子和可编程电子，尤其是基于微处理器的电子系统在安全领域的广泛应用，功能安全变得越来越重要，与人民的生命财产安全和环境保护变得越来越密切。1998～2000年，IEC陆续发布IEC 61508系列标准，指导各工业系统中关于功能安全的设计，也为各认证认可机关对于功能安全系统的安全认证提供了评价的标准和判断的依据。

IEC 61508标准的全称为《电气/电子/可编程电子安全相关系统的功能安全》。它是一个通用的泛型标准，属于国际标准体系中的A级标准，既可以作为单独的标准直接应用于工业中，也可以被其他国际标准化组织作为开发应用段或子系统等B级标准的基础，如机械、工艺制程、原子能或者电力驱动系统等。以下对该标准各部分作简要介绍。

Part0：功能安全和IEC 61508。概要讲述功能安全和IEC 61508，作为信息提供，帮助理解和应用IEC 61508，没有具体的安全规范要求。

Part1：一般要求。讲述IEC 61508的一般要求，包括本标准的整个框架、关于文档的要求、关于功能安全管理的要求、关于功能安全评定的要求、关于整个安全生命周期的要求。

Part2：电气/电子/可编程电子安全相关系统的要求。主要规定实现电气/电子/可编程电子安全相关系统的硬件实现的要求及符合安全规范要求的评定方法。

Part3：软件的要求。主要规定实现电气/电子/可编程电子安全相关系统的软件的实现要求及符合安全规范要求的评定方法。

Part4：定义和缩略语。主要说明IEC 61508中所用到的术语和缩略语的定义。是理解其他部分的基础。

Part5：决定安全完整度的方法的例子。主要讲述风险和安全完整的概念、安全风险处在最终合理可行状态(ALARP)和可容许的风险的概念、决定安全完整度的定量方法、决定安全完整度的定质的方法、风险图和伤害事件严重性矩阵。

Part6：应用IEC 61508-2、IEC 61508-3的指南。主要讲述应用IEC 61508-2、

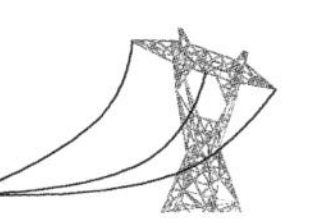

IEC 61508-3 来实现电气/电子/可编程电子安全相关系统的软硬件时，可以采用的方法和实例。

Part7：技巧和方法的概论。主要讲述控制硬件的随机误差、避免软件和系统的系统误差、取得软件安全完整的技巧和方法、对于预制软件、决定软件安全完整度的一个概率论方法。

IEC 61508 标准的整体框架如图 6-3 所示。

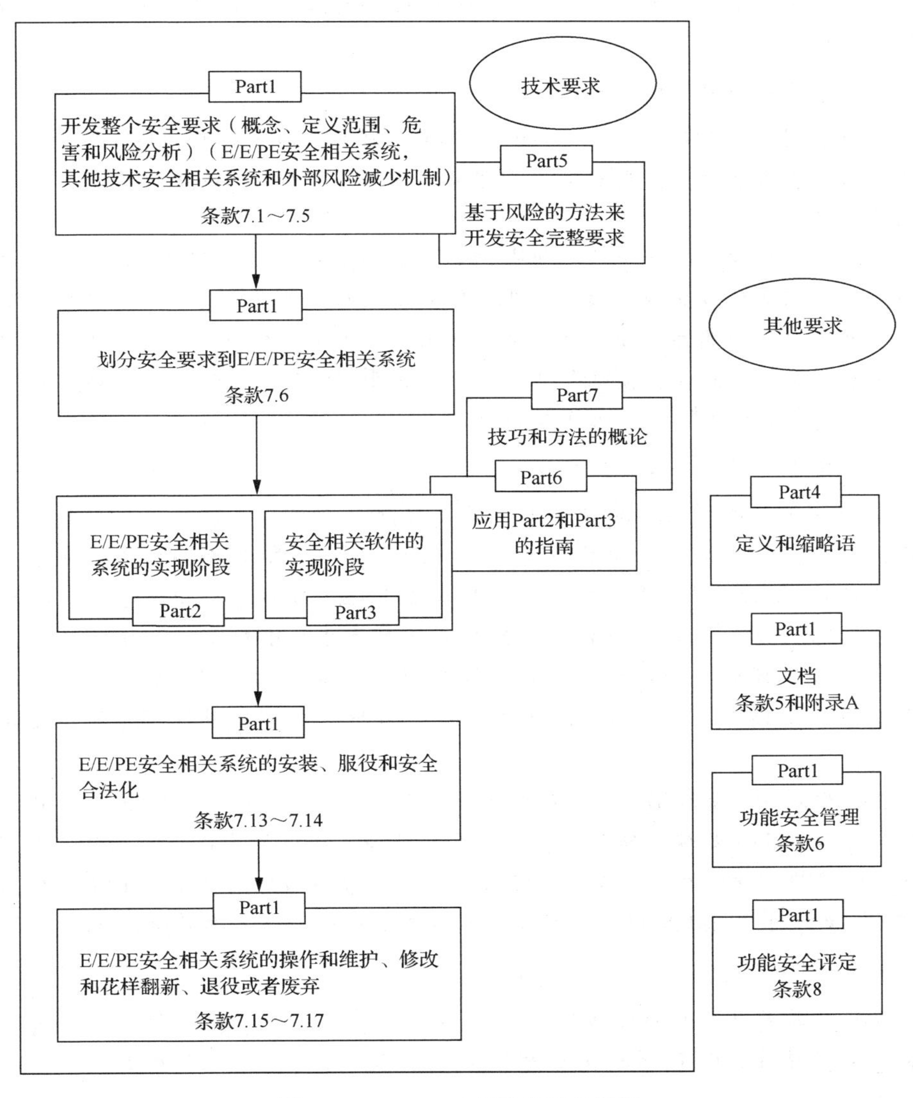

图 6-3　IEC 61508 标准的整体框架

6.1.2 国家电网公司推荐的核心标准

1. 第一批

通过对国内外标准的梳理和分析，依据与智能电网的关系和重要性，《国家电网公司坚强智能电网标准体系规划》(2010 年版)中选取了部分与智能电网建设密切相关、系统性强、涉及面广、相对重要的 22 项标准作为国家电网公司首批推荐的核心标准。

1)《电力系统安全稳定导则》

智能电网中应用的新技术、新设备在提高电网可观测性和可控性的同时，也增加了电网的复杂性。在智能电网发展过程中，保证电力系统的安全稳定仍是最基本的要求。

《电力系统安全稳定导则》(DL 755)从电源接入方式、电网结构、电压和无功控制、无功平衡及补偿、网源协调、防止大停电、停电后恢复等方面提出了保证电力系统安全的基本要求，规定了电力系统应具备的各级安全稳定水平，对电力系统安全稳定的仿真计算进行了规范。本标准 1981 年首次发布、2001 年第一次修订(1981 年的已废业，现行为 2001 年的)。

2)《智能电网的术语与方法学》

智能电网在传统电网的基础上，引入了很多新概念、新设备、新技术，是能源系统、信息系统、通信系统的高度融合。建设智能电网应以新的知识、方法和技术原则为指导。需要研究提出实现智能电网发展目标的方法学。智能电网系统工程方法从“技术规范”分离出“用户需求”的概念，将确定用户需求作为整个复杂系统项目的首要任务，用户只需要确定的是“什么”而不涉及任何特定的设计或技术。而技术规范则确定“如何”实现自动控制系统以满足用户需求。

本标准是电力系统领域专家借鉴国内外研究成果，基于公用事业公司的业务需要，为在自动化系统中确定和描述用户需求制定的一套方法。作为指导复杂系统研究和实现未来自动、自愈和高效电力系统的重要规范化工具。我国已将 IEC 62559 采纳为国家标准能源系统需求开发的智能电网方法(GB/Z 28805—2012)。

3)《风电场接入电网技术规定》

我国已提出风电的发展规划，将建设若干千万千瓦级的大型风电基地。为了满足我国风电大规模接入电网的需求，需要制定风电场与电网协调运行的技术要求。

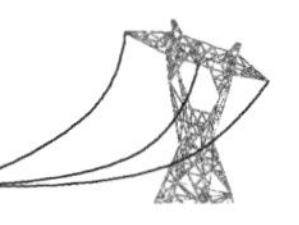

《风电场接入电力系统技术规定》(GB/Z 19963)已经修订完毕，2011年发布。Q/GDW 1392-2015《风电场接入电网技术规定》对并网风电场提出了有功功率、无功功率及电压调节、低电压穿越、电能质量等方面的技术要求。

4)《光伏电站接入电网技术规定》

为满足大规模光伏发电系统接入电网的需求，保证大规模光伏发电接入后电网和光伏电站的安全稳定运行，需要制定光伏发电系统接入电网的技术要求。

《光伏发电站接入电力系统技术规定》(GB/Z 19964)修订版2012年发布。《光伏电站接入电网技术规定》(Q/GDW 1617—2015)提出了光伏电站接入电网运行应遵循的一般原则和技术要求，主要包括光伏电站有功功率控制、无功电压调节、电网异常时的响应特性、低电压耐受能力、安全与短路防护、电能计量、通信信息、测试等内容。

5)《输变电设施可靠性评价规程》

输变电设施的可靠性统计指标是掌握输变电设施在电力系统中运行状况的重要依据，是对输变电设施是否可用的量化描述，是规划设计、设备制造、安装调试、生产运行、检修维护、生产管理等各个环节综合水平的度量，是智能电网运行管理的重要依据之一。

《输变电设施可靠性评价规程》(DL/T 837-2012)规定了输变电设施可靠性的统计及评价办法，适用于对输变电设施的可靠性进行统计、计算、分析和评价。

6)《架空输电线路在线监测系统标准系列》

输电线路在线监测是智能电网降低运行维护费用、增加运行可靠性、优化设备运行状态的重要技术手段。

2010年发布的《架空输电线路运行规程》(DL/T 741—2010)对原有的DL/T 741—2001标准进行了修订，规定了架空输电线路运行工作的基本要求、技术标准，并对线路巡视、检测、维修、技术管理及线路保护区的维护和线路环境保护等，可作为线路在线监测标准制定的参考和依据。

《输电线路在线监测系统标准系列》(Q/GDW 242～245、554～563)规定了输电线路导线温度、气象、微风振动等在线监测系统的监测内容、技术要求、试验项目、试验方法；规定了输电线路在线监测系统的基本技术要求、基本功能、检验方法、检验规则、安装调试、验收、运行维护责任及包装储运要求等。

7)《智能变电站技术导则》

智能变电站采用先进、可靠、集成、低碳、环保的智能设备，以全站信息数字化、通信平台网络化、信息共享标准化为基本要求，自动完成信息采集、测量、控制、保护、计量和监测等基本功能，并可根据需要支持电网实时自动控制、智

能调节、在线分析决策、协同互动等高级功能。

《智能变电站技术导则》(Q/GDW 383—2009)全方位描述了智能变电站，规定了智能变电站的相关术语和定义，明确了智能变电站的技术原则和体系结构，提出了设备、系统及辅助设施等功能要求，并对智能变电站的设计、调试验收、运行维护、检测评估等环节做出了规定。

8)《变电站通信网络和系统标准系列》

基于通用网络通信平台的变电站自动化系统是智能变电站实现信息数字化、通信平台网络化、信息共享标准化的载体，是智能变电站建设的主体内容。

《变电站通信网络和系统》(DL/T 860)系列标准(IEC 61850)是基于通用网络通信平台的变电站自动化系统标准。其定义了分层的变电站自动化系统，包括变电站通信网络和系统总体要求、系统和工程管理、信息交换模型和通信服务接口、信息交互和一致性测试等相关标准，在我国智能变电站建设中得到越来越广泛的应用，是变电站自动化技术的发展趋势。

9)《配电自动化技术导则》

以配电自动化系统为核心，综合利用多种通信方式，实现对配电系统监测与控制的配电自动化是智能电网的重要组成。

《配电自动化技术导则》(Q/GDW 1382—2013)对配电自动化系统总体架构、基本功能、技术指标进行了规范，并对配电自动化系统的设计、功能、配置等方面做出了原则要求。

10)《电力企业应用集成—配电管理的系统接口》

智能电网要实现信息流和业务流的高度融合。配电管理系统的信息需要从不同专业中获取，所以，配电管理的系统接口标准十分重要。

《电力企业应用集成—配电管理的系统接口》(DL/T 1080)标准系列(IEC 61968)规定了电力企业各专业管理应用系统之间的接口消息定义和配电通用信息模型，支持配电网管理多种系统的应用集成。

11)《开放的地理数据互操作规范》

实现电网 GIS 平台中空间信息与业务信息的融合，为电力企业的多种业务应用系统提供服务，需要采用统一的服务调用和系统集成规范。

《开放的地理数据互操作规范》(Open Geodata Interoperability Specification，OGIS)是由开放地理空间信息模型(Open GIS Consortium，OGC)提出的地理信息互操作框架。OGIS 框架主要由 3 个部分组成：开放的地理数据模型、开放的服务模型和信息群模型。依据此规范，OGC 制定了网络覆盖服务规范(web coverage service，WCS)、网络地图服务规范(web map service，WMS)、网络要素服务规

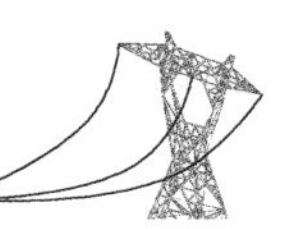

范（web feature service，WFS）等数据服务实现规范。为了便于空间数据的描述和网络传输，OGC推出了地理标记语言（geographic markup language，GML）。此外，还有目录服务规范（catalog service）和元数据标准。

12）《分布式电源接入电网技术规定》

分布式电源的大量接入将对电网的调度、运行、控制产生显著影响。为保证接入分布式电源后电力系统安全稳定地运行，促进电网和分布式电源协调发展，需要制定分布式电源的接入电网标准。

《分布式电源接入电网技术规定》（Q/GDW 1480—2015）提出了分布式电源接入电网的基本要求，包括电能质量、系统可靠性、系统保护、通信接口、安全标准等。

13）《智能电能表标准系列》

智能电能表是重要的智能用电设备。为规范智能电能表的型式、功能、性能及验收试验等相关要求，提高电能表规范化、标准化管理水平，需要制定智能电能表系列标准。

《智能电能表系列标准》（Q/GDW 354～365）对国家电网公司系统内单相（2级）、三相静止式智能电能表（0.5s、1级）和费控智能电能表的设计、制造、采购、检验及验收进行了规范，包括术语定义、功能要求、技术规范、信息安全、数据定义、数据交互等。后续将根据智能电能表种类的扩展对该系列标准进行补充和完善。

14）《电动车辆传导充电系统》

电动汽车充、换电设施建设是实现电动汽车与电网互动、推动电动汽车市场化发展的必要条件。为了规范电动汽车充换电设施的设计、建设、运行和检验等方面的要求，需要制定充换电设施相关标准。

《电动车辆传导充电系统》（GB/T 18487）等效采用IEC 61851标准，该标准系列主要规定了电动汽车传导式充电的类型、连接方式、供电要求，以及交/直流充电设备的技术和安全要求。GB/T 18487标准系列并未涵盖换电模式，也不包括电动汽车与电网的双向能量交换，需要根据发展需求和IEC 61851标准系列的最新制定情况进行修订。

15）《能量管理系统应用程序接口标准系列》

建设智能电网，必须解决目前电网调度系统中存在的缺乏横向协同和纵向贯通、整体协调难、运转效率低等突出问题，必须对基础数据、模型、图形等资源进行统一规范。

《能量管理系统应用程序接口》(DL/T 890)标准系列(IEC 61970)是调度专业的一个基础性标准。以本标准系列为基础，构建调度技术支持系统标准体系，保证各级调度系统实现互联互通，形成一个广域分布、协调运作的整体，支持调度人员全面实时掌握运行电网的各种信息，便于进行电网静态、动态安全稳定问题的在线全局分析。

16)《远动设备和系统通信协议标准系列》

建立高效、统一的调度通信系统是实现信息共享、协调运行的基本要求，是建设智能电网的重要基础。

IEC 60870-5-101、IEC 60870-5-102、IEC 60870-5-103、IEC 60870-5-104标准系列对调度中心和远动设备之间的通信作了具体规定和定义。国内已经制定了相应的国家/行业标准，分别为DL/T 634.5101、DL/T 719、DL/T 667-1999、DL/T634.5104。但需要进一步制定从变电站的过程层至调度中心之间统一的传输通信协议。需要考虑制定继电保护故障信息系统主站与子站之间的通信协议标准。

17)《信息系统安全等级保护基本要求》

信息安全指信息资产安全，即信息及其有关载体和设备的安全，信息安全等级保护制度是我国国家信息安全管理的重要制度。在智能电网中，所有信息技术系统都必须满足等级保护要求。

《信息安全等级保护基本要求》(GB/T 22239—2008)是关于信息安全等级保护技术和管理要求的基本标准。我国在GB/T 22239的基础上，针对信息安全保障体系的各部分内容制定和规划了一系列标准。

18)《电力系统管理及其信息交换—数据和通信安全标准系列》

智能电网对电力系统数据通信及信息交换的安全性提出了更高的要求，而数据通信协议的安全至关重要。

《电力系统管理及其信息交换—数据和通信安全标准系列》(IEC 62351)是针对有关电力通信协议而开发的数据和通信安全标准，采用加密、认证等安全技术对常用规约进行加固、升级。

19)《电力系统及其信息交换管理—参考架构》

智能电网要求各个系统之间具有互通性。系统建设与集成应该基于统一的语义(数据模型)、统一的语法(协议)和统一的网络概念，需要建立一个集中、协调的电力企业系统架构模型。

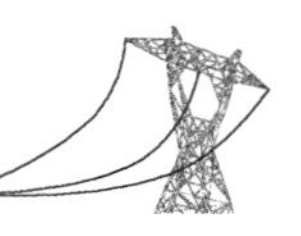

IEC 62357.1 参考架构描述了能源利用领域的系统整合需求。它主要包括统一的数据模型、服务和协议，为高效的应用集成奠定了基础。该框架由一系列的通信标准组成，包括 IEC 61968 和 IEC 61970 等，为系统间和子系统间通信提供了语义数据模型、服务和协议。

20)《信息安全管理体系标准系列》

智能电网信息安全保障包括信息安全技术保障和信息安全管理。需要针对智能电网中信息系统的安全风险，建立一套能够持续改进的信息安全管理体系。

ISO/IEC 27000 标准系列综合了信息安全技术和管理两方面的内容，适用范围不仅包括信息技术，同时涵盖了信息的全生命周期，是目前国际上应用范围最广的信息安全标准。GB/T 22080、GB/T 22081 采用了 ISO/IEC 27000 标准系列中最核心的《信息安全管理体系－要求》(ISO/IEC 27001)、《信息安全管理实用规则》(ISO/IEC 27002)。

21)《信息技术安全性评估准则标准系列》

在智能电网中，将大量采用信息技术产品，形成众多的信息系统，需要对这些软、硬件产品和系统的安全性予以评估。

ISO/IEC 15408 对软、硬件应用的安全功能及其实现进行了结构化设计，在信息技术产品、系统的安全设计、测评方面具有重要作用。GB/T 18336 采用 ISO/IEC 15408，定义了一套能满足各种需求的信息技术安全准则。

22)《网络和终端设备隔离部件安全技术要求》

随着网络逻辑隔离装置在电力网络中的大量应用，应对隔离装置自身的安全技术进行规范，以指导安全隔离部件的标准化设计。

《网络和终端设备隔离部件安全技术要求》(GB/T 20279—2015) 以《计算机信息系统 安全保护等级划分准则》(GB/T 17859) 中规定的安全等级为基础，针对隔离部件的技术特点，对相应安全等级的安全功能技术要求和安全保证技术要求做了详细规定。

2. 第二批

依据智能电网核心标准的推荐原则，《国家电网公司智能电网标准体系规划(修订版)》(2012 年版) 提出了第二批推荐的智能电网核心标准 7 项[23]，见表 6-4。

表 6-4 智能电网第二批核心标准及其与国家标准、国际标准关系对应表
（截至 2017 年 12 月 31 日）

序号	名称	已有国家标准	已有国际标准
1	《风电场并网测试类规范》（一类标准）	无	无
2	《光伏电站接入电网测试规程》（Q/GDW 618—2011）	无	无
3	《智能高压设备技术导则》（Q/GDWZ 410—2011）	无	无
4	《储能系统接入配电网技术规定》（Q/GDW 1564—2014）	无	无
5	《电动汽车电池更换站技术导则》（Q/GDW 486—2010）	无	无
6	《电能信息采集与管理系统标准系列》（DL/T 698.1～698.42）	无	无
7	《智能电网电力光纤到户标准系列》（Q/GDW 541～543）	无	无

1）《风电场并网测试类规范》

为考核并网风电场是否满足风电场并网技术规定的要求，保证接入电网后风电场和电网都可以安全稳定地运行，需要制定风电场接入电网测试规范。

本规范的主要内容包括风电场并网测试的测试项目、测试设备和测试步骤，主要对风电场并网测试的基本内容、方法和步骤进行了详细的规定。本规范的行业标准正在制定中。

2）《光伏电站接入电网测试规程》

为满足光伏电站进行并网测试的技术需求，保证光伏电站接入电网后整个电力系统安全稳定地运行，需要制定光伏电站接入电网测试规范。

《光伏电站接入电网测试规程》（Q/GDW 618—2011）是国家电网公司 2011 年 4 月发布的用于光伏电站并网测试的技术标准，该标准对光伏并网测试的内容、方法和步骤等进行了规定。

3）《智能高压设备技术导则》

高压设备智能化是指通过一次设备和智能组件的有机结合，实现高压设备测量数字化、控制网络化、状态可视化、功能一体化和信息互动化，是智能变电站对高压设备的基本要求。目前，国内外对于智能高压设备尚无统一的定义和标准。

《智能高压设备技术导则》（Q/GDW 410—2011）是国家电网公司用于开展高压设备智能化工作的指导性技术文件，给出了高压设备智能化的技术特征和硬件结构；提出了基本技术要求和应用原则。将其上升为核心标准，可规范智能化高压设备的试验或检测、调试和验收，促进我国智能高压设备的研制和应用。

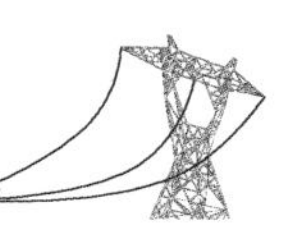

4)《储能系统接入配电网技术规定》

储能系统的大量接入将对配电网的调度、运行产生较大影响。为满足储能系统大量接入配电网的需求，保证储能系统大量接入后配电网和储能系统安全可靠地运行，促进配电网和储能系统协调发展，需要制定储能系统接入配电网的技术标准。

《储能系统接入配电网技术规定》(Q/GDW 1564—2014)提出了储能系统接入配电网运行应遵循的原则和技术要求，主要包括储能系统有功功率控制、无功电压调节、电网异常时的响应特性、安全与短路防护、电能计量、测试等内容。

5)《电动汽车电池更换站技术导则》

电池更换是一种重要的电动汽车能源供给模式。换电模式对电池进行集中和有序充电，可以提高电池寿命，减小电动汽车无序充电对配电网的影响，可以通过控制充电时间，使电动汽车参与电网峰谷调整。为了规范电动汽车电池更换站建设和运行等方面的要求，需制定电动汽车电池更换站的相关规范。

《电动汽车电池更换站技术导则》(Q/GDW 486—2010)规定了电动汽车电池更换站规划、设计、施工、验收和运行维护应遵循的技术原则，是电动汽车电池更换站建设和运行的基本准则。

6)《电能信息采集与管理系统标准系列》

对电力系统终端侧电能实时信息进行采集与管理是实现各种智能用电业务的基础。为规范电能信息采集与管理系统及各种终端设备的设计、制造、验收和检验等方面的要求，需制定电能信息采集与管理系统标准系列。

《电能信息采集与管理系统标准系列》(DL/T 698.1～698.42)主要是对电能信息采集与管理系统的主站技术规范、终端技术规范、通信协议等进行规范。目前已经发布了本系列标准中的《总则》、《主站技术规范》、《电能信息采集终端技术规范》、《通信协议等技术标准》，将来需根据技术发展需求进行相应修订。

7)《电力光纤到户标准系列》

电力光纤到户(power fiber to the home，PFTTH)是指在低压通信接入网中采用光纤复合低压电缆(optical fiber composite low-voltage cable，OPLC)，将光纤随低压电力线敷设，实现到表到户，配合无源光网络技术，承载用电信息采集、智能用电双向交互、“三网融合”等业务。

本标准系列对电力光纤到户的设计、建设、验收、测试和运维等提出了技术要求，具体包括光纤复合低压电缆及附件、无源光网络、安全接入等方面的内容。本标准系列可以有效推进电力光纤到户的推广建设，规范工程管理，统一建设标准，方便运行维护。

6.2 功能系统的标准

6.2.1 清洁能源发电领域

随着气候变化、环境污染、化石能源的逐渐枯竭，世界主要发达国家都将新能源列为发展的主要目标。较这些国家而言，中国的新能源发展起步较晚，但是发展十分迅速。自2006年《中华人民共和国可再生能源法》颁布实施以来，经过多年的跨越式发展。2015年年底，中国的风电、光伏总装机分别达到了145GW和43GW，均位列世界第一(图6-4)。

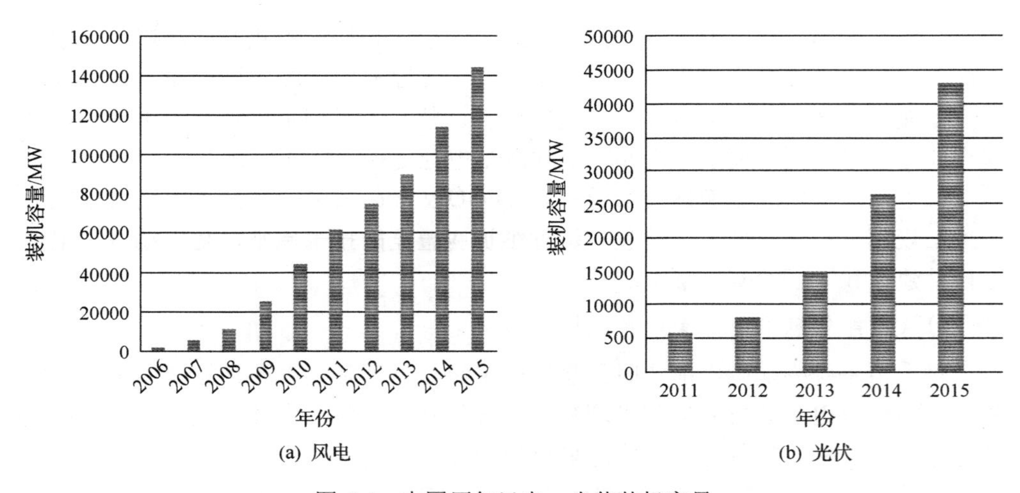

(a) 风电　　(b) 光伏

图6-4　中国历年风电、光伏装机容量

与欧美分散接入为主的方式不同，中国的新能源发展以集中开发/大容量接入、远距离输送为特点。其中风电基地主要集中在“三北”地区(即我国的东北、华北和西北地区)，而光伏电站主要集中在我国的西北地区。这种发展模式的不同也体现在了标准制定方面。其中IEC和IEEE等国际标准主要针对分布式电源，而我国的国家标准、行业标准、国家电网企业标准则针对大规模集中接入。

1. 风力发电

IEC协调风能行业标准的分委会称为TC88，与风电机组认证标准紧密“配套”的是其率先制定的《风力发电机系统系列技术标准》(IEC 61400)。并被日本和欧洲众多国家和地区接纳和采用，涵盖了设计要求、小型风电机组(small wind

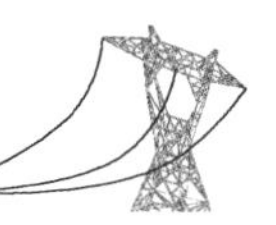

turbine，SWT)、海上(offshore)风电机组，以及风电机组的主要零部件，如主齿轮箱、叶片等；对整个风电机组的运行测试也颁布了相关的测试标准，包括功率、电质量、噪声等(表 6-5)。

表 6-5　部分 IEC 61400 系列标准

标准名称	标准编号
《安全要求》	IEC 61400-1
《小型风力发电机的安全》	IEC 61400-2
《近海风机的设计要求》	IEC 61400-3
《风轮机变速箱的设计要求》	IEC 61400-4
《风力发电机噪音测试》	IEC 61400-11
《风力发电机功率特性试验》	IEC 61400-12
《风力发电机功率特性试验》	IEC/TS 61400-13
《机械载荷测试》	IEC/TS 61400-14
《并网风力电能质量测量和评估》	IEC 61400-21
《风力发电机组认证》	IEC 61400-23
《防雷保护》	IEC/TR 61400-24
《风力发电厂监测和控制通信系统》	IEC 61400-25

我国关于风电并网最主要的标准是《风电场接入电力系统技术规定》(GB/T 19963—2011)。这个标准最先在 2005 年颁布，后于 2011 年进行了修订，是《中华人民共和国可再生能源法》的具体落实，指导了我国风电场的发展。这个标准从有功控制、预测预报、无功配置、电压控制要求、电能质量、二次系统和接入系统测试等多个方面规定了风电场接入电力系统的技术要求，主要用于通过 110(66)kV 及以上电压等级并网的新建或扩建的风电场。

另外，针对风电场的建设，为了评估和测量风电场的风能资源，我国还颁布了《风电场风能资源测量方法》(GB/T 18709—2002)和《风电场风能资源评估方法》(GB/T 18710—2002)两个国家标准。

国家标准《风电场接入电力系统技术规定》(GB/T 19963—2011)与能源行业标准《大型风电场并网设计技术规范》(NB/T 31003—2011)共同规定了风电场并网的相关技术要求。前者规定了风电并网的通用基本技术要求，后者规定了大型风电场并网技术要求，后者主要应用于：①规划容量在 200MW 及以上的新建风电场或风电场群，②直接或汇集后通过 220kV 及以上电压等级线路与电力系统连接的新建或扩建风电场。

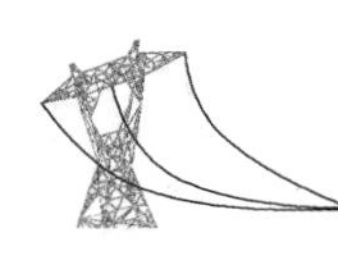

能源行业标准《风电场电能质量测试方法》(NB/T 31005—2011)从基本要求、测试项目、测试设备、测试方法和结果评价多个方面规定了通过 110(66)kV 及以上电压等级线路接入电网且装机容量大于 40MW 的风电场的电能质量测试方法。

电力行业标准《风力发电场运行规程》(DL/T 666—2012)从系统运行、主要生产设备的运行、数据采集及监控系统、异常运行故障处理和运行分析等方面规定了风电场运行的基本技术要求，此标准仅适用于并网型陆上风电场。

能源行业标准《风电场运行指标与评价导则》(NB/T 31045—2013)规定了风电场运行指标的统计内容、方法，以及对风电场运行评价的原则。标准的制定对于风电场运行水平的评价有了直观的表达。

另外，能源行业标准《风电机组低电压穿越能力测试规程》(NB 31051—2014)、《风电机组低电压穿越建模及验证方法》(NB 31053—2014)规定了与风电机组低电压穿越(low voltage ride through, LVRT)测试相关的内容。前者确定了测试要求、内容、设备和步骤，后者规定了用于 LVRT 仿真评估的风电机组模型的结构、建模方法、模型验证的方法和步骤，主要适用于风电机组在完成 LVRT 能力测试后的模型验证。

随着风电装机容量的日渐增多，为了保障电网安全稳定地运行，需要在特殊的时候对风电场的功率进行限制。《风电场理论发电量与弃风电量评估导则》(NB 31055—2014)规定了弃风电量的评估方法，有助于电网调度部门在限电结束的时候掌握风电场理论发电能力，从而合理安排常规机组的运行方式。

上述行业标准和国家标准共同组成了我国风电场建设、运行、评估的指导意见，但是由于不同区域的风电发展情况的不同，为了促进和指导国网区域内并网的风电场的发展，国家电网公司出台了下述企业标准。

《风电场功率调节能力和电能质量测试规程》规定了风电场功率调节能力和电能质量测试的基本要求、测试项目、测试设备、测试方法和测试结果的评价。本标准适用于国家电网公司经营范围内通过 110(66)kV 及以上电压等级线路接入电网的装机容量大于 40MW 的风电场。与行业标准《风电场电能质量测试方法》(NB/T 31005—2011)相比，本标准增加了有功功率、风电厂运行频率、无功功率调节能力 3 个方面的测试内容。

《风电机组低电压穿越测试规范》(Q/GDW 1990—2013)、《风电机组低电压穿越建模及验证方法》(Q/GDW 1991—2013)、《风电机组低电压穿越特性一致性评估技术规范》(Q/GDW 1992—2013)共同构成了支撑风电机组低电压穿越测试与评估的系列标准。其中，前两个规范与行业标准《风电机组低电压穿越能力测试规程》(NB 31051—2014)和《风电机组低电压穿越建模及验证方法》(NB 31053—2014)相一致，最后一个规范用于评估已通过低电压穿越特性检测的风电机组，在更换主

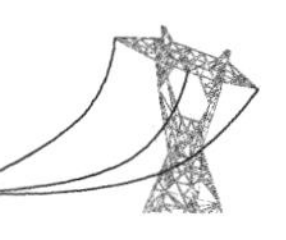

控系统、发电机、变桨系统和叶片中一个或多个部件的 LVRT 特性。

《风电功率预测功能规范》(Q/GDW 588—2011) 规定了风电功率预测系统的功能，包括数据采集处理、预测功能要求、统计分析、数据输出及性能要求等多个方面，主要用于电网或者风电场功率预测预报系统的建设。《风电场无功配置及电压控制技术规定》(Q/GDW 1878—2013) 规定了风电场无功配置及电压控制的一般原则和技术要求，主要用于通过 35kV 及以上电压等级线路并网的风电场。

《风电有功功率自动控制技术规范》(Q/GDW 11273—2014) 和《风电无功电压自动控制技术规范》(Q/GDW 11274—2014) 两个企业标准分别从控制模式、控制策略、功能要求及性能指标等方面规定了风电有功功率和无功电压自动控制的技术要求，这两个标准均适用于通过 110(66) kV 电压线路并网的风电场。

2. 光伏发电

目前国外光伏标准在光伏组件、平衡部件及辅件等方面已具备较为完备的标准体系。国内光伏标准积极采用 IEC 标准，基本形成了光伏组件、平衡部件等方面的标准体系。但国内外光伏标准在光伏发电并网方面均存在较大空缺，尚未形成较为完备的并网标准体系，同时电网接入障碍也是世界各国光伏发展的普遍问题。

其中 IEC 组织机构中，TC82 工作组专门负责光伏相关国际标准的编写。但是 TC82 更多承担了光伏组件、光伏系统直流侧及相关平衡不见等方面的标准编写。而负责电网标准和并网类标准编写的 TC8 也未开展此方面的工作。表 6-6 为目前 IEC 已有的光伏发电并网标准。

表 6-6　IEC 光伏并网标准

标准号	标准名称
IEC 61727	《光伏 (PV) 系统—电网接口特征》
IEC 62116	《并网光伏逆变器孤岛防护措施测试方法》
IEC 62446	《光伏 (PV) 系统最低测试、文档和维护要求》

欧美等发达国家光伏发电并网标准制定的相对较早，以美国、德国为代表，分别制定了符合各自国家和区域电网运行特性要求的可用于光伏发电并网的标准，见表 6-7。

表 6-7　美国和德国光伏并网的主要标准

国家	标准号	标准名称
美国	FER COrderNo.2003	《发电机并网的协议和程序标准》
	FER COrderNo.2006	《小型发电机并网的协议和程序标准》
	IEEE Std929	《IEEE 光伏（PV）系统公用事业接口推荐实践》
	IEEE 1547.1	《分布式资源与电力系统互连设备的 IEEE 标准一致性测试程序》
	IEEE 1547.2	《分布式资源与电力系统互联的 IEEE 标准》
	IEEE 1547.3	《布式资源与电力系统互联的监视、信息交换和控制导则 IEEE 标准》
德国	VDE-AR-N 4105	《发电系统连接到低压配电网—连接到低压电网和并网运行的最低要求》
	VDEV 0126-1-1	《发电机和低压电网之间的自动隔离装置》
	VDEV 0123-100	《发电系统网络集成—低压发电单元—连接到低压电网和并网运行的测试要求》
	TR-3	《发电单元技术导则—第三部分：发电单元连接到中压、高压和超高压电网的电气特性测定》

表 6-7 中的大部分标准是将多种发电形式统一在一个标准内，且多是针对分布式电源接入低压配电网的规定。这与欧美大力发展分布式光伏有关。因此，集中大规模并网的光伏电站发展受到限制。德国的“发电单元接入中压、高压及超高压电气性能测试”可作为大规模光伏并网的技术要求依据。

为了更好地促进光伏行业的发展，中国针对光伏电站的并网制定了多项标准。如下所述的 5 个标准，其中 3 个是针对配电网的并网制定的，两个是针对主网制定的。

《光伏发电站接入电力系统技术规定》（GB/T 19964—2012）和《光伏系统并网技术要求》（GB/T 19939—2005）是目前光伏并网最重要的两个标准，共同制定了通过低压到中压线路接入电网的一般规定和原则。前者适用于通过 35kV 及以上电压等级的并网，以及通过 10kV 电压与公共电网连接的光伏电站，后者适用于电压并网的光伏发电站。

《光伏发电接入配电网设计规范》（GB/T 50865—2013）、《光伏发电系统接入配电网检测规程》（GB/T 30152—2013）和《光伏发电系统接入配电网技术规定》（GB/T 29319—2012）3 个规范都适用于通过 380V 及 10（6）kV 电压等级接入用户侧电网的新建、改建和扩建的光伏发电系统，分别规定了接入配电网的设计、测试内容方法及一般原则和技术规定。

此外，能源行业也制定了光伏电站接入电网的相关检测标准，用于指导其并网工作。《光伏发电站低电压穿越检测技术规程》（NB/T 32005—2013）、《光伏发电站电能质量检测技术规程》（NB/T 32006—2013）和《光伏发电站功率控制能力检测技术规程》（NB/T 32007—2013）3 个能源行业标准均适用于通过

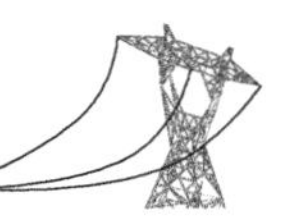

35kV 电压等级并网及通过 10kV 电压等级与公共电网连接的光伏电站，分别规定了从光伏电站低电压穿越、电能质量及功率控制能力的检测条件、检测设检测方法。

《光伏发电站电压与频率响应检测规程》(NB/T 32013—2013) 和《光伏发电站防孤岛效应检测技术规程》(NB/T 32014—2013) 这 2 个标准主要应用于通过 380V 电压等级接入电网，以及通过 10(6)kV 电压等级接入用户侧的新建、扩建和改建的光伏发电站。分别规定了光伏发电站电压频率响应和防孤岛效应的检测条件、检测设备和检测方法等。

在上述标准的基础上，国家电网公司为了促进其管辖区域内的光伏发电站的并网和发展，也颁布了多项标准。这些规定从并网技术、检测技术、预测预报、调度运行、模型验证等多个方面对光伏发电站进行了规范。

《光伏电站接入电网技术规定》(Q/GDW 617—2011) 规定了光伏发电站接入电网运行应遵循的一般远则和技术要求，包括一般原则、电能质量要求、功率和电压控制要求、电压异常响应、安全和保护、电能计量、通信及系统测试等方面，规定了接入 380kV 及以上电网的光伏电站。

《光伏发电站电能质量检测技术规程》(Q/GDW 1924—2013) 与《光伏发电站电能质量检测技术规程》(NB/T 32006—2013) 相一致，后者是前者的升级版本，在国家电网的标准体系中，已经有多个标准上升到了行业标准。

《光伏发电站功率预测技术要求》(Q/GDW 1998—2013) 和《光伏发电功率预测系统功能规范》(Q/GDW 1995—2013) 共同规定了接入国家电网公司光伏发电站的预测预报的一般原则和技术要求，以及预测预报系统功能。

《光伏发电站并网验收规范》(Q/GDW 1999—2013) 和《光伏电站接入电网测试规程》(Q/GDW 618—2011) 两个规程，从光伏发电站的并网验收以及之后的现场测试两个方面进行了规定。前者主要针大于 6MW 且接入 10kV 以上电网的光伏发电站，明确了验收前应具备的条件、并网前验收工作、并网后验收工作；后者规定了并网型光伏发电站现场测试的条件、内容、方法和步骤。

《光伏发电调度运行管理规范》(Q/GDW 1997—2013)，从并网管理、调试管理、调度运行管理、发电技术管理、检修管理、继保和安自装置管理、通信管理以及调度自动化管理等方面，规定了通过 35kV 电压并网，或 10(6)kV 接入公共电网的光伏发电站的调度管理要求，是电网运行管理中的重要制度之一。

《光伏发电站建模导则》(Q/GDW 1994—2013) 和《光伏发电站模型验证及参数测试规程》(Q/GDW 1993—2013) 两个规范，共同确定了通过 10(6)kV 电压等级并网的光伏发电站的数学模型的建立方法及后续的模型验证和参数测试要求。两个标准广泛应用于电力系统稳定计算。

6.2.2 输电领域

1. 概述

输电是将电力从电源经由多个变电站大容量传输到配电，因此，输电领域覆盖了变电站、输电线路，还可能包括诸如储能的分布式资源及调峰机组等。电网调度运行和市场交易计划最终也是通过输电来提供相应的电能服务和辅助服务。

输电领域的大部分活动都是在变电站内进行的，包括倒闸操作、测量、保护与控制、故障录波等。输电领域涉及的行为主体包括远方终端单元、继电保护、电能质量检测、相量测量单元、电压跌落检测、故障录波、变电站监控系统，以及输电系统运行与市场运营相关的 SCADA/EMS 系统、电网广域动态测量系统、市场管理系统、设备在线监测系统、雷电监测系统等。

从实现智能电网互操作性的角度来看，IEC、IEEE 及国家/行业/企业在输电领域的主要标准及相互之间的关系如图 6-5 所示。

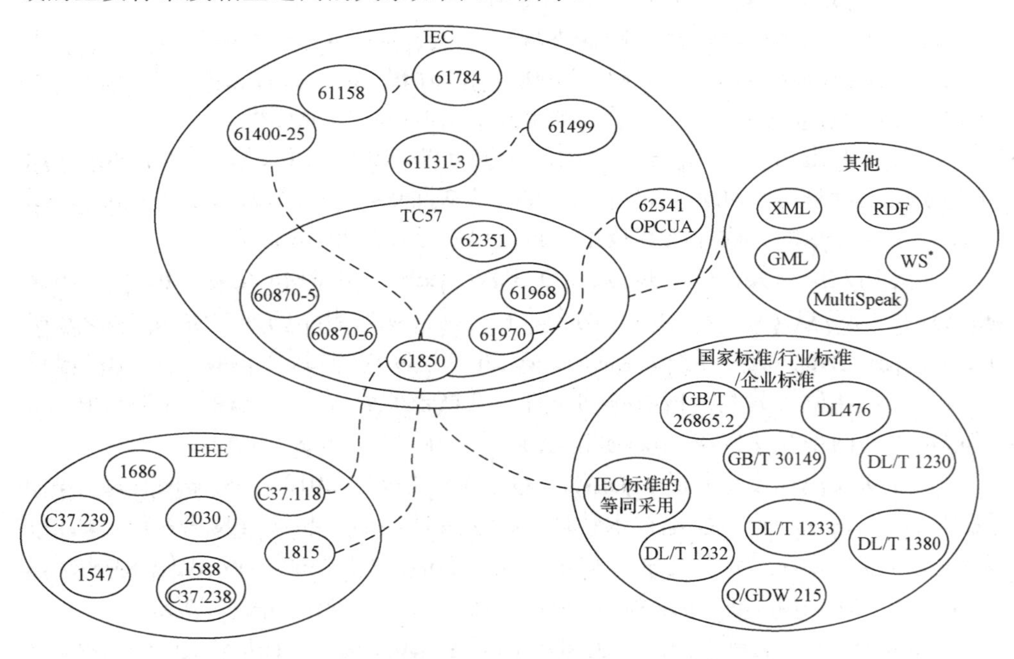

图 6-5 输电领域的互操作标准及相互之间的关联

如图 6-6 所示，是 IEC 和 IEEE 标准的适用场合，国标/行标/企标也有相应的应用场合。

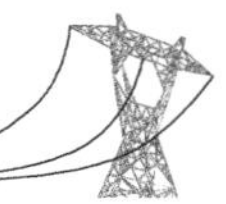

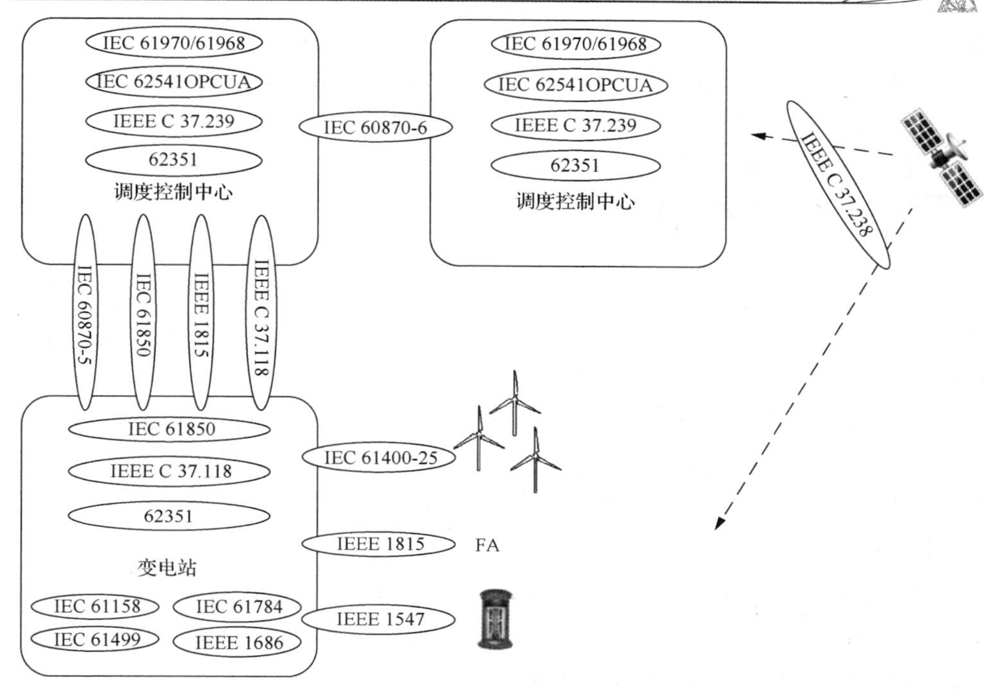

图 6-6　输电领域的互操作标准适用场合

FA 为馈线自动化

2. IEC 标准

1)《远动设备及系统传输规约》(IEC 60870-5-101/103/104)

《第 5-101 部分基本远动任务配套标准》(IEC 60870-5-101)，我国等同采用为 DL/T634.5101—2002。

《第 5-103 部分保护设备信息接口配套标准》(IEC 60870-5-103)，我国等同采用为 DL/T667—1999。

《第 5-104 部分采用标准的传输层文件集的 IEC60870-5-101 的网络访问》(IEC 60870-5-104)，我国等同采用为 DL/T634.5104—2009。

IEC 60870-5 适用于以串行数据传输编码的对地理分布广的过程进行监视和控制的远动设备和系统。

2)《远动设备及系统与 ISO 标准和 ITU-T 建议兼容的远动规约》(IEC 60870-6-503/702/802)

《第 6-503 部分远动应用服务元素 2(TASE.2)》(IEC 60870-6-503)，我国等同采用为 GB/T 18700.1—2002。

《第 6-702 部分在终端系统中提供 TASE.2 应用服务的功能子集》(IEC

60870-6-702)。

《第 6-802 部分 TASE.2 对象模型》(IEC 60870-6-802),我国等同采用为 GB/T 18700.2—2002。

IEC 60870-6 适用于 SCADA 与 EMS 之间、调度中心之间的通信。目前大部分 SCADA/EMS 厂商都支持此标准。

3)《电力企业自动化通信网络与系统》(IEC 61850)

本标准定义了输电变电站和配电站内自动化和保护的通信,正扩展到变电站范围以外,以实现分布式资源和变电站之间的集成。我国等同采用为 DL 860 系列标准。

IEC 61850 在全球得到了广泛应用,最初设计实现变电站内的现地设备通信,后扩展为变电站之间的通信、变电站和控制中心之间的通信,包括水电厂、DER、同步相量。同时也可用于风机(IEC 61400-25)和开关(IEC 62271-3)等标准。

4)IEC 61968/61970 系列标准

这两个系列标准定义了控制中心系统之间使用公共信息模型交换的信息,定义了应用级的能量管理系统接口、配网管理的消息传输。我国分别等同采用 IEC 61970 和 IEC 61968 为 DL 890 和 DL/T 1080 系列标准。

5)IEC 62351 系列标准(IEC 62351-1~IEC 62351-8)

《电力系统管理及相关信息交换——数据和通信安全》。本系列标准为电力系统管理和信息交换的安全性要求,包括通信网络和系统安全性问题、传输控制协议(transmission control protocol,TCP)、制造报文协议等。

6)《风电场监控系统通信标准》(IEC 61400-25)

IEC 61400-25 标准适用于风电场的组件和外部监控系统之间的通信。它是 IEC 61850 标准在风力发电领域内的延伸,专门面向风电场的监控系统通信,旨在实现风电场中不同厂商设备之间的自由通信,通过对风电场信息进行抽象化、模型化、标准化,实现各设备之间的相互通信,使设备之间具有互联性、互操作性和可扩展性。

7)《OPC 统一体系结构》(IEC 62541)

2011 年 3 月,IEC TC57 WG13 向 IEC 提交了废止"IEC 61970-402/403/404/405/407 标准"的报告,IEC61970 通用组件接口服务(component interface services,CIS)由 IEC 62541 用于过程控制的对象链接与嵌入统一架构(OPC UA)所取代。IEC 62541 标准适用于不同应用或不同组件之间的数据信息交换和以标准化的方式访问公共数据,已在多个行业领域得到了广泛实现。

8) IEC 现场总线相关规范

包括《工业通信网络现场总线规范》(IEC 61158)、《工业通信网络协议集》(IEC 61784)。

IEC 61158 标准第四版规定了类型1～类型20共20种现场总线，是概念性技术规范，不涉及现场总线的具体实现。每种类型的现场总线都由一个或多个网络层规范构成，包括可选的服务和协议。

IEC 61784 标准在国内也被称为现场总线应用行规族，规定了 IEC 61158 中各类型现场总线的通信协议子集。

9)《功能块》(IEC 61499)

本标准定义了分布式工业过程测量与控制系统中使用的模块，通过健壮、可重用、即插即用软件组件的组装形成分布式应用以解决整体的工业控制问题，从而构建全分布、全开放、面向对象的工业控制系统。本标准可用于开发分布式工业过程测量与控制系统(dis-tributed industrial-process measurement and control system，IPMCS)。这个标准还将使用 IEC 61131-3 的传统 PLC 编程与分布式编程语言结合起来。

3. IEEE 标准

1)《能源技术和信息技术与电力系统(PES)、最终应用及负荷的智能电网互操作性指南》(IEEE Std 2030)及其补充标准

该标准给出了智能电网互操作指南，涉及能源技术和信息通信技术的整合，对实现电力生产、电力传输和用电间的无缝运营起到了关键作用，以通信和控制实现双向潮流，提高电力系统可靠性和灵活性。IEEE Std 2030 可以帮助企业了解如何发展及在何处发展智能电网系统及其应用，还描述了未来智能电网发展所需要建立的其他相关标准。

2)《电力系统分布式资源互联标准》(IEEE 1547)

此套标准规范了电网和分布式发电(distributed generation，DG)及储能的物理和电气互联。目前，多家电力公司和监管部门要求在系统中使用这些标准，如美国 3/4 的州采用或引用 IEEE 1547 开发本州的公共事业委员会(public utility commission，PUC)互联规则，FERC 批准了 PJM 以 IEEE 1547 为基础开发小型发电机互联标准，NERC 的集成多变发电(integrated variable generation, IVGT)工作小组对 FERC 661A 号令与 IEEE 1547 进行协调。对于并网运行装置，美国安全检测实验室公司(Underwriters Laboratories，UL) 1741《与分布式资源一起使用的安全逆变器、整流器、控制器和互联系统设备标准》规定了应该与 IEEE 1547 及 IEEE 1547.1 联合使用。

3）《电力系统通信标准——分布式网络协议(DNP3)》[IEEE Std 1815-2012 (DNP3)]

本标准规定了DNP3的协议框架和功能，用于变电站和馈线设备自动化，以及控制中心与变电站之间的通信，为电力公司自动化系统的通信媒体操作设定了多条互操作应用途径。本标准对IEEE Std1815—2010进行修订，旨在解决或缓解现有的及新出现的可能会对智能电网及电力、能源和水利系统等基础设施建设的通信系统造成危害的网络安全问题。

DNP3最初是IEEE电力与能源协会(Power and Energy Association，PES)在IEC 60870-5的基础上制定的国家标准，由厂商、电力公司和其他用户组成的工作组开发和支持，在北美和中国的应用比较广泛。目前，PAP12正在协调开发IEC 61850和IEEE 1815(DNP3)对象之间的映射，使得能够以新的方式使用SCADA信息，并支持在现有DNP3的基础设施上开发新的应用。此标准将成为IEEE/IEC双重标准。

4）IEEE C 37.118标准

IEEE C 37.118标准分为两个标准：《电力系统同步相量量测标准》(IEEE C 37.118.1—2011)和《电力系统同步相量数据传输标准》(IEEE C 37.118.2—2011)。IEEE C 37.118.1标准定义了相量量测单元的性能要求，IEEE C 37.118.2则定义了PMU的通信。IEEE C 37.118广泛用于PMU装置和WAMS系统的开发和实施，将成为IEEE/IEC的双重标准。

5）《精确网络时钟同步标准》(IEEE 1588)

该标准是基于网络的时间同步协议(precision time protocol，PTP)，符合亚微秒精度的要求，适用于采用以太网的分布式系统在工业自动化方面的应用，尤其是对时间精度要求最严酷的应用场合，如IEC 61850-9-2过程总线或IEEE C 37.118.1-2011同步相量量测等需要一致时间管理的智能电网装置上的时间管理和时钟同步。

IEEE 1588在电力行业上对应的规范为C 37.238，一个使用IEEE 1588的子集。IEEE C 37.238—2011标准是PAP13工作的一部分，通过协调IEEE和IEC相量数据通信标准来实现综合的精确时间同步。

6）《IEEE 1588精确时间协议在电力系统应用中的子集标准》(IEEE C 37.238—2011)

该标准适用于通过以太网通信体系架构的电力系统保护、控制、自动化和数据通信等应用领域，是IEEE 1588—2008精确时间协议的公共子集。这个子集规范旨在给外界提供全球可用时间，实现设备的互操作，以及对设备故障进行更鲁棒的响应。IEEE C 37.238在IEC 1588标准的基础上，重新规范和定义了各PTP属性参数和运行机制，增强了IEC 1588在电力系统应用的可行性、便利性、稳定性、安全性和有效性。

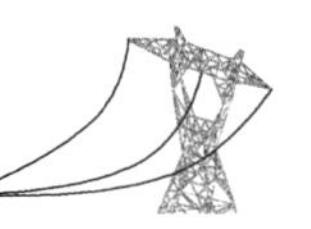

7)《电力系统事件数据交换的公共格式(COMFEDE)标准》(IEEE C 37.239—2010)

该标准适用于电力系统事件数据的交换，适用于交换各类电力系统事件数据或电力系统模型数据文件的一个公共格式。该标准定义了一个 XML 模式，它只是一个离线分析和数据交换的文件格式，并没有定义通过通信传输什么数据。

8)《智能电子装置网络安全性能标准》(IEEE 1686—2013)

本标准定义了在 IED 中包括关键基础设施保护程序的功能与特性，适用于变电站 IED 在访问、操作、配置、固件更新及数据获取等方面的安全性问题。

4. 国家/行业/企业标准

许多 IEC 标准已等同采用为我国许多国家标准或行业标准。在此基础上，我国又开发了众多国家标准、行业标准或企业标准。表 6-8 为与互操作相关的国家/行业/企业技术标准。从表中也可以看出，近年来我国在输电领域互操作标准化方面有了极大的进步，逐步推进本专业领域的国际标准化工作，将中国已成功实践的国家标准或行业标准贡献给 IEC。

表 6-8　电力调度的国家、行业和企业标准

类别	标准名称
电力系统同步相量量测	《电力系统实时动态监测系统 第 2 部分：数据传输协议》(GB/T 26865.2—2011)
	《电力系统实时数据通信应用层协议》(DL/T476—2012)
调度控制	《电网通用模型描述规范》(GB/T 30149—2013)(将转化为国际标准 IEC61970-555)
	《电力系统图形描述规范》(DL/T 1230—2016)(将转化为国际标准 IEC61970-556)
	《电力系统动态消息编码规范》(DL/T 1232—2013)
	《电力系统简单服务接口规范》(DL/T 1233—2013)
	《电网运行模型数据交换规范》(DL/T 1380—2014)
	《电力系统数据标记语言—E 语言规范》(Q/GDW 215—2008)

5. 其他标准

输电领域互操作标准还可以采用开放地理空间联盟地理标记语言、W3C 的扩展标记语言、资源描述框架(resource description framework，RDF)、本体网络语言(ontology web language，OWL)、WebServices 相关标准 WS-*及 MultiSpeak 规范等。

6.2.3　配电领域

1. 分布式电源

分布式电源是指利用各种分散的能源(如太阳能、风能、生物质能等)和就地可方便获取的化石类燃料(如天然气等)进行发电的技术。

依据分布式电源和电力系统的连接方式，分布式电源可分为原动机类和能量转换类。原动机类又分为旋转类和非旋转类，旋转类包括往复式发电机、燃气轮机、蒸汽轮机、风机、水轮机、微透平(microturbine)、飞轮储能；非旋转类包括光伏、燃料电池、蓄电池、超级电容、超导储能。能量转换类包括同步发电机、异步(感应)发电机、逆变器和静态功率整流器。

分布式电源的标准体系应包括勘察设计、施工安装、竣工验收、并网技术、检测及试验、环保、安全、运行维护、检修、管理 10 类。

从并网角度来看，因各个国家和地区分布式电源接入情况及当地电网结构的不同，国际上暂时没有统一的分布式电源并网标准。IEEE 1547 系列标准是当前国际上关于分布式电源接入电网的最权威、统一和全面的标准，于 2003 年首次发布，首次提出了公共耦合点总功率达 10MVA 及以下的分布式电源的性能、操作、测试、安全和维护的标准及要求。IEEE 1547 标准系列概况见表 6-9。

表 6-9　IEEE 1547 标准系列概况

编号	中文名称	内容	标准状态
1	《分布式电源与电力系统互联系列标准》(IEEE 1547)	总体要求	2003 年发布
2	《分布式电源与电力系统互联一致性测试步骤》(IEEE 1547.1)	测试	2005 年发布
3	《分布式电源与电力系统互联标准应用指南》(IEEE 1547.2)	应用技术说明、原理图及实例	2008 年发布
4	《分布式电源与电力系统互联的监测、信息交互及控制指南》(IEEE 1547.3)	信息交互、测量和控制	2007 年发布
5	《分布式电源孤岛系统的设计、运行及集成指南》(IEEE 1547.4)	微网	2011 年发布
6	《大于 10MVA 分布式电源与电力系统互联指南》(IEEE 1547.5)	总体要求(大于 10MVA)	已取消
7	《分布式电源与电力系统配电二级网络互联操作规程建议》(IEEE 1547.6)	接入低压配电网的并网规程	2011 年发布
8	《分布式电源接入后对配电影响研究指南》(IEEE P1547.7)	对区域配电网影响的研究方法	2014 年发布
9	可为 1547 标准的扩展应用提供辅助支持和实现策略的操作规程建议》(IEEE 1547.8)	对区域配电网影响研究的实施步骤	未发布

IEEE 1547 标准系列对国家立法、制度制定及监管审议，乃至全球市场内电力公司的重要工程和商业操作均产生了不同程度的影响，此外，给更趋于密集的分布式电源部署也带来了新的挑战，包括性能测试，监控、信息交互和控制，微电网及对电网的影响。IEEE 1547 标准系列并没有针对不同的应用场合作特殊规定，应用时应针对不同的应用场合增加一些特别的条款。标准的发展还在继续。

另一个重要的国际标准是《乡村电气化小型可再生能源和混合系统的推荐系

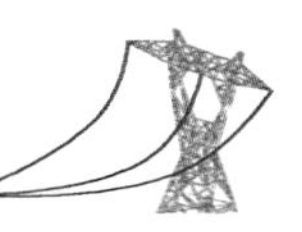

列规范》(IEC/TS 62257 标准系列)(*Recommendations for Small Renewable Energy and Hybrid Systems for Rural Electrification*)，从 2003 年开始陆续发布。该系列标准主要规定了农村用电项目发电选址、设备选型、系统设计、项目管理等方面。IEC 62257 标准系列的概况见表 6-10。

表 6-10　IEC 62257 标准系列概况

编号	中文名称	内容	标准状态
1	《乡村电气化小型可再生能源和混合系统的推荐规范》(IEC/TS 62257-1)	乡村电气化的一般介绍	2003 年发布，2012 年发布新版本
2	《从电气化系统的要求到范围》(IEC/TS 62257-2)	乡村电气系统	2004 年发布
3	《项目开发和管理》(IEC/TS 62257-3)	项目开发和管理	2004 年发布
4	《系统选择和设计》(IEC/TS 62257-4)	系统设计	2005 年发布
5	《电气事故的防护》(IEC/TS 62257-5)	人员和电气安全	2005 年发布
6	《验收、操作、维护和替换》(IEC/TS 62257-6)	工程验收和运维	2005 年发布
7	《发电机》(IEC/TS 62257-7)	发电机，主要是光伏发电	2008 年发布
8	《电池和能量管理》(IEC/TS 62257-8)	电池和电池管理	2007 年发布
9	《集成系统》(IEC/TS 62257-9)	微网	2006 年发布
10	《变流器》(IEC/PAS 62257-10)	变流器	2017 年发布
11	《乡村电气系统的拓展》(IEC/TS 62257-11)	系统改造	未发布
12	《需求侧/电气设备》(IEC/TS 62257-12)	家用照明设备选择	2007 年发布
13	《专门负载》(IEC/TS 62257-13)	特定的负载	未发布

IEC 62257 标准系列的适用范围不仅仅针对并网，已扩大到了系统设计和设备选择，尤其是电池和电池管理系统的选择，具备了有针对性应用的条件，但其仅仅面向乡村电网，电压等级较低，适用范围较窄。

国际上其他的并网标准还有加拿大的 C22.2NO.257 标准、英国的 G 59/1 和 G 75/1、VDE 4105:2011—08、BSEN 50438:2007 标准等。

针对单一分布式电源，IEEE 和 IEC 也有相应的标准，以光伏发电为例，IEEE 制定了《光伏系统电网接口推荐标准》(IEEE 929—2000)，IEC 制定了《光伏系统—电网接口特性》(IEC 61727—2004)。

我国已经颁布了分布式电源并网的相关标准。重要的国家标准有《光伏(PV)系统电网接口特性》(GB/T 20046—2006)、《光伏发电系统接入配电网技术规定》(GB/T 29319—2012)、《风电场接入电力系统技术规定》(GB/T 19963—2011)等。行业标准有《大型风电场并网设计技术规范》(NB/T 31003—2011)、《风电场电能质量测试方法》

(NB/T 31005—2011)、《分布式电源接入配电网技术规定》(NB/T 32015—2013)等。国家电网公司企标有《光伏电站接入电网技术规定》(Q/GDW 617—2011)、《光伏电站接入电网测试规程》(Q/GDW618—2011)、《储能系统接入配电网技术规定》(Q/GDW564-2010)、《分布式电源接入电网技术规定》(Q/GDW480—2010)、《分布式电源接入配电网运行控制规范》(Q/GDW667—2011)等。

从内容上看，大多数分布式电源并网标准都包括总体要求、电能质量、功率控制、电压与频率响应、并网与同步、安全防护、计量、监控与通信、检测等几个方面的要求。相关标准的制定解决了分布式电源并网的技术和测试问题。例如，Q/GDW 480—2010 适用于国家电网公司区域内以同步电机、感应电机、变流器形式接入 35kV 及以下电压等级电网的分布式电源；Q/GDW 617—2011、Q/GDW 618—2011、Q/GDW 564—2010 适用于国家电网公司区域内以同步电机、感应电机、变流器形式接入 10kV 及以下电压等级电网的分布式电源；GB/T 29319—2012 适用于第三方检测机构来认证产品的并网性能；等等。

随着国家、行业、企业标准的制定，分布式电源标准体系将不断完善，会大大促进分布式电源产业的发展。

2. 微电网标准

智能电网建设目标之一是构建可再生能源大规模开发、配置、利用的基础平台，而微电网作为实现“两个替代”的有效方式，可促进风能、太阳能等分散式可再生能源开发利用、提高清洁能源利用效率、解决偏远地区电力供应问题，在世界范围内得到快速发展。

国际上，IEC 先后成立了微电网特别工作组(ahG53)、微电网系统评估组(IEC SEG6)，负责评估微电网应用商业价值、制定微电网标准化路线图、制定 IEC 内部跨 TC/SC 合作框架等工作，中国专家为召集人。在标准编制方面，IEC 发布了《分布式能源并网标准》(IEC PAS 63547—2011)、《用户侧电源接入电网》标准(IEC TC8 PT62786—2017)、《微电网总体规划和设计导则》(IEC/TS 62898-1—2017)，正在制定《微电网运行和控制技术要求》(IEC/TS 62898-2)。IEEE 制定了 IEEE 1547 系列标准，涉及分布式电源并网条件、互联一致性测试和微电网规划设计等内容；同时，成立了 IEEE P2030.9 工作组，负责起草微电网规划设计推荐性实践标准。世界上主要发达国家，如德国、美国、英国、加拿大、日本等，也分别制定了全国范围内实施的微电网与分布式电源并网互联标准。由 IEC/SC 813 负责两项国际标准《微电网的规划设计导则》(IEC/TS 62898-1)和《微电网运行与控制技术条件导则》(IEC/TS 62898-2)的制定，并与其他委员会一起协同建立微网相关的标准。IEC/TS 62898 的技术体系框架如图 6-7 所示。

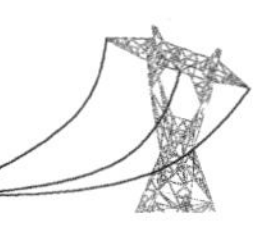

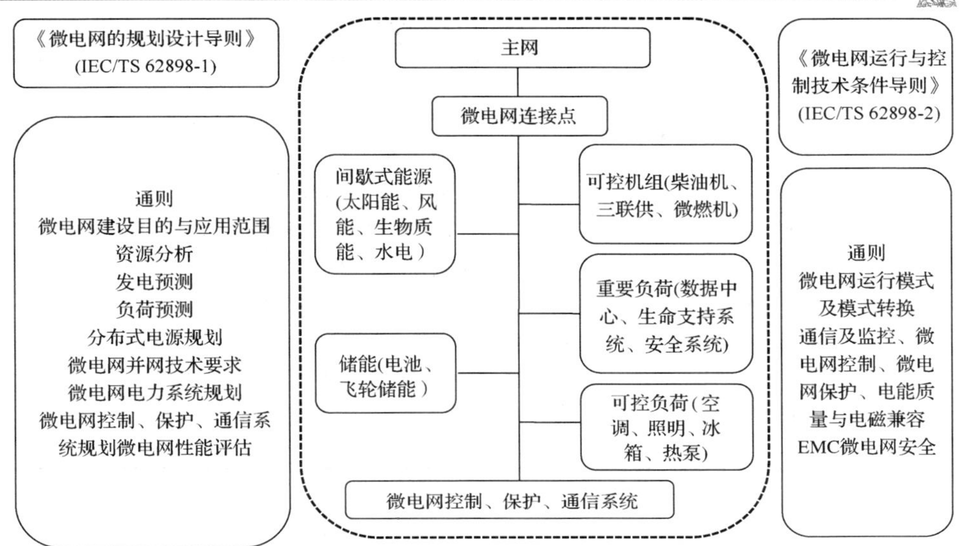

图 6-7　IEC/TS 62898 标准的技术体系框架

国内标准化方面，针对通过 35kV 及以下电压等级接入电网的新建、改建和扩建并网型微电网及孤岛型微电网，有《微电网接入电力系统技术规定》(GB/T 33589—2007)《微电网接入配电网系统调试与验收规范》(GB/T 51250—2017)《微电网接入配电网测试规范》(GB/T 34129—2017)《微电网接入配电网运行控制规范》(GB/T 34930—2017)。

3. 储能标准

储能系统作为智能电网的关键元素，在新能源接入、削峰填谷、平滑负荷、调频等方面具有积极的作用。储能技术主要有电化学储能(锂离子电池、液流电池、钠硫电池等)、物理储能(抽水蓄能、压缩空气储能、飞轮储能、超导储能等)两大类。而时至今日，除抽水蓄能技术已相对成熟外，其他各类储能技术还处于技术培育或技术示范阶段。

储能领域的行业标准和国字电网合同标准见表 6-11 和表 6-12。

表 6-11　储能领域行业标准汇总表

序号	标准号/计划号	标准名称	状态
1	NB/T 33014—2014	《电化学储能系统接入配电网运行控制规范》	2014-10-15 发布 2015-03-01 实施
2	NB/T 33015—2014	《电化学储能系统接入配电网技术规定》	2014-10-15 发布 2015-03-01 实施
3	NB/T 33016—2014	《电化学储能系统接入配电网测试规程》	2014-10-15 发布 2015-03-01 实施

表 6-12 储能领域国字电网公司标准汇总表

序号	标准号	标准名称	状态
1	Q/GDW 564-2010	《储能系统接入配电网技术规定》	已发布
2	Q/GDW 676-2011	《储能系统接入配电网测试规范》	已发布
3	Q/GDW 696-2011	《储能系统接入配电网运行控制规范》	已发布
4	Q/GDW 697-2011	《储能系统接入配电网监控系统功能规范》	已发布
5	Q/GDW 1884-2013	《储能电池组及管理系统技术规范》	已发布
6	Q/GDW 1885-2013	《电池储能系统储能变流器技术条件》	已发布
7	Q/GDW 1886-2013	《电池储能系统集成典型设计规范》	已发布
8	Q/GDW 1887-2013	《电网配置储能系统监控及通信技术规范》	已发布
9	Q/GDW 11220-2014	《电池储能电站设备及系统交接试验规程》	已发布
10	Q/GDW 11376-2015	《储能系统接入配电网设计规范》	已发布

4. 电动汽车标准

电动汽车(blade electrical vehicle, BEV)是指以车载电源为动力，用电机驱动车轮行驶，符合道路交通、安全法规各项要求的车辆。

电动汽车标准体系由 3 个部分组成。一是整车标准，包括纯电动车、混合动力车、燃料电池车和电动摩托车标准；二是电动汽车零部件标准，包括电池、电机、电控及辅助电器标准；三是接口和设施标准，包括电能动力、通信及接口和电能补给标准。电动汽车标准体系框架如图 6-8 所示。

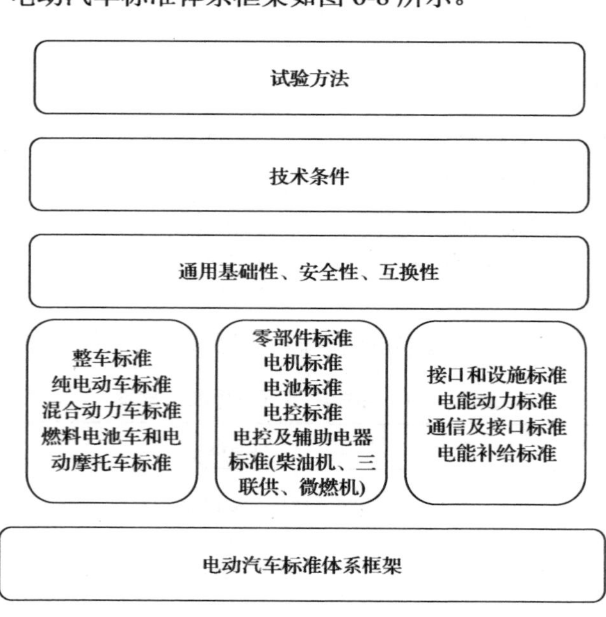

图 6-8 电动汽车标准体系框架

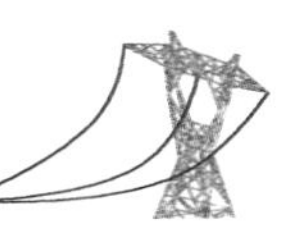

在我国，全国汽车标准化技术委员会组建的电动车辆分技术委员会(SAC/TC114/SC27)负责全国电动车辆等专业领域的标准化工作，并对口ISO/TC22/SC21(国家标准化组织/道路车辆技术委员会/电驱动道路车辆分委会)、IEC/TC69(国际电工委员会/电驱动道路车辆和电动工业用载货车技术委员会)开展工作。

目前我国已正式发布75项电动汽车标准，涵盖电动汽车基础通用，整车，电池、电机、电控等关键总成、基础设施、充电接口和通信协议等各个领域，明确了电动汽车的分类和定义，动力性、经济性、安全性的测试方法和技术要求，规定了电池电机等关键零部件的技术条件，规范了充电基础设施建设，统一了车与设施之间的充电接口和通信协议。可以说目前我国电动汽车标准体系已初步建立，对规范我国电动汽车产业发展具有重要意义。

和国际标准相比，我国电动汽车标准并不落后，总体比较全面，有些标准更加严格和细致。在国际标准制定过程中具有较强的话语权。

电动汽车的关键部件动力电池相关标准在2015年颁布了新国标，包括:《电动汽车用动力蓄电池循环寿命要求及试验方法》(GB/T 31484—2015)、《电动汽车用动力蓄电池安全要求及试验方法》(GB/T 31485—2015)、《电动汽车用动力蓄电池电性能要求及试验方法》(GB/T 31486—2015)、《电动汽车用锂离子动力蓄电池包和系统 第1部分：高功率应用测试规程》(GB/T 31467.1—2015)、《电动汽车用锂离子动力蓄电池包和系统 第2部分：高能量应用测试规程》(B/T 31467.2—2015)、《电动汽车用锂离子动力蓄电池包和系统 第3部分：安全性要求与测试方法》(GB/T 31467.3—2015)、《电动汽车安全要求第1部分：车载可充电储能系统》(GB/T 18384.1—2015)、《电动汽车安全要求第2部分：操作安全和故障防护》(GB/T 18384.2—2015)、《电动汽车安全要求第3部分：人员触电防护》(GB/T 18384.3—2015)等。

新国标的颁布实施标志着我国电动汽车产业围绕动力电池系统已基本上构建了完整的标准体系，形成了行业的准入门槛。

6.2.4　用电

1. 双向互动服务

双向互动服务是智能电网“信息化、自动化、互动化”特征的重要体现。本技术领域包括双向互动服务平台建设、双向互动服务平台运行管理、双向互动服务终端设备及系统3个标准系列。

1)双向互动服务平台建设标准系列

本标准系列对省级集中95598供电服务中心、95598互动网站和互动化营业厅的设计、建设、验收等进行规范。其中，省级集中95598供电服务中心建设标准结合双向互动服务的发展，对场地布局、系统设计和功能架构等方面做出规定；95598互动网站建设标准对建设模式、技术架构、配置标准和系统安全防护等方面做出规定；互动化营业厅建设标准结合互动化营业厅的功能特点，对互动化营业厅机构布局、人员配备、系统架构等方面做出规定。本标准系列已发布的标准为《智能用电服务系统技术导则》(Q/GDW 518)。

2)双向互动服务平台运行管理标准系列

本标准系列对省级集中95598供电服务中心、95598互动网站和互动化营业厅的运行管理进行规范，主要包括职责设置、运行维护、评价考核等，以规范相关系统的运行和管理，提高双向互动服务水平。

3)双向互动服务终端设备及系统标准系列

本标准系列对省级集中95598供电服务中心、95598互动网站和互动化营业厅的相关设备及系统的设计、制造、验收、检验等进行规范。主要依据双向互动服务特点，对省级集中95598供电服务中心、95598互动网站、互动化营业厅相关应用系统和自助用电服务终端、多渠道缴费终端等设备在外观、功能、接口等方面做出规定。本标准系列包括《省级95598供电服务中心呼叫平台技术规范》(Q/GDW 2479-2010)。

2. 用电信息采集

用电信息采集系统是开展各种营销业务的基础，为各种智能用电业务提供数据支撑，提高电网企业管理水平。本技术领域包括用电信息采集系统建设、用电信息采集系统运行管理、用电信息采集终端设备及系统3个标准系列。

1)用电信息采集系统建设标准系列

本标准系列对用电信息采集系统的规划、建设和验收等进行规范，指导用电信息采集系统建设的标准化，实现统一、高效、实时、可靠的信息采集。本标准系列包括《电力用户用电信息采集系统设计导则》(Q/GDW 378)、《电力用户用电信息采集系统管理规范：主站建设规范》(Q/GDW 380.1)、《电力用户用电信息采集系统管理规范：采集终端建设管理规范》(Q/GDW 380.3)等。

2)用电信息采集系统运行管理标准系列

本标准系列对用电信息采集系统的功能设置、运行维护、评价考核等进行规范，指导用电信息采集系统的运行管理，保证系统数据采集和费控管理的及时性和准确性。

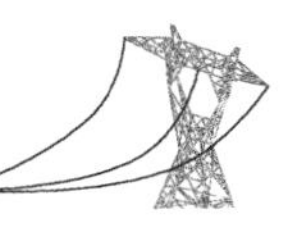

本标准系列包括《电力用户用电信息采集系统管理规范：主站运行管理规范》(Q/GDW 380.4)、《电力用户用电信息采集系统管理规范：通信信道运行管理规范》(Q/GDW 380.5)、《电力用户用电信息采集系统管理规范：采集终端运行管理规范》(Q/GDW 380.6)、《电力用户用电信息采集系统管理规范：验收管理规范》(Q/GDW 380.7)等。

3) 用电信息采集终端设备及系统标准系列

本标准系列主要包括用电信息采集终端设备标准、用电信息采集系统标准和智能电能表标准。用电信息采集终端设备标准对用电信息采集终端设备的型式规格、基本功能、技术参数、性能指标等进行规定；用电信息采集系统标准对用电信息采集系统的组网方式、主站架构、基本功能、性能指标、数据模型等做出规定；智能电能表标准对各种精度等级的单相、三相智能电表的功能、技术性能、通信模块、智能电能表信息交换安全等做出规定。本标准系列可用于用电信息采集终端设备及系统的设计、制造、使用、验收和检验等。

本标准系列包括《电能信息采集与管理系统》系列标准(DL/T 698.2～4)、《电力用户用电信息采集系统功能规范》(Q/GDW 373)、《电力用户用电信息采集系统技术规范》系列标准(Q/GDW 374.1～3)、《电力用户用电信息采集系统型式规范》系列标准(Q/GDW 375.1～3)、《电力用户用电信息采集系统通信协议》系列标准(Q/GDW 376.1～2)、《电力用户用电信息采集系统安全防护技术规范》(Q/GDW 377)、《智能电能表功能规范》系列标准(Q/GDW 354～365)、《电力用户用电信息采集系统检验技术规范》(Q/GDW 379)等。

3. 智能用能服务

智能用能服务在提高终端用户用电服务水平的基础上，对用户的用能情况进行实时监测，引导用户科学合理地用电，实现需求响应和能效管理智能化。本技术领域包括智能用能服务体系建设、智能用能服务体系运行管理、智能用能服务设备及系统 3 个标准系列。

1) 智能用能服务体系建设标准系列

本标准系列对智能小区/楼宇/园区、能效管理数据平台等智能用能服务相关系统的设计、建设、验收等进行规范。其中智能小区/楼宇/园区是智能用电服务的延伸和承载系统，其相关能效业务统一纳入能效管理数据平台，实现统一管理。本系列标准包括《居住区智能化系统配置与技术要求》(CJ/T 174)、《智能小区功能规范》(Q/GDW/Z 620—2011)、《智能小区工程验收规范》(Q/GDW/Z 621—2011)、《智能楼宇工程验收规范》(Q/GDW/Z 631—2011)等。国家电网公司正在进一步完善或制定智能小区/楼宇/园区的建设、功能、验收等标准。

2）智能用能服务体系运行管理标准系列

本标准系列对智能用能服务体系运行管理的内容、流程、措施等进行规范，以指导智能用能服务体系的运行管理，保证智能用能服务相关系统稳定、有效地运行，为开展各种节能服务提供支撑。

3）智能用能服务设备及系统标准系列

本标准系列主要包括智能用能服务设备标准和智能用能服务系统标准。前者对智能用能服务相关设备的基本功能、电气接口、通信协议、控制方式等做出规定；后者对智能小区/楼宇/园区智能用能管理系统、能效管理数据平台等智能用能服务相关系统的主要功能、数据模型、信息交互、系统架构、通信接口与协议等做出规定。本标准系列可用于智能用能服务设备及系统的设计、制造、使用、验收和检验等。本标准系列包括《控制网络HBES技术规范—住宅和楼宇控制系统》（GB/T 20965—2013）等。

国家电网公司正在组织制定电力能效监测终端技术条件、智能家居底层通信协议、大用户智能交互终端技术规范、居民智能交互终端技术规范、智能家居家庭用电设备与电网连接间的信息交互接口规范、智能插座技术规范等标准。

4. 电动汽车充放电

电动汽车通过充放电设施与电网进行能量双向转换和信息互动，是智能用电环节的重要组成部分。本技术领域包括电动汽车充放电设施建设、电动汽车充放电设施运行管理、电动汽车充放电设备及接口、电动汽车电能回馈四个标准系列。

1）电动汽车充放电设施建设标准系列

本标准系列规定了充放电设施的基本功能和安全要求，对电动汽车充放电设施的设计、布局、供电方式、设备选型、安全要求、施工要求、验收条件等进行规范，以指导电动汽车充放电设施的标准化建设，推动电动汽车行业的发展。本标准系列包括电动车辆传导充电系统系列标准（GB/T 18487.1～3）、《电动汽车充电设施典型设计》（Q/GDW Z 423）、《电动汽车充电站通用技术要求》（Q/GDW 236）、《电动汽车充电站布置设计导则》（Q/GDW 237）、《电动汽车充电设施建设技术导则》（Q/GDW 478）、电动汽车电池更换站系列标准（Q/GDW 486～488）等。

2）电动汽车充放电设施运行管理标准系列

本标准系列对电动汽车充放电设施的运行管理内容、流程、措施等进行规范，以指导电动汽车充放电设施的运行和维护，有效管理电动汽车充放电设施资产，提高电动汽车充放电设施利用效率。

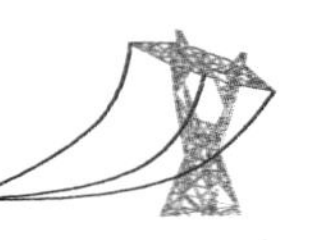

3）电动汽车充放电设备及接口标准系列

本标准系列对电动汽车充电设备、放电设备、计量计费设备及相关系统的技术要求、功能配置、接口标准、检验方法等进行规范，以指导电动汽车相关设备及系统的设计、制造、使用、验收、检验等。本标准系列包括《电动汽车非车载传导式充电机技术条件》(NB/T 33001)、《电动汽车交流充电桩技术条件》(NB/T 33002)、《电动汽车非车载充电机监控单元与电池管理系统通信协议》(NB/T 33003)、《电动汽车非车载充电机通用要求》（Q/GDW 233），《电动汽车非车载充电机通信协议》（Q/GDW 235）、《电动汽车交流充电桩技术条件》（Q/GDW 485）等。

4）电动汽车电能回馈标准系列

本标准系列对电动汽车向电网放电时的相关设备、接口、计量计费、通信等方面进行规定。本系列标准包括《电动汽车非车载充放电装置通用技术要求》(Q/GDW 397)、《电动汽车非车载充放电装置电气接口规范》(Q/GDW 398)、《电动汽车充放电计费装置技术规范》（Q/GDW 400）等。

5. 智能用电检测

研制手段完备、功能齐全的智能用电检测系统和设备，建立智能用电检测体系，对各种智能用电设备和系统进行检测和试验，是开展智能用电各项工作的重要保障，对保证系统和设备的安全可靠运行具有重要作用。本技术领域包括智能用电检测体系建设、智能用电检测体系运行管理、智能用电检测设备及系统3个标准系列。

1）智能用电检测体系建设标准系列

智能用电检测体系包括对双向互动服务、用电信息采集、电动汽车充放电、智能用电服务等相关设备及系统进行检测的装置和系统。本标准系列是对智能用电检测体系的功能定位、建设原则、验收标准及检测标准体系的建立等方面进行规范，以指导智能用电检测体系的标准化建设，建立完善的检测标准体系。

2）智能用电检测体系运行管理标准系列

本标准系列对智能用电检测体系运行管理的内容、流程、措施、功能设置、运行维护、评价考核等进行规范，实现对智能用电检测系统的全过程管理，保证检测系统的正常运行。

3）智能用电检测设备及系统标准系列

本标准系列主要对包括智能计量装置在内的智能用电装置检测设备及系统的技术条件、技术规范、功能设置、技术参数等内容做出规定。本标准系列包括《计量用低压电流互感器自动化检定系统技术规范》（Q/GDW 573）、《电能表自动化检定系统技术规范》(Q/GDW 574)、《用电信息采集终端自动化检测系统技术规范》(Q/GDW 575)等。

6.3 支撑系统标准

6.3.1 通信

1. 通信骨干网

通信传输网承载的业务包括电力生产、管理、经营的各个层面，是智能电网通信的基础。本技术领域包括通信传输网技术和电力特种光缆技术 2 个标准系列。

1)通信传输网技术标准系列

通信传输网技术标准对通信传输网的设计、建设、验收、测试和运维等提出技术要求。

本标准系列涉及电力光纤通信、数字网接口特性、传送节点等方面的内容，主要包括《基于 SDH 的多业务传送节点技术要求》(YD/T 1238)、《SDH 长途光缆传输系统工程设计规范》(YD/T 5095—2005)等具体标准。

2)电力特种光缆技术标准系列

电力特种光缆技术标准对电力特种光缆的产品型号、结构、技术要求、特性参数、相应的试验方法和验收规范等提出要求。本标准系列涉及光纤复合架空地线(optical fiber composite overhead ground wire，OPGW)、全介质自承式光缆(all dielectric self-supporting optical fiber cable，ADSS)、光纤复合低压电缆等方面的内容，主要包括《光纤复合架空地线(OPGW)用预绞式金具技术条件和试验方法》(DL/T 766—2013)、《全介质自承式光缆(ADSS)用预绞式金具技术条件和试验方法》(DL/T 767—2013)、《光纤复合低压电缆》(Q/GDW 521—2010)、《光纤复合低压电缆附件技术条件》(Q/GDW 522—2010)等具体标准。

2. 通信接入网

智能电网要求配电和用电侧通信网承载更多的业务内容。本技术领域包括配电通信技术规范和用电侧通信技术规范两个标准系列。

1)配电通信技术规范标准系列

配电通信技术规范对配电网通信系统的设计、建设、验收、测试和运维管理等提出要求。本标准系列包括《接入网中传输性能指标的分配》(YD/T 1007—2014)等标准。

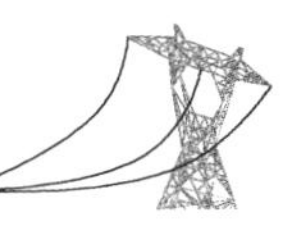

2）用电侧通信技术规范标准系列

用电侧通信技术规范对用电侧通信的设计、建设、验收、测试和运维管理等提出要求。

本标准系列涉及电力光纤到户等方面的内容，主要包括《低压电力线通信宽带接入系统技术要求》（DL/T 395—2010）、《吉比特无源光网络（GPON）系统及设备入网检测规范》（Q/GDW 524—2010）、《电力光纤到户组网典型设计》（Q/GDW 541—2010）、《电力以太网无源光网络（EPON）系统互联互通技术规范和测试方法》（Q/GDW 583—2011）等具体标准。

3. 通信业务网

智能电网中通信业务网对电力通信承载的保护、安控、计量等专用业务和对语音、数据、视频等通用业务的建设、运行管理、设备与材料提出了新要求。本技术领域包括专用业务通信技术、通用业务通信技术2个标准系列。

1）专用业务通信技术标准系列

专用业务通信技术标准对电力通信承载的保护、安控、计量等专用业务的设计、建设、验收、测试和运维管理等提出要求。本标准系列涉及电力系统通信专用业务方面的内容，主要包括《电网视频监控系统及接口 第一部分：技术要求》（Q/GDW 517.1—2010）等具体标准。

2）通用业务通信技术标准系列

通用业务通信技术标准对电力通信承载的语音、数据、视频等通用业务的设计、建设、验收、测试和运维等提出要求。本标准系列涉及局域网和城域网、下一代网络（next-genera tion network，NGN）、多媒体业务、网络电视（internet protocol television, IPTV）业务等方面的内容。主要包括《下一代网络（NGN）业务总体技术要求》（YDB 004）、《下一代网络（NGN）中PSTN/ISDN模拟业务技术要求》（YDB 007）、《IPTV业务系统总体技术要求》（YD/T 1823）等具体标准。

4. 同步网和网络管理

建设和优化通信支撑网，需要智能电网通信平台网管系统技术规范的支撑。本技术领域包括智能电网通信网管系统标准系列。智能电网通信网管系统标准对智能电网通信网管系统的规划、设计和实施等提出要求。本标准系列涉及传送网和同步网的网管系统相关内容，主要包括《同步数字体系（SDH）传送网网络管理技术要求第一部分：基本原则》（YD/T 1289.1）、《波分复用（WDM）系统网络管理接口技术要求》（YD/T 1350）等具体标准。

6.3.2 信息

1. 信息基础平台

智能电网信息基础平台为智能电网各技术领域提供信息化基础环境支撑，涉及软硬件基础环境、信息网络环境、业务建模规范、编码标准等内容。本技术领域包括软件工程标准、硬件环境标准、信息网络标准、信息模型标准和信息编码标准 5 个标准系列。

1) 软件工程标准系列

软件工程标准系列对软件生存周期中的设计、开发、实施、测试、维护等各环节的质量和管理提出规范性要求。本标准系列主要包括引用在执行的国际标准中的统一建模语言规范，国际标准中有关软件生存周期过程管理、软件测试规范、软件维护规范，以及软件产品质量管理与评价、可靠性和可维护性要求等标准。

2) 硬件环境标准系列

硬件环境标准系列对信息设备及其外部环境组成的物理环境提出规范性要求。本标准系列主要包括《电子计算机场地通用规范》(GB/T 2887—2011)，以及国家电网公司制定并发布执行的有关信息机房设计与建设、评价、标识等企业标准。

3) 信息网络标准系列

信息网络标准系列对信息网络结构、信息网络传输与交换、信息网络接入和信息网络工程等方面提出规范性要求。本标准系列主要包括国标中关于开放型互联模型定义、信息协议、城域网与局域网组网、访问控制等信息网络基本标准、电力行业信息化标准体系，以及国家电网公司制定并发布的国家电网公司统一域名体系建设规范(Q/GDW 1133)、国家电网公司信息网络 IPv6 地址编码规范(Q/GDW 11211)等规范。

4) 信息模型标准系列

信息模型是信息应用系统建设的基础，信息模型标准对各类型的业务建模、数据建模提出规范性要求，用于指导全局数据、实时数据、数据仓库、公共数据等模型的建设。本标准系列包括电力行业标准中的《能量管理系统应用程序接口(EMS-API)第 301 部分：公共信息模型(CIM)基础》(DL/T 890-2016)。

5) 信息编码标准系列

信息编码标准是进行信息交换和实现信息资源共享的重要前提，是信息系统建设的必要条件。信息编码标准对编码体系结构和各专业编码规则提出规范性要求。本标准系列主要包含国家标准中关于信息分类与编码的编制原则与方法(GB/T 7027)、电力行业标准中的电力地理信息系统图形符号分类与代码(DL/T 397)。

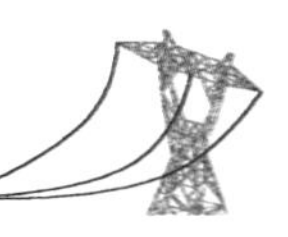

2. 智能电网信息应用

智能电网信息应用为各技术领域提供信息化通用服务支撑，并在此基础上针对各专业的个性化需求形成业务应用，满足智能电网发展信息化、自动化、互动化的建设管理要求。本技术领域包括基础应用、信息支撑平台、信息交换、业务应用 4 个标准系列。

1) 基础应用标准系列

基础应用为信息应用与管理提供信息表示和处理、资源定位、数据访问、目录服务、消息服务、事物处理、业务访问和流程控制等基本服务，是支撑信息系统使用的基础。基础应用标准对以上功能提出规范性要求。本标准系列主要包括引用国内外通用的可扩展标记语言、结构化查询语言(Structured Query Language，SQL)、超文本语言(hyper text markup language，HTML)、电子商务可扩展性链接标示语言(ebXML)等相关标准。

2) 信息支撑平台标准系列

信息支撑平台为智能电网各分支提供基础信息化服务平台支撑，涉及数据存储、数据交换、应用接入、数据展现等各方面。信息支撑平台标准对数据中心、海量实时数据、非结构化数据、空间信息服务平台、移动作业接入平台、企业门户等平台架构提出规范化要求。本标准系列主要包括国家标准中的基础地理信息要素数据字典标准系列。国家电网公司已经编制了数据交换服务、信息系统调度运行监控中心，以及海量历史/实时数据管理等支撑平台的典型设计及建设规范。

3) 信息交换标准系列

通过各级数据中心之间的纵向交换，以及各业务应用之间的横向交换，可实现各管理层级间、各业务应用间的信息共享，为企业管理与决策提供数据依据。信息交换标准对数据交换及各专业应用间的集成提出规范性要求。本标准系列主要包括电力行业标准中的电力企业应用集成配电管理的系统接口规范、电网运行数据交换等规范。

4) 业务应用标准系列

随着智能电网的建设进程，国家电网公司进一步强化各专业管控水平。为适应集约化管理要求，通过业务应用标准对信息化业务应用系统提出建设规范和技术规范要求。本标准系列包括《电力系统实时动态监测系统技术规范》(Q/GDW 131)。

6.3.3　安全

通信安全是指电力通信网络的安全，重点关注物理层和链路层的安全；信息安全是指信息资产安全，即信息及其有关载体和设备的安全。本技术领域包括通信网安全防护技术导则、信息系统与设备安全技术、信息技术安全性评估准则、信息安全管理体系4个标准系列。

1. 信息通信安全技术

1）通信网安全防护技术导则标准系列

通信网安全防护技术标准对通信网安全防护的设计、建设、验收、测试和运维管理等提出技术要求。本标准系列包括公网通信的接入网、传送网和支撑网等方面的安全防护技术要求。

2）信息系统与设备安全技术标准系列

本系列规范的作用是在智能电网的信息网络层面、信息系统层面和设备层面提出统一的信息安全技术标准。本标准系列在信息网络层面上包括国家标准中电力系统管理及相关的信息交换的数据和通信安全标准；在边界防护层面上包括国标中网络和终端设备隔离部件安全技术要求；在信息系统层面上包括已经发布的《电力用户用电信息采集系统安全防护技术规范》（Q/GDW 377—2009）等企业标准；在设备层面上包括《变电站IED设备信息安全能力》（IEEE Std 1686—2013）。

2. 安全测评与安全管理

1）信息技术安全性评估准则标准系列

智能电网中的信息系统建设需要大量软硬件的支撑，应该在设计、开发过程中就将这些软硬件的安全保障问题考虑在内。另外，信息安全等级保护制度是国家信息安全的重要保障，智能电网中的所有信息系统都必须满足等级保护要求。本标准系列对智能电网中的信息系统等级保护符合性评估和测评工作进行规范。本标准系列主要包括国家标准中《信息技术 安全技术 信息技术安全评估准则》（GB/T 18336）、《信息安全技术 信息系统安全等级保护测评要求》（GB/T 28448—2012）及《国家电网公司信息安全风险评估实施细则》（Q/GDW 1596—2015）等标准。

2）信息安全管理体系标准系列

智能电网信息安全保障包括信息安全技术保障和信息安全管理。本标准系列的作用是针对智能电网中信息系统面临的安全风险，建立起一套能够持续改进的信息安全管理体系。本标准系列主要包括国际上通用的《信息技术 安全技术 信息安全管理系统》标准系列（ISO/IEC 27000）等标准。

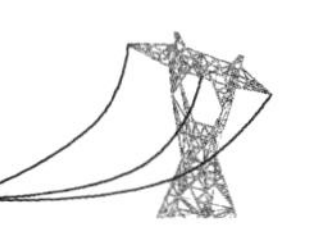

6.4 典型工业联盟标准

6.4.1 OPCUA

OPC 统一架构(unified architecture，OPCUA)用于工业自动化的通信系统，不局限于过程控制，它还可以应用于离散制造业、设备监视与控制、社会公共事业等。OPCUA 的主要目标是建立更丰富的数据模型与平台的独立性，以及提高工厂底层和企业系统之间的集成支持。

用于过程控制的 OLE(OLE for Process Control，OPC)是一个工业标准，管理这个标准的国际组织是 OPC 基金会，OPC 基金会现有会员已超过 220 家，其会员遍布全球，包括世界上所有主要的自动化控制系统、仪器仪表及过程控制系统的公司。OPC 基于微软的对象链接与嵌入(object linking and embedding，OLE 现在的 Active X)、部件对象模型(componemt object model，COM)和分布式部件对象模型(distributed component object model，DCOM)技术，包括一整套接口、属性和方法的标准集。OPC 可广泛应用于控制系统、制造执行系统及企业资源计划系统。

1. 标准制定背景

OPCUA 标准是 OPC 基金会 2006 年推出的一个新的工业软件应用接口规范，是企业软件架构的一个全新方向。OPCUA 的主要目标是建立更丰富的数据模型与平台的独立性，以及提高工厂底层和企业系统之间的集成支持。

现有 OPC 规范的不足之处如下所述：①缺少跨平台通用性。由于 COM/DCOM 对微软平台的依赖性，使得 OPC-COM 接口很难被应用到其他平台上。②较难与因特网应用程序集成。网络防火墙会过滤掉大多数基于 COM 传输的数据，因此 OPC-COM 不能与因特网应用程序进行交互。DCOM 不适用于因特网环境，它不支持通过因特网访问对象。③COM 产生的传输报文复杂，并且由于防火墙的存在，在因特网上发送 COM 报文非常困难。④较难与企业应用程序连接。企业应用程序需要实时的工业现场数据，这些数据通常来自具有 OPC-COM 接口的服务器。但是这些上层应用程序大多没有与 OPC-C0M 服务器交互的 OPC-COM 接口，因而不能进行连接。

促使 OPCUA 出现的主要因素有：①工业应用软件正转向微软 NET 框架(Microsoft. NET)；②客户端软件需要一个集成的 API 集成现有 OPC 规范及各自独立的 API；③客户端软件需要对数据语义进行识别；④客户对服务器安全性、可靠性等性能方面有更高的要求。

针对上述因素和现有 OPC 的不足，新规范 OPCUA 主要通过以下方法解决：①OPCUA 的消息采用网络服务描述语言(web service description language，WSDL) WSDL 定义，实现了规范的平台无关性；②OPCUA 定义了一套集成的服务，解决了现有 OPC 规范在应用时服务重叠的问题；③OPCUA 采用了集成的地址空间，增加对象语义识别功能，并实现了对信息模型的支持；④另外，OPCUA 采用冗余技术、安全模型等一系列机制，提高了安全性、可靠性等方面的性能。

虽然我们可以用 OPCXML-DataAccess 规范，并结合 SOAP、WSDL 等网络服务技术，能弥补上述缺陷，但是由于规范本身的问题，其在可互操作性、安全性、可靠性等方面仍不能满足用户的需求。为此，OPC 基金会推出新一代 OPC 规范——OPCUA。

2. 标准应用范围

OPCUA 规范为独立于平台的通信和信息技术创造了基础。UA 技术具有可升级性、网络兼容性、独立于平台和安全性等特点。因此，它可广泛应用于控制系统、制造执行系统及企业资源计划系统。如图 6-9 所示，通过 OPCUA 服务器，企业容易实现现场层到企业层的数据访问。

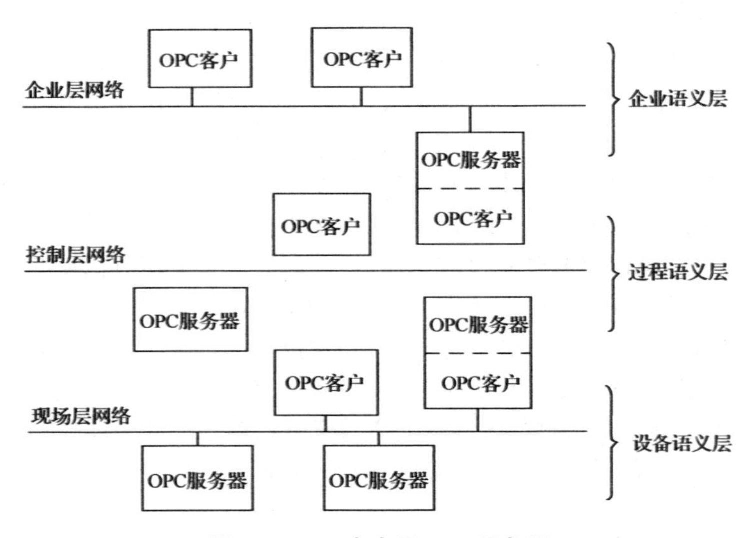

图 6-9　OPC 客户及 OPC 服务器

3. 内容简介

OPC 统一体系结构是一个不依赖任何平台的标准，借助此标准各种各样的系

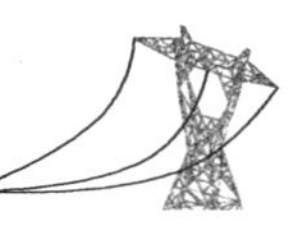

统和设备能在不同的网络中以客户/服务器(Customer/Server，C/S)的模式进行通信。OPC统一体系结构通过确认客户端和服务器的身份和自动抵御攻击支持稳定的、安全的通信。OPCUA 定义了一系列服务器所能提供的服务，特定的服务器需要向客户端详细说明它们所支持的服务。信息通过使用标准和宿主程序定义的数据类型进行表达。服务器定义客户端可识别的对象模型。服务器可以提供查看实时数据和历史数据的接口，并且由报警和事件组件来通知客户端重要的变量或事件变化。OPCUA 可以被映射到一种通信协议上，并且数据可以以不同的形式进行编码来达到传输便捷和高效的目的。

OPC统一体系架构规范由11部分组成。各部分规范概要介绍如下：

第1部分——概念

这部分规范描述关于OPCUA服务器和客户端的基本概念。

第2部分——安全模型

这部分规范描述用于OPCUA客户端和OPCUA服务器之间安全交互的模型。

第3部分——地址空间模型

这部分规范描述服务器地址空间的内容和结构。

第4部分——服务

这部分规范规定OPCUA服务器提供的所有服务。

第5部分——信息模型

详细说明为OPCUA服务器定义的标准数据类型和它们之间的关系。

第6部分——映射

这部分规范详细说明了OPCUA支持的传输映射和数据编码机制。

第7部分——协议

这部分规范详细说明可用于OPC客户端和服务器的协议。这些协议提供可用于一致性标准的服务和功能。服务器和客户端可依靠这些协议来进行测试。

第8部分——数据访问

详细说明如何使用OPCUA进行数据访问。

第9部分——报警与事件

详细说明使用OPCUA对报警与条件通道的支持。基本的系统包括对简单事件的支持；这部分规范拓展了对报警与事件的支持。

第10部分——程序

详细说明OPCUA对程序访问的支持。

第11部分——历史数据访问

详细说明使用 OPCUA 对历史信息的访问,包括对历史数据和历史事件的访问。

4. 推广应用情况

OPCUA 规范由 11 部分组成，其中部分是草案。随着理论研究和实践的逐渐展开，规范不断更新，但到目前为止，仍未形成最终规范。不管是在国内，还是在国外，OPCUA 仍然是处于理论到应用的过渡阶段。

6.4.2 BACnet

BACnet 协议(A Data Communication Protocol for Building Automation and Control Networks)是由美国采暖、制冷和空调工程师协会(American Society of Heating，Refrigerating and Air-conditioning Engineers，Lnc，ASHRAE)制定的一个楼宇自动控制技术标准，BACnet 协议最根本的目的是提供一种楼宇自动控制系统实现互操作的方法。

1. 标准制定背景

在智能建筑发展的早期，各个厂家采用不同的技术标准，使得采用不同楼宇自控设备的产品兼容性比较差，导致维护成本高、难度大，为了使各个不同厂家的产品能够实现互操作并能更好的集成在一起，而且还可以与互联网进行连接通信，ASHRAE 在 1987 年开始制定并在 1995 年正式颁布 BACnet 协议。

2. 标准应用范围

BACnet 是用于智能建筑的通信协议，是 ISO、ANSI 及 ASHRAE 定义的通信协议。BACnet 是针对智能建筑及控制系统的应用所设计的通信，可用在暖通空调系统(HVAC，包括暖气、通风、空气调节)也可以用在照明控制、门禁系统、火警侦测系统及其相关的设备。

3. 内容简介

BACnet 标准提供了一种不受设备软、硬件限制的数据传输方式。BACnet 标准没有定义控制器内部的配置、数据结构、控制逻辑，它通过定义一组抽象的数据结构“对象”(object)实现在网络通信中的信息传输。对于这种“标准对象”与设备内部数据和程序间的映射由各厂商自己处理。

BACnet 协议并不能简单地认为是一种应用层的协议，而是包含 4 个层次的简化分层体系结构，这 4 个层次相当于 OSI 模型中的物理层、数据链路层、网络层和应用层。BACnet 标准采用 OSI 基本模型来定义其层次协议体系，它选用了 OSI 基本模型中的 1、2、3、7 四层协议，详见表 6-13。

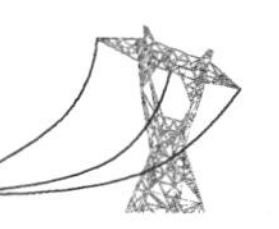

表 6-13　协议分层

<table>
<tr><td colspan="5">BACnet 应用层</td><td>应用层</td></tr>
<tr><td colspan="5">BACnet 网络层</td><td>网络层</td></tr>
<tr><td colspan="2">ISO 8802-2
(IEEE 802.2)
(逻辑链路控制协议)</td><td>主/从令牌环通
(S/TP)</td><td>对等通信(PTP)</td><td rowspan="2">Lontalk 通信
协议</td><td>数据链路层</td></tr>
<tr><td>ISO 8802-3
IEEE 802.3</td><td>ARCNET 通信
协议</td><td>EIA-485</td><td>EIA-232</td><td>物理层</td></tr>
</table>

1) BACnet 应用层

BACnet 应用层的关键是注重两个既独立又密切相关的部分：包含在 BACnet 设备中的信息模型(标准对象)；一组用来交换这种信息的功能“服务”。BACnet 定义了 18 个标准对象，这些对象包括二进制输入输出、模拟输入输出、控制环路、程序等。通过各种不同的对象组合，实现直接数字控制器(direct digital controller，DDC)不同的控制功能，从而实现对 DDC 任务的描述，使基于 BACnet 设备的“网络可视”功能得到实现。为了管理和访问这 18 种标准对象，BACnet 定义了 35 种“服务”功能，分为 6 组：报警与事件、文件访问、对象访问、远程设备管理、虚拟终端及安全保护。这些数据的格式使用 ISO 8824 标准抽象体系符号(abstract syntax notation one，ASN)的规则，网络数据通信采用 BACnet 规定的二进制码通信规则。

2) BACnet 网络层

BACnet 从基于价格和性能的需求出发，提供了几种可供选择的网络技术。BACnet 网络层协议的目的是提供一种将 BACnet 网络信息传输给各类网络的方法，而不论其在网络中采用何种 BACnet 数据链路技术。BACnet 网络层并未完全采用 ISO 协议中的网络层模型，如不需要在源设备和目标设备间选择路径，BACnet 保证在其间只有一条通路。BACnet 不支持信息包分拆和重组，规定了固定的信息包长度，信息包在从源设备到目标设备的路径间的传送，都不能超过规定的信息包长度，对于更长的信息包需要在应用层分拆后传输。

3) BACnet 数据链路层与物理层

BACnet 在数据链路层与物理层提供了 4 种 LAN 和 1 种 PTP 对等协议。这 4 种 LAN 的选择主要是基于以下几个方面的考虑：网络传输速度、执行协议对主板和芯片的适用性(如 Lontalk 通信协议需要专用芯片)、部分楼宇自控厂商对 LAN 系统的熟悉程度、对已有产品的兼容性、价格。各种灵活的选择有利于系统设计师在具体项目中作出各种选择。大型楼宇的系统设计往往是分层实现的，如一些专用的控制器可以采用低价、低速 LAN 经过网络互连由高性能的控制器在高速 LAN 上进行管理。BACnet 允许在各种网络中通行，这种灵活性是由 BACnet 层结构体系所提供的，并且适合于未来技术的发展与变化。

4. 推广应用情况

自 BACnet 标准公布以来，我国就对其进行了跟踪研究，同时也在工程项目中进行了引进和应用。总体来说，我国对 BACnet 标准的研究有了阶段性的成果，并进入了实用化和产品化的阶段。在工程项目应用上也不乏有大型的成功案例。这些为 BACnet 标准在我国继续得到良好的推广和应用奠定了基础。但是，BACnet 标准在我国建筑领域中的应用份额还是相对较小。我国是全球建筑业的超级市场。如何在这个市场中普遍推广和应用 BACnet 标准，使我国楼宇自控领域与国际接轨，是我们面临的现实和应思考的问题。

我国是 WTO 和 ISO 成员国，也是支持 BACnet 标准成为 ISO 标准的国家，但我国楼宇自控领域的现状却与国际准则有些不太协调。一是非 ISO 标准的应用远大于 BACnet 国际标准的应用；二是在工程应用上，即使采用 BACnet 标准，也基本上是全部引进国外的产品和技术。从发展的角度来看，这两根“软肋”严重影响和制约着我国楼宇自控领域的发展。

我国是一个建筑业大国，智能建筑起步于 20 世纪 90 年代。随着我国经济的发展，城市化的步伐越来越快，对智能建筑的需求也越来越旺盛。目前，我国已成为全球最大的智能建筑市场并且还在迅速发展。BACnet 作为全球唯一的楼宇自动控制标准，在我国的应用越来越广泛，也促进了我国建筑智能化应用与国际接轨并且同步发展。

如何在我国更好地推广和应用 BACnet 标准呢？除重视 BACnet 标准，继续引进国外产品和技术外，我国必须开发具有自主知识产权的 BACnet 标准产品，这是我国推广和应用 BACnet 标准的关键。BACnet 标准作为楼宇自控领域中唯一的开放性国际标准，是我国楼宇自控领域与国际接轨和赶上国际先进水平的机遇。要使 BACnet 标准在我国得到更好的推广和应用，我们务必做到：①重视 BACnet 标准的作用，大力开展 BACnet 标准的研究、教育和培训工作；②与国际接轨，积极参与国际竞争，大力开发具有自主知识产权的 BACnet 标准产品。

6.4.3 SEP 2.0

智慧能源规范 2.0（Smart Energy Profile 2.0，SEP 2.0）主要是在居民用户中应用，但其市场推广对象包括楼宇等，尤其是应用层协议，标准本身不局限于居民用户。主要在于对底层通信协议的支持。SEP2.0 支持的设备类型包括能源服务接口（电表、网关）、显示终端、可编程恒温器、负荷控制设备（热泵、热水器、家电）、电动汽车、逆变器等。这些设备之间可以通过各种有线或者无线技术相连接。

1. 标准制定背景

2001 年 8 月成立的 Zigbee 联盟是一个针对无线个域网而建立的产业联盟，定

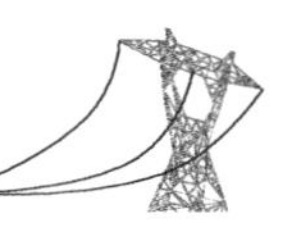

义 Zigbee 网络层、应用支持子层和应用层相关规范。

2006 年底，Zigbee 联盟内部会员包括公用事业企业、电表公司及用户室内主要用电设备(空调、热水器)等开始制定一项智能能源应用规范。2008 年颁布 SEP 1.0。目前，已有超过 100 多种设备通过 SEP 1.0 认证。SEP 1.0 下层协议采用 ZigBeePROStack 和 IEEE 802.15.4 标准。2011 年 Zigbee 联盟对 SEP 1.0 进行修订，颁布 SEP 1.1。SEP1.0 定义了功能集，满足由公用事业通信架构国际用户组(Utility Communications Architecture International Users Group，UCAIug)颁布的《OpenHAN 系统需求规范》*Open*HANSRS1.0(*OpenHAN System Requirements Specification* v1.0，SEP 1.0 对包括电、气、水在内的能源提供电价、负荷控制、需求响应、计量等功能规范。SEP 1.1 规范了远程软件升级、多能源服务接口和安全等方面功能。

2009 年底，Zigbee 联盟和 Homeplug 联盟开始制定 SEP 2.0。SEP 2.0 强调支持多种 MAC/PHY 协议和安全协议。满足 OpenHAN SRS 2.0。为了标准足够的灵活性，新定义的应用主要需求包括以下几点：

(1) 支持基于无线或者有线的多种网络技术，基于 IP 通信。

(2) 支持任意 MAC/PHY 协议(如 IEEE 802.11 高速无线、IEEE 802.15.4 低速无线、IEEE 1901 电力线载波等)。

(3) 支持多种国际标准，包括 IEEE、IETF、IEC 和 W3C 等，SEP 2.0 是多种良好标准的集成。

(4) 支持多种安全方案。

2. 标准应用范围

SEP 2.0 主要应用在家庭、楼宇、电动汽车等用电信息化、智能化领域。

3. 内容简介[24]

SEP 2.0 市场需求规范文本主要是用例描述，包括安装、预付费、用户信息、电动汽车、负荷控制/需求响应 5 个方面。每个用例分析用统一模板描述，包括用例题目、用例详细描述、用例分场景的分步骤分析、场景描述、场景步骤、需求(功能、非功能，业务)。SEP 2.0 包括应用、通信、安全、性能、安装运行和维护几个方面分析要求：应用包括控制、量测、过程处理和人机接口；通信包括授权、控制；安全包括接入控制、注册认证、完整性和抗重放；性能包括可扩展、可升级、可维护性。SEP 2.0 市场需求规范主要对以下功能进行了描述：①设备安装和自动配置；②预付费；③用户信息；④电动汽车充电；⑤负荷控制/需求响应；⑥异常和错误处理；⑦设备软件升级；⑧通信协议和安全。SEP 2.0 分层模型及其与其他版本和 ISO/OSI 的对比如图 6-10 所示。

OSI 参考模型	国际模型	ZigBee SEP1.x	SEP 2.0
(7)应用(Application)	(4)应用 (Application)	智慧能源子集 (Smart Energy Profile1.x)	SEP,EXI,HTTP
(6)表示(Presentation)			
(5)会话(Session)			
(4)传输(Transport)	(3)传输 (Transport)	栈 (ZigBoo Stack)	TCP,UDP
(3)网络(Network)	(2)网络 (Network)		IPv6
(2)数据链路(Data Link)	(1)链路 (Link)	802.15.4	802.15.4,1901等
(1)物理(Physical)			

图 6-10　SEP 2.0 和相关通信模型的比较

SEP 2.0 应用时应用层以下具有多种协议可供选择，包括物理层、数据链路层、适配层、网络层、传输层和应用层。表 6-14 为每一层可选择的通信协议。

表 6-14　SEP 2.0 分层模型中每一层可选择的通信协议

通信分层	可选择的通信协议
物理层和数据链路层	IEEE 802.15.4 Home Plug(Home Plug AV，Home Plug GP 等) IEEE 802.3(任意版本) IEEE 802.11(任意版本) IEEEP 1901 ITUG.9960/9961；ITUG.9954 G3；Prime ISO 14908 Bluetooth（蓝牙）；MoCA LTE；WiMAX；GSM/CDMA
适配层	IEEE 802.15.4 需用 IETF 6LoWPAN （低功耗无线个域网） IEEE 802.15.4 需用 6LoWPAN 邻居发现协议[ID-6ND] Home Plug 需用 IEEE 802.2 和 IETF RFC2464
网络层	IETF 协议第六版互联网(IPv6)[RFC2460] IETF 第六版互联网协议的控制报文协议[RFC4443] IETF 第六版互联网协议的地址架构[RFC4291] 第六版互联网协议无状态地址自动配置[RFC4862] 第六版互联网协议邻居发现[RFC4861]
网络层(路由协议)	支持边缘路由器，路由器，个域网路由器低功耗 支持路由器广告使用 ICMP 和响应路由器请求 支持使用来自路由器通告的路由度量的 IPv6 网络掩码路由 支持 IPv6 网络掩码和 IETF RPL 路由选择单个 6LoWPAN 接口
传输层	IETFUDP[RFC768] IETFTCP[RFC793]
应用层	应用架构为 REST(状态转移表属性) 数据模型 61850/61968 功能集

SEP 2.0 技术要求规范中规定安全实体包括物理单元、网络节点、应用设备，

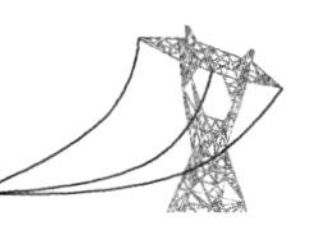

一个物理单元可包括多个网络节点和多个应用设备。安全环境包括网络环境和应用环境，网络环境主要指网络节点之间通过路由器或者网桥组成的大型传感器网络带来的安全问题，应用环境指多个大型传感器网络承载应用的安全问题。每一层规定采用的安全协议。

IEC TC57 在其标准 IEC 61970-301 和 IEC 61968-11 中，定义了信息模型分别被用于输电网能量管理系统和配网能量管理系统。IEC 61968-9 对许多与 AMI 相关的功能和信息内容，包括电能表数据读取、电表远程控制、电能表事件上报、用户数据同步和用户侧开关控制等。IEC 61968-9 也可以应用于气表和水表等。由于在 AMI 和 HAN 功能之间存在许多相似之处，目前 IEC 61968-9(TC57 WG14)也从 SEP 2.0 相关功能获取输入，扩充完善标准和有关的信息模型。

IEC 61850 最初面向变电站自动化应用定义了另一种信息模型，IEC 61850 信息模型可以映射到多种通信协议上，目前包括 MMS、GOOSE、SMV 和网络服务器。这些协议可以运行在 TCP/IP 网络上。由于 IEC 61850 采用和 CIM 不一样的对象建模，目前这两个标准体系之间正在开展协调工作，制定新的标准。对于 SEP 2.0 对象模型，CIM 中没有涉及，则可在 IEC 61850 中获取，同时 IEC 61850 和 IEC 61968 模型的协调会考虑到 SEP 2.0 的需求。

目前，SEP 2.0 已开始用户侧有关能源管理对象的对象建模工作，在功能集基础上把用户侧主要对象分为 19 个包(package)，每个包包括多个对象(class)，并在每个包中定义对象之间的关系(relationship)，每个对象包括若干属性(attribute)。UML 建模工具采用 Sparix 公司的企业(enterprise architecture，EA)，目前这一建模工具已被 TC57 用于替换过去采用的 Rational rose，统一使用工具方便模型之间重用和模型升级维护工作。1 个包包括需求响应和负荷控制包、电价包、计量包，预付费包、分布式电源包、账单包等。

4. 推广应用情况

联盟厂家多，产业链支持好；国外在美国加利福尼亚州、德克萨斯州有应用；中国国内尚无应用，目前中国电子技术标准化研究院在从事 Zigbee 相关产品认证测试。

6.4.4　OPENADR

1. 标准制定背景

2002 年发生了加利福尼亚州电力危机之后，基于需求响应在电力市场中的重要价值，在美国能源部和美国加州能源委员会项目的资助下，劳伦斯伯克利国家实验室需求响应研究中心(LBNL/DRRC)、Akuacom 公司等开始研究自动需求响应通信规范，在2003～2006年开展了实验和试点，2007～2008年在太平洋燃气电力公司(PG&E)、美国南加州爱迪生电力公司(SCE)和圣地亚哥燃气电力公司(SDG&E)等开展商业化应用，获得大量的用例，并于2009年4月发布开放自动需求响应(*Open Automated Demand Response Communications Specification*)(*Version1.0*)(下文简称OPENADR 1.0规范)。参考该规范结构化信息标准组织(Organization for the Advancement of Structured Information Standards，OASIS)和公用事业通信架构国际用户组(UCA International Users Group，UCAIug)进一步开发相关标准，成为最新版OPENADR 2.0的基础。

2. 标准应用范围

OPENADR 1.0规范定义需求响应自动服务器(demand response automation server，DRAS)的功能接口。自动需求响应服务器便于用户通过通信客户端自动响应各种需求响应项目和动态电价。该规范也强调第三方如公用事业企业、独立系统运营商、能源和设施管理者、负荷集成商及设备商等使用DRAS功能，提升需求响应项目和动态电价实施的自动化程度。

3. 内容简介

定义DRAS用例场景，基于用例，对企业系统、需求响应自动服务器、需求响应客户端的角色任务提出规范，对几类需求响应项目的配置、执行、维护各阶段分别进行规范。独立于具体用例，规范了DRAS的总体要求。

4. 推广应用情况

到2009年，OPENADR 1.0在200多个设施中获得应用，在商业和工业领域的负荷达到50MW。2010年，OPENADR联盟成立，开发、推广、认证OPENADR 2.0。

6.4.5 EI

1. 标准制定背景

能量互操作标准1.0(*Energy Interoperation*，EI 1.0)发布于2011年12月，OASIS的一个技术委员会负责对该协议进行维护。

OASIS制定的能量互操作标准(EI 1.0)是美国国家标准与技术研究院/智能电网互操作小组(NIST/SGIP)推荐和支持的关键的跨领域(cross-domain)需求响应和市场交易标准。EI 1.0有两个主要组件：需求响应通信及市场交互。EI 1.0为这两部分开发了一个公共框架，把需求响应事件放在范围更大的市场交互的上下文中。

OASIS组织在OPENADR 1.0规范的基础上，结合几个相关标准化组织的输入，制定出了EI 1.0规范。这几个组织是电力行业通信架构组织(utility communications architecture，UCA)，北美电力标准委员会(North American Electric Standards Board，NAESB)，ISO/RTO委员会(IRC)。对于零售(电力公司对客户)需求响应项目，OPENADR 1.0规范已经有了一个坚实的基础，可以作为OASIS组织的EI技术委员会的一个重要输入。UCA的OPENADR工作组是一个主要参与方，提供了综合要求，这些要求中包括了其他各方(NAESB、IRC)及和其他标准(如公用信息模型)的贡献。各方对EI 1.0的输入如图6-11所示。

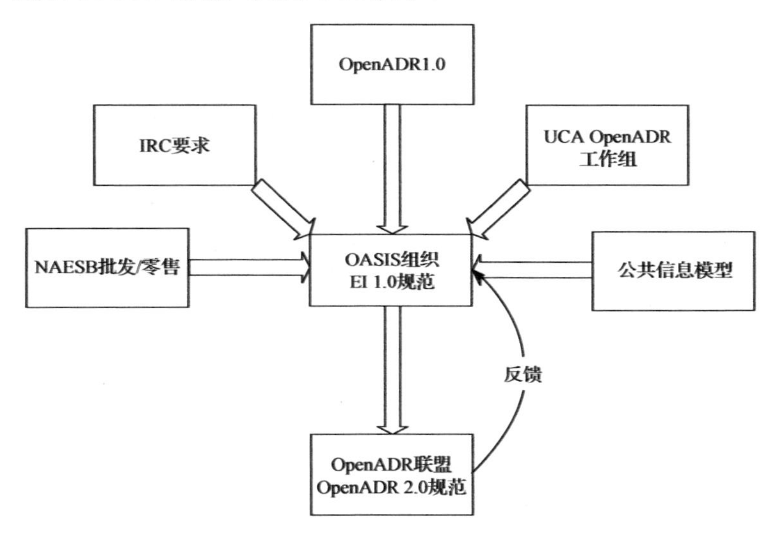

图6-11　各方对EI 1.0的输入

2. 标准应用范围

EI 1.0的应用范围为需求响应、价格传递、能量交换，用于电网域和消费者域之间的需求响应和其他的市场通信。EI的架构很简单，减少至两方之间的服务交互。一方可以是设备能源管理系统或装置、需求响应供应者、市场运营商、配电系统运营商、微网及任何其他的需求响应事件或能源市场交易的参与者。

EI 1.0标准指定了3种配置文件，在已发布的标准描述中，可被看作为3种基本的用例。

(1)OPENADR：该配置文件定义了需求响应事件和价格通信所要求的服务。它是以OPENADR 1.0规范的现场经验所提炼出的功能和经验教训为基础建立起来的。

(2)价格发布：该配置文件定义了在纯粹的价格发布环境中交互所需的最小服务集，不要求能源市场交易和基于事件的需求响应交互。

(3)TEMIX：该配置文件定义了实现更多的通用能源市场交互功能所需的服务，这些交互取决于协商性的基于价格的交易。

3. 内容简介[25-27]

EI 1.0 指定了一种信息模型和报文来实现需求响应事件、实时电价、市场参与投标和报价、负荷和发电预测的标准通信。该项标准包括规范文档的范围、架构、含有统一建模语言图表的服务描述及可扩展标记语言架构形式的服务描述（网络服务报文必须与此架构一致）。该规范和架构可从 OASIS 免费获取。

EI 1.0 支持下列功能：能量交易、动态价格和合同价格发布、涵盖从负荷资源调配到按照预设的价格水平的需求响应方法、响应的量测与确认、预计的价格、需求和能量。

EI 1.0 依赖于 OASIS 组织的另外两个标准 EMIX 1.0 和 WS-Calendar 1.0 规范，其中 EMIX 1.0 定义能源价格和产品，WS-Calendar 1.0 用于能源传输计划和操作序列。EI 1.0 使用这两个规范中定义的词汇和信息模型描述它所提供的部分服务。EI 1.0 用 UML 定义数据模型，具体表达在 XML 模式定义语言文件中（XML schema），交互信息的通信采用与具体实现无关的网络服务描述语言文件（web service description language, WSDL）来表达。

简言之，EI 1.0 基于松散耦合交互的原则来开发，用 UML 定义数据模型，使用网络服务交互方式来交互需求响应信号、市场交易、价格发布（price distribution）和各种支持服务，不同的交互需要选择不同的安全、隐私和可靠性。

4. 推广应用情况

EI 1.0 是美国标准，其目标适用领域较大，模型和服务较为复杂，着眼于将来的能量协作式应用。EI 1.0 在某个具体领域的应用还需要制定具体应用规范（profile）。目前无认证，应用体现在 OpenADR 2.0 上。

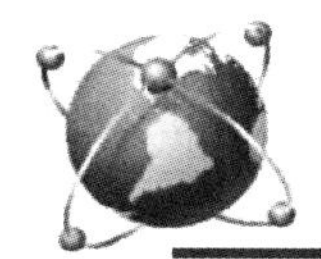

第7章　标准开发与管理工具

7.1　名词术语标准管理工具

7.1.1　国家电工术语数据库

全国电工术语标准化技术委员会(China National Technical Committee for Electrotechnical Terminology Standardization，编号：SAC/TC232)是在全国范围内从事电气技术领域中电工术语标准化的技术组织，其工作范围是全面负责指导和协调电工术语工作领域内的标准化工作，在国家有关方针政策的指导下，向国家标准化管理委员会提出有关全国电工术语标准化工作的方针政策和实施细节的具体建议，提出电工术语标准的制修订规划和年度计划的建议，负责组织电工术语标准的制定、修订、复审及协调工作；负责 IEC/TC1《术语》的国内归口工作，负责组织国内技术专家研究 IEC/TC1 的标准文件，向 IEC 提出我国的修改意见和投票意见；全面负责汉语国际电工词汇(international electrical vocabulary，IEV)的制修订工作。

目前我国电工术语标准工作与 IEC 对应，共涉及 8 个方面：①基本概念；②电工材料；③电测量；④电工设备；⑤电子设备；⑥发电、输电和配电；⑦电信；⑧特殊应用。

全国电工术语标准化技术委员会承担 IEC 的 IEV 系列标准中汉语术语的研究、编制、审定工作并报送 IEC。几十年来，IEV 系列标准一直是多语种的版本，因为没有汉语的对照，给我国电工术语标准的发展带来诸多不便，严重地影响了国内标准与 IEC 国际标准的同步发展，造成了一词多译，一义多词等混乱不清的局面。经不断努力，汉语于 2000 年正式成为 IEV 标准语言。根据 IEC 导则，IEV 标准中的汉语术语由中国国家标准化委员会负责提出。由全国电工术语标准化技术委员会具体承担此项工作。

电工术语数据库[28]可见全国电工术语标准化技术委员会网址(www.tc232.org)，可用于查询各专业名词术语，解决不同专业委员会名词的一致性，交叉参考等问题。

7.1.2　IEC 术语数据库

国际电工委员会第一技术委员会(IEC/TC1)是国际电工委员会中专门从事术语标准化工作的技术委员会，也是一个协调委员会。它的主要工作是对国际上可接受的概念，给出简明而正确的定义，使 IEC 中各专业技术委员会所用的术语和定义标准化并协调统一，从而促使这些术语在科学技术文献、教学、技术规范和贸易中采用。

TC1 是于 1908 年成立的“电工术语”(terminology)技术委员会。成立之初，TC1 的工作除了在制订术语之外，还要兼顾量值、单位和文字符号的工作。1925 年以后，把文字符号和量值单位的工作划分出来，成立了 TC25，TC1 开始专门从事术语的工作。IEC 的第一个术语出版物于 1938 年出版，包括 200 个一般电工技术名词。后来由于第二次世界大战爆发，这个出版物的修订工作中断了 11 年。

1949 年，TC1 决定编制 IEV 的新版本，当时提出这个版本的目标是：对用于贸易、技术文件、规范和国际会议上涉及科学和电工技术的名词进行协调和标准化。IEV 第二版从 1949 开始编制，到 1970 年最终完成第三版，共历时 22 年。IEV 第二版的电工词汇包括基本定义、电子学、电声学、电机和变压器等术语。

20 世纪 70 年代以后，由于电气工业和电子工业的飞跃发展，IEV 又有了新的发展驱动力，TC1 从 60 年代后期就开始了第三版的编制工作，现在正处于对第三版不断完善的过程当中。第三版原计划出版九大类 79 个专题，后经过调整完善，负责维护 88 个专题。

当前 IEC/TC1 的组织结构如图 7-1 所示。

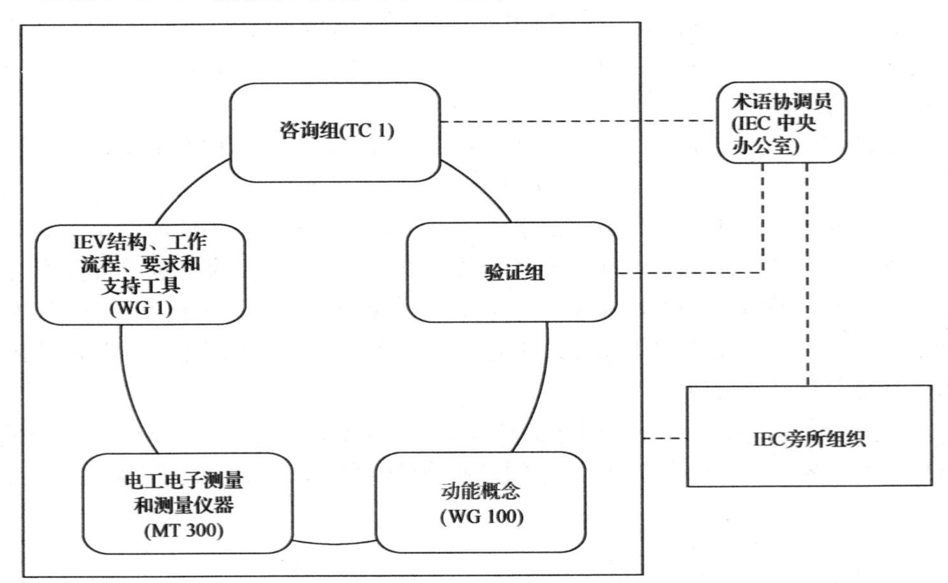

图 7-1　IEC/TC1 的组织结构图

资料来源：IEC/TC1 网站介绍

Electropedia[29]是 IEC 的术语数据库，它采用在线 IEV 的形式，以面向公众开放查询的方式为大众提供免费服务。IEV 正式出版物是以 IEC 60050 标准族的形式公开销售的，而作为在线 IEV 的 Electropedia 拥有所有的公开发表的20000 多个名词术语，它在数据库中维护所有正式发表的名词术语，并提供黄页式目录服务和主题词模糊查询检索服务。所有的术语及其定义提供英文和法文两种语言版本，目录的提供则还支持其他类语言：阿拉伯语、汉语、捷克语、芬兰语、德语、意大利语、日语、挪威语、波兰语、葡萄牙语、俄语、塞尔维亚语、斯洛文尼亚语、西班牙语和瑞典语等十几种语言。可以在电工术语标准委员会网址(www.tc232.org)找到链接，或者直接在 IEC 网站网址(www.iec.ch)查询。

IEC 鼓励各类用户对 Electropedia 的使用、参照和引用，仅仅要求标注“来源于 IEC”即可。IEC 还鼓励用户参与改进和完善名词术语数据库的工作，并公开邮箱供各类意见建议的提交。对于 Electropedia 的使用，举一个简单的例子，查询“暂态”相关的术语。我们在查询页面选择中文并输入检索词，如图 7-2 所示，检索得到的结果如图 7-3 所示。

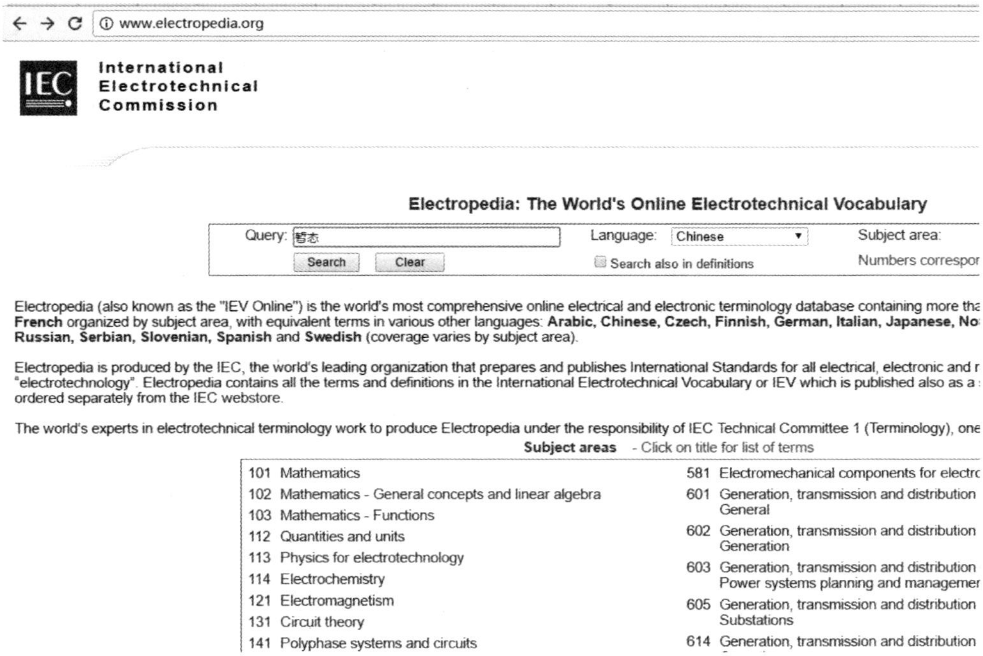

图 7-2　在检索页面输入检索词并选择检索语言类型

资料来源：IEC 网站抓取

Back

Search results (2 hits)

- 103-05-02 暂态的 [103 - Mathematics]
- 614-03-13 暂态过电压 [614 - 614]

图 7-3 检索结果

资料来源：IEC 网站抓取

从检索结果页面，我们可以使用链接进入到名词术语的释义页面，暂态过电压的释义页面如图 7-4 所示，提供英文和法文两种解释。

Home Back Print

Area	Generation, transmission and distribution of electricity – Operation / Insulation coordination and overvoltages
IEV ref	**614-03-13**
en	**temporary overvoltage** power frequency overvoltage of relatively long duration Note 1 to entry: A temporary overvoltage is undamped or weakly damped. In some cases its frequency may be several times smaller or greater than power frequency.
fr	**surtension temporaire**, f surtension à fréquence industrielle de durée relativement longue Note 1 à l'article: Une surtension temporaire n'est pas amortie, ou faiblement amortie. Dans certains cas, sa fréquence peut être inférieure ou supérieure à la fréquence industrielle dans un rapport de plusieurs unités.
ar	جهد زائد مؤقت ارتفاع جهد مؤقت
de	zeitweilige Überspannung, f
es	sobretensión temporal
it	sovratensione temporanea

图 7-4 暂态过电压的释义页面

资料来源：IEC 网站抓取

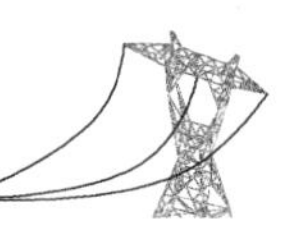

7.2　映　射　图

对电力系统标准进行系统分析时，需要对标准体系开展研究，通过需求分析和缺失标准分析，找出需要修改的标准和制定新标准。标准体系研究需要全面覆盖相关领域的需要，标准修订和新标准开发需要有系统化的方法指导。因此，在标准研究中，系统化研究方法和分析工具也成为标准研究不可缺少的方面。

IEC 的方法论中，对现实问题或潜在问题的识别和归纳总结出重复性事物或概念，采用的是分层式方法，该方法反映了不同层次的抽象运动，以及自上而下、自下而上、不断循环往复的过程，如图 7-5 所示。

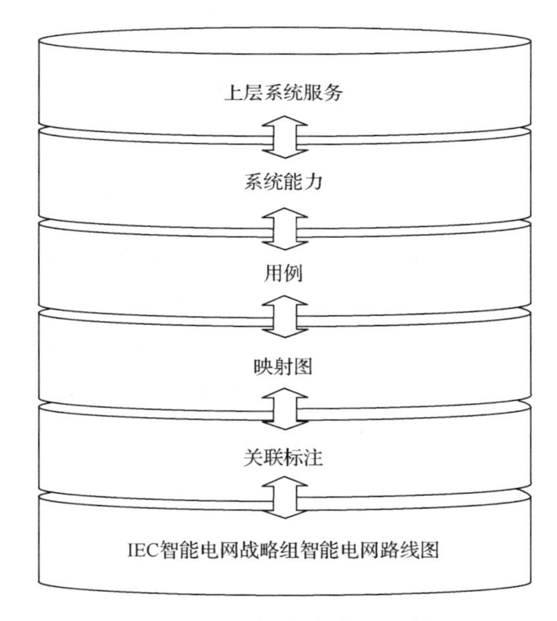

图 7-5　IEC 标准体系分层结构

目前，国内外已研究并提出了智能电网标准体系和系统的描述，比较典型的有欧洲智能电网协调工作组在其他国家已有研究成果的基础上，提出的智能电网参考架构模型的框架，如第 4 章的图 4-14 所示，该模型总体上可以指导智能电网标准体系的研究。

为了借鉴满足填补标准的空缺，可以有自顶向下和自底向上两种思路。软件工程和系统工程的研究方法中自顶向下重点从关注领域、用例、需求出发，找出填补标准空白所需要制定的标准，自底向上则主要根据已有标准的梳理结果，对比新的需求，修改和扩展现有标准，使其成为国际标准。把自顶向下和自底向上两种方法结合起来组成了标准需求的识别方法，如图 7-6 所示。

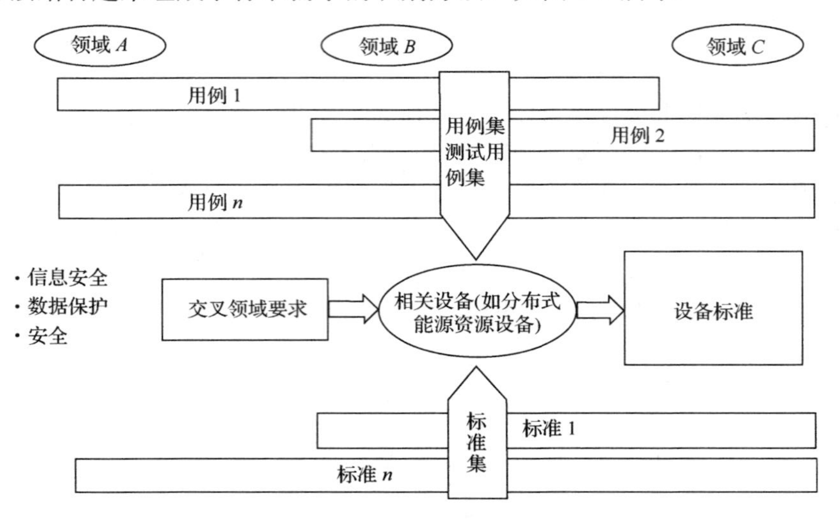

图 7-6　标准需求的识别方法

基于标准化的技术与管理相结合的思想，在充分研究标准化过程、智能电网的发展等业务领域知识的基础上，结合计算机、互联网领域的 XML 技术、可缩放矢量图(scalable vector graphics，SVG)技术、Java 平台企业版(Java Platform，Enterprise Edition，Java EE)技术等，我们提出了智能电网标准体系管理的图形、数据、模型一体化的解决方案[30]。这一方案在国家重点发展智能电网的大背景下，对促进电网智能化运作、发展智能电网建设与运行的相关制造、工程、运行服务等产业具有重要的现实意义。

标准体系管理的复杂性反映到可视化实现方面，首先依托于标准及其文本的结构化表示和展现，可以直接采用不同维度的空间来表示，如二维、三维等空间形式。通过不同的空间形式表示业务领域、标准体系等语义框架，在覆盖范围、主题、层次结构、主题视图等不同的侧面展现知识结构。

智能电网标准体系领域知识模型如图 7-7 所示，这是一个支持多个维度的平面结构。从维度角度来看，该模型包括业务大类(水平方向的分割)、操作层次(垂直方向的分割)、业务系统/子系统、模块。模块之间通过业务总线连接起来，共同构成系统/子系统，系统/子系统之间又有信息和业务的交互，这些交互都是通过诸如调度(业务层面)、信息通信基础设施(技术层面)实现。

IEC 第三战略工作组(SG3)提出的 Mapping Chart 工具，通过对智能电网的系统和组件划分，可以指导系统分析人员定位各子系统相关标准。

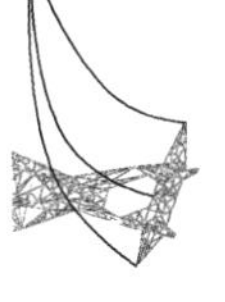

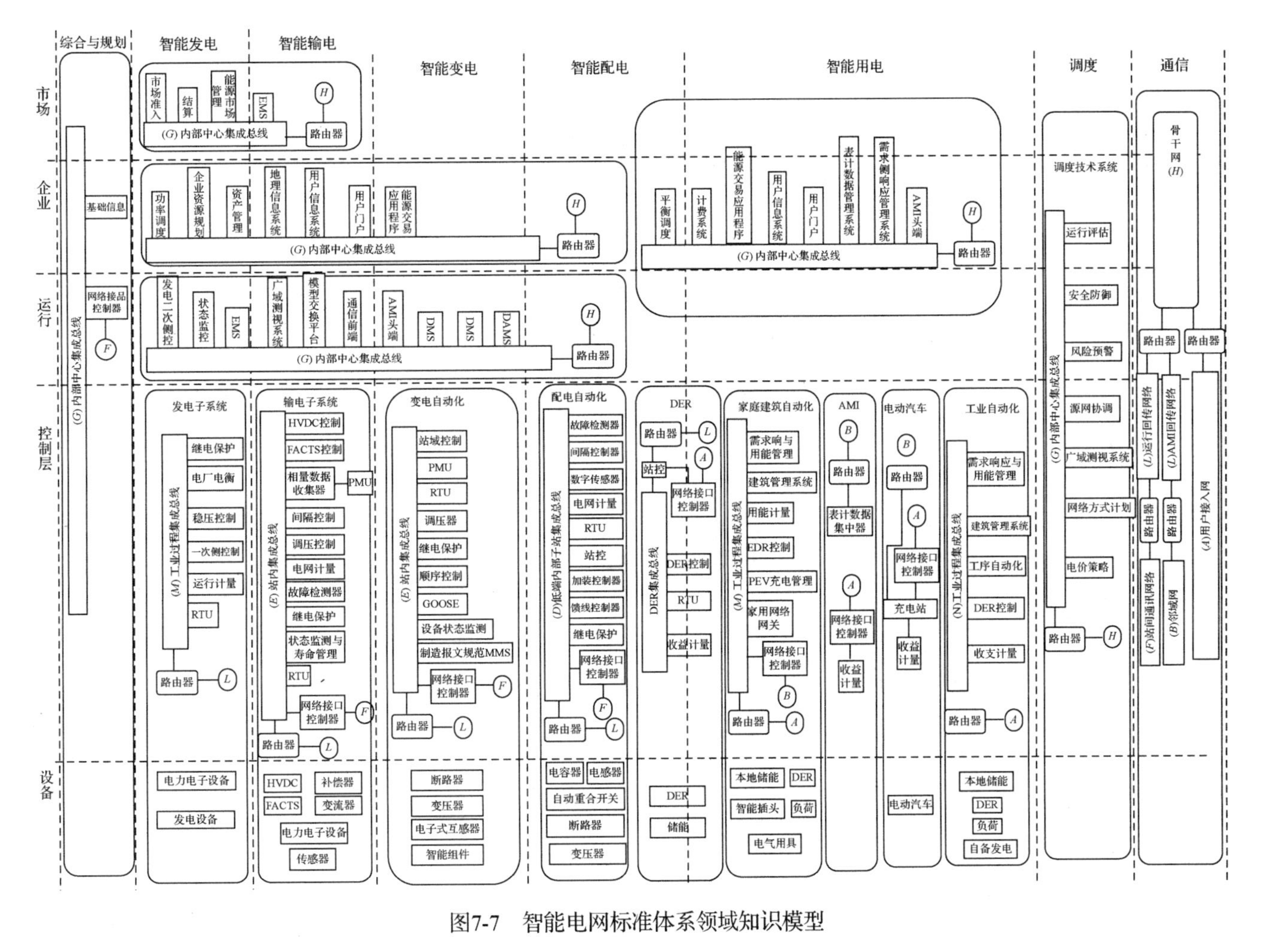

图7-7　智能电网标准体系领域知识模型

7.3 智能电网标准管理和公共服务平台

在国家电网公司项目的支持下，我国开发了智能电网标准管理和公共服务平台，本书作者参与了该平台的研发工作。本节介绍该平台的主要功能、技术架构和关键技术。

7.3.1 平台功能

1) 基于标准体系的标准管理与维护

动态维护标准体系。基于标准体系建立标准库，对已发布的标准规范进行统一管理，实现标准信息的在线采编、审核、入库、发布，以及标准制定、修订意见的收集、版本管理、查询统计。为标准信息服务门户提供数据支撑。

2) 特定结构的标准管理子系统

特定结构的标准包括指标、数据元、数据字典、信息分类与代码、术语等。这几类标准具有明显的可结构化特点，主要完成这些标准的信息管理。

3) 标准编制过程管理

在标准规范编制过程中，制定、修订工作程序可能会根据主管部门的管理要求进行调整，系统中工作流程的设置也应可以随之调整。

4) 基于标准库的信息服务

对标准库管理与维护的目的是为了更好地进行标准推广使用。本系统根据不同用户需求，提供定制化的标准信息服务，以标准信息库为基础，支持多种方式查询标准信息，以及发布标准化相关信息。

5) 标准体系的可视化管理

一个标准体系是一个产业领域知识的总结和系统化，也是社会对于术语、技术、产品、基础、方法、管理、安全、卫生、环保等过程和产出物共同约定的社会契约。标准的正确掌握和使用，对于社会各行业的发展是至关重要的。当前，智能电网的发展已经进入推广与应用阶段，但是对于智能电网标准体系的完善与应用，仍然落后于智能电网技术的发展，这又将阻碍智能电网技术的发展。对于标准体系最直观、最全面把握的途径就是采用可视化方法对种类繁多的标准进行管理和分析。

6) 标准的全生命周期系统化管理

目前，标准的全生命周期管理在一些行业已开展应用。标准的系统化管理包括标准需求分析管理、标准形成流程、标准实施流程、标准调整流程、标准回收

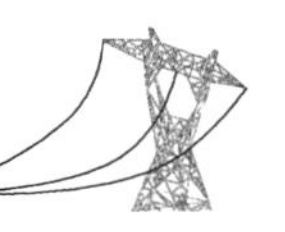

流程及项目进度监控等方面的自动化、信息化管理。

结合标准的全生命周期管理，可形成标准开发的规范化、流程化管控措施，开发基于进化树模型的标准全生命周期系统化管理平台。

7) 结构化标准存储、检索

结构化标准的存储与检索由标准资源库承担。标准资源库处理经过加工后的标准文件，能根据需要提取标准文件中的各类知识点，对这些知识点进行加工和组合并提供上层应用。用户可以进行全文检索、关键的标准元数据检索及分类检索，也可以对标准中的术语及数据相关的字段进行检索。

7.3.2　平台技术架构

智能电网标准管理系统的技术架构如图 7-8 所示。

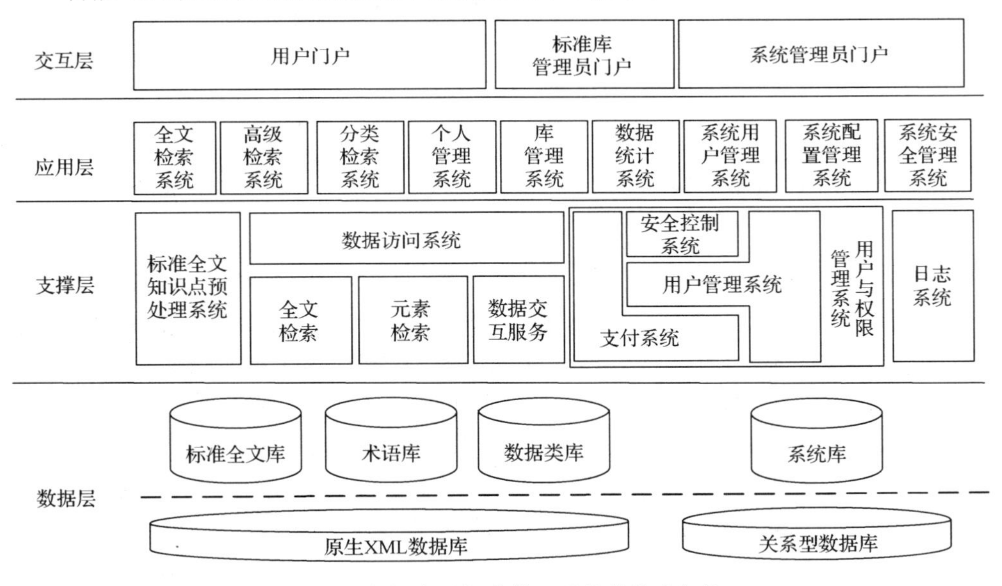

图 7-8　智能电网标准管理系统的技术架构

7.3.3　平台关键技术

1. 组件的图数模一体化

图数模一体化技术已经在电力调度的 SCADA 系统中得到了大量应用，且取得了较好的效果。如果将 XML 数据结构、领域模型、SVG 的图形展示技术结合，协同应用于领域模型的图形化展示和分析，则会为智能电网的科研与建设助力良多。领域模型是描述电力系统所有对象逻辑结构和关系的信息模型，采用 XML 作为描

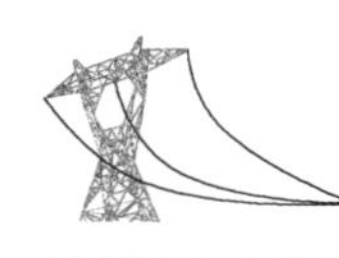

述数据对象的编码和传输格式，为各个应用提供与平台无关的统一的电力系统逻辑描述。SVG 是互联网联盟的正式推荐标准，它是一种使用 XML 描述二维图像的语言，已成为电力系统的图形标准。图数模一体化的工作原理如图 7-9 所示。

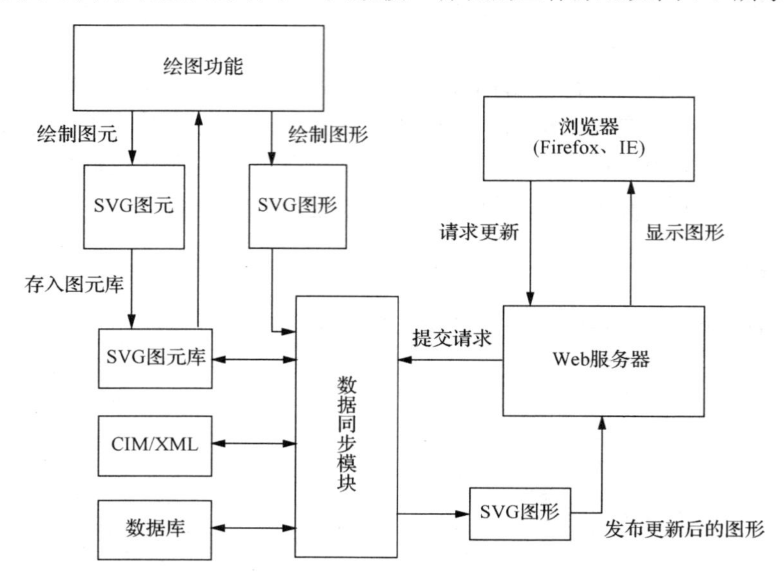

图 7-9　图数模一体化的工作原理

其中采用的最新技术包括 d3.js 和 jquery.Pep.Js。d3.js 是最流行的可视化库之一，它被很多其他的表格插件所使用。它允许绑定任意数据到文档对象模型(document object model，DOM)，然后将数据驱动转换应用到文档(document)中。可以使用它用一个数组创建基本的 HTML 表格，或是利用它的动态变换和交互，创建丰富多彩的图形效果。jquery.pep.js 是一个轻量级的 jQuery 插件，结合了 jQuery 动画和 CSS3 动画，在移动和桌面设备上实现元素的弹性控制，能够让任何 DOM 元素变成一个可拖动的对象。jQuery 是一个快速、简洁的 JavaScript 框架，是继 Prototype 之后又一个优秀的 JavaScript 代码库(或 JavaScript 框架)。jQuery 设计的宗旨是“write Less，Do More”，即倡导写更少的代码，做更多的事情。它封装 JavaScript 常用的功能代码，提供一种简便的 JavaScript 设计模式，优化 HTML 文档操作、事件处理、动画设计和 Ajax 交互。

2. 图形化检索和分析

和传统标准管理系统不同，标准管理可视化将标准的原则、目标、内容之间的内在关系透明地展示在用户面前。实际上，可视化环境的搜索过程就是一个复杂的关于知识相关性判断的决定过程。搜索过程实际上就是一个在动态的、富含信息的

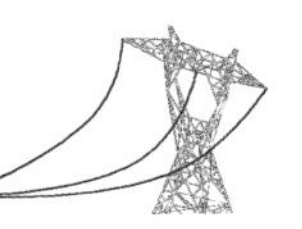

可视化环境中发现知识的过程。标准检索与文本分析的工作原理如图 7-10 所示。

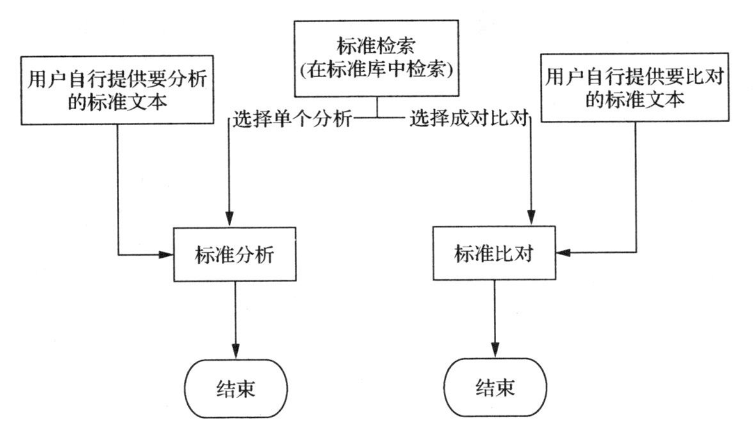

图 7-10　标准检索与文本分析的工作原理

3. 图形化分析组件的实现

项目技术报告[30]提出的智能电网标准体系图形化分析组件前端架构，是基于 JavaScript+XML+SVG 体系实现的。XML/XML 结构定义(XML schemas definition，XSD)技术用来实现模型的管理和存储，SVG 技术用来实现展现，JavaScript 则实现数据交互。图形化分析组件技术架构如图 7-11 所示。

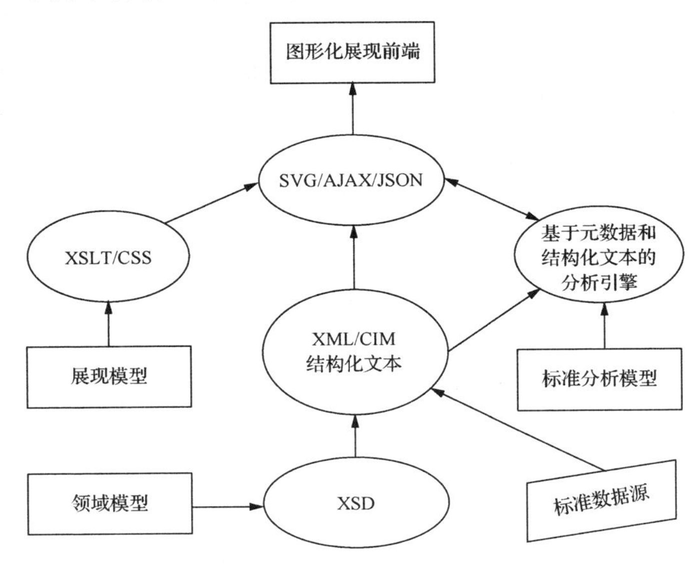

图 7-11　图形化分析组件技术架构

SVG 为可缩放矢量图；AJAX 为异步 JavaScript 和 XML；JSON 为 JavaScript 对象标记；XSLT 为扩展样式表转换语言；CSS 为层叠样式表；XML 为可扩展标记语言；CIM 为公共信息模型；XSD 为 XML 结构定义

组件分析功能是通过对全网资源(假定所有的资源都是对网络开放的)监测所积累的数据进行的，其实现的技术主要是采用爬虫技术(scraper 技术)，其实现过程如图 7-12 所示。

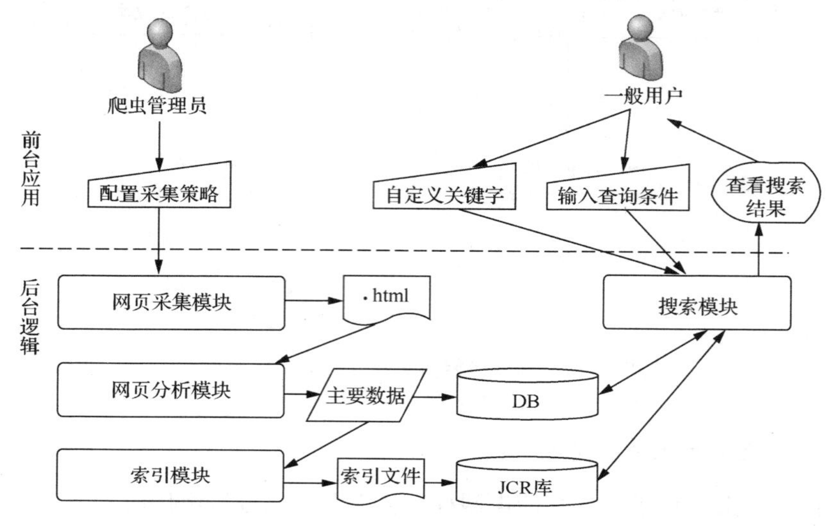

图 7-12　组件分析功能实现过程

html 为超文本标记语言；DB 为数据库；JSE 为 JaVa 规范提案

其中网页采集模块负责定时将指定 Web 网页抓到服务器，使用开源的 Casperjs 实现；网页分析模块负责解析提取出网页的主要数据，包括标题、节选、发布时间、链接地址等，使用自定义的解析器实现；索引模块为 HTML 页面创建索引，使用基于开源代码的 API 实现；搜索模块是系统与用户交互的模块，系统根据用户输入的查询语句，负责在数据库和索引文件上搜索出相应数据并按照一定的排序反馈给用户，使用基于开源代码的 API 来实现。

第 8 章　智能电网标准测试和应用

标准、计量、检验检测、认证认可是国际公认的国家质量基础设施[31]。标准在这 4 个环节处于最前端，标准体系是否完善，标准化工作是否科学等对计量，检验检测认证认可具有重要的影响。高质量的标准要求其规定的每一个技术要点都是可测试的，这样才能针对标准实现的设备或者系统有效开展相关的测试和认证，最终促进和规范标准的推广应用。

合格评定、认证、认可与标准的测试密切相关。我国国家标准《标准化工作指南 第 1 部分：标准化和相关活动的通用词汇》(GB/T 20000.1—2002) 中规定，合格评定指有关直接或间接地确定是否达到相应的要求的活动；认证指由第三方对产品、过程或服务达到规定要求给出书面保证的程序；认可指由授权机构对机构或人员具备执行特定任务的能力进行正式承认的程序。

本章将介绍 IEC 合格评定体系、NIST 智能电网互操作测试和认证、国内智能电网标准综合应用及智能典型领域标准特色分析，为标准应用开发提供参考。

8.1　IEC 合格评定体系

8.1.1　简介

IEC 理事局及执行委员会下设标准管理局、市场战略局和合格评定局三大机构。其中，合格评定局构建了 4 个领域的合格评定体系，分别是国际电工委员会电工产品合格测试与认证体系(Worldwide System for Conformity Testing and Certification of Electrical Equipment，IECEE)、国际电工委员会电子元器件质量评定体系(International Electrotechnical Commission Quality Assessment System for Electronic Components，IECQ)、国际电工委员会防爆电气产品安全认证体系(IEC Scheme for Certification to Standards for Electrical Equipment for Explosive Atmospheres，IECEx)、国际电工委员会可再生能源认证互认体系(IEC System for Certification to Standards Relating to Equipment for Use in Renewable Energy Applications，IECRE)。以下对这个体系做简单介绍。

1) IECEE

IECEE 是国际电工委员会下设的专门负责电工产品及其元件的符合性评定体系。它的前身是 1926 年成立的欧洲电工设备合格测试委员会(International Commission on Ruces for the Approval of Electrical Equpment，CEE)。伴随着电工产品国际贸易的需求和发展，CEE 并入国际电工委员会，正式成立 IECEE。IECEE 旨在为寻求全球第三方认证的制造商提供快捷、经济而优质的认证服务。

IECEE 下设测试报告互认(Certification Bodies，CB)体系和认证证书互认(Factory Surveillance，FCS)体系。CB 体系以 IEC 国际标准为基础，每个国家认证机构(national certification authority，NCB)都会被批准一个颁发 CB 测试证书的 IEC 标准范围。在此范围内，任何成员颁发的 CB 测试证书会被其他成员认可。制造商因此可利用本国 NCB 对某个特定产品出具的 CB 测试证书，获取其他成员机构对该产品的认可，而无需进行重复性测试，或只需进行必要差异测试。目前 CB 体系包括家用及类似用途设备、信息技术及办公用电气设备、照明设备、电动工具、电子娱乐设备、医疗器械、电磁兼容、光伏等 22 大类。FCS 体系是 CB 体系的延伸，是包括了检测报告和工厂检查报告的全面证书互认体系。

2) IECQ

IECQ 是国际电工委员会下设的专门负责电子元器件质量评定的国际互认体系。欧洲经济共同体(后改为欧盟)为了促进其内部的电工和电子产品贸易，成立了欧洲电气规范协调委员会(1970 年改称欧洲电工标准化委员会)，在欧洲电气规范协调委员会内设立了欧洲电子元器件委员会(European Electronic Components Committee，CECC)。1970 年，CECC 拟定了认证制度方案，逐步建立和健全了欧洲经济共同体电子元器件认证制度。与此同时，国际电工委员会开始筹建全球性的电子元器件质量认证体系。1981 年，国际电工委员会正式设立电子元器件质量评定体系。2003 年，CECC 整体性并入 IECQ。

IECQ 对电子元器件制造商、销售商等提供组织批准、鉴定批准、能力批准、技术批准、过程批准等服务，提供第三方认证证书，涵盖有源元器件、无源元器件、混合集成电路、机电元件、电磁元件、光电元器件等技术领域。进入 21 世纪以来，体系发展不容乐观，IECQ 传统业务电子元器件产品认证颁证数量锐减。为此 IECQ 体系新推出了有毒有害物质过程管理(Hazardous Substance Process Management，HSPM)认证计划，航空电子元器件管理(Electronic Component Management Plan，ECMP)认证计划。目前，IECQ 体系正在研发防仿冒元器件管理计划，主要帮助从事元器件产品设计、制造、销售、分销、购买的组织通过采取技术或管理措施构建防仿冒元器件认证体系。

3) IECEx

IECEx 是国际电工委员会下设的，专门针对防爆领域内的产品、服务符合国

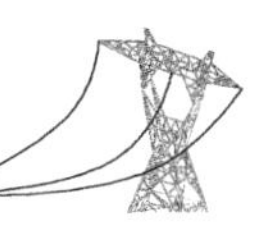

际安全标准的评价的体系。由于防爆电气设备的安全质量与许多重要工业部门的安全生产有密切关系，因此，包括我国在内的世界各个国家和地区对防爆电气产品的制造和使用都采取严格的管理措施。20 世纪 80 年代后期，欧洲国家先后开始对防爆电气产品实施防爆安全认证制度。1992 年，国际电工委员会开始筹建防爆电气产品国际认证体系，经过几年的筹备，1996 年，IECEx 正式宣告成立。

近年来，IECEx 发展非常迅速，已经由原来单一的防爆电气设备认证发展到现在的对爆炸性环境提供设备、服务、人员能力认证，贯穿防爆电气设备生产、安装、使用、维修等全过程。目前 IECEx 正在研究开发非电气防爆认证项目和培训机构认证项目。

4) IECRE

2014 年 6 月，为了使可再生能源领域的设备和服务的国际贸易更方便，国际电工委员会合格评定局批准建立了 IECRE，主要负责太阳能、风能和海洋能源领域的认证。IECRE 下设风能委员会(Wind Energy-Operational Management Committee，WE-OMC)和光伏委员会(Photoroctaic Energy-Operational Management Committee，PV-OMC)，其中 WE-OMC 由 2010 年成立的 IEC 风力发电机认证咨询委员会发展而来，以期在包括风电机组整机制造商、风电场业主、认证机构及检测实验室在内的各参与方构建一个可以互相对话的平台。IECRE 是 IEC 标准制定体系的一个重要补充，是为了确保所有参与国家和机构都能在透明的协调机制下使用统一的一致性评估规则，在全球范围内构建的一套互认体系。所有通过评审的检测机构，将成为由 IEC 总部认可的测试机构。

8.1.2 IEC 合格评定体系在我国的应用

1) IEC 合格评定体系国内运作机制

2007 年，国家认证认可监督管理委员会作为 IEC 合格评定体系中国国家成员机构，建立了 IEC 三大认证体系国内运作机制。因 IEC 批准成立可再生能源认证体系，2013 年 11 月 7 日召开的“第六届 IEC 三大认证体系国内运作机制年会暨战略发展研讨会”，决定将“IEC 三大认证体系国内运作机制”更名为“IEC 合格评定体系国内运作机制”。建立机制的主要目的是为发挥我国参加 IEC 合格评定体系相关机构的合力，加强信息沟通和战略发展研究，进一步深化我国在 IEC 合格评定体系的参与，充分发挥体系效能，逐步提升中国在 IEC 合格评定体系参与的深度和广度，增强中国话语权。机制秘书工作由国家认证认可监督管理委员会国际合作部承担，秘书处下设 5 个常设工作组开展具体工作，分别是战略发展组、技术支持组、同行评审组、市场推广组、申投诉处理组。

中国作为全球最大的电工电子产品制造国和出口国，在 IEC 多边互认体系中发挥着日益重要的作用。2014 年，全球 IEC 电工产品安全认证体系(IECEE/CB 体系）总共颁发证书 8 万多张，其中向中国企业颁发 4 万余张，占全球总量的一半，惠及出口企业 2 万余家，有效打破了国外贸易壁垒。

2）IEC 合格评定体系国内发展简介

我国十分重视 IEC 合格评定体系在国内的发展，2008 年，由国家认证认可监督管理委员会主办，由国际电工委员会电子元器件质量评定体系监督检查机构——中国赛宝实验室承办召开了“首届国际电工委员会（IEC）三大认证体系国内运作机制年会暨战略发展研讨会”。相继发布了《IEC 合格评定体系国内运作发展纲要（2011—2015）》及《国际电工委员会合格评定体系国内发展纲要（2016—2020）》。主要任务和措施中提出促进我国 IEC 合格评定业务发展，服务国家外交外贸战略和电工产业水平提升；强化国际参与，争取在 IEC 合格评定领域的制度性话语权；创新发展 IEC 合格评定体系在国内的运作体制，激发认证检测行业新活力。

8.1.3 智能电网参与 IEC 合格评定的意义

我国在智能电网发电、输电、变电、配电、用电、调度、信息通信各环节，通过大量的工程实践带动了一大批国内装备制造、软件开发企业的成长。全球新一轮科技革命和产业变革蓄势待发，可再生能源、工控领域网络安全、功能安全、智能制造等已经成为 IEC 合格评定体系的发展重点[32]。这些领域均和智能电网发展密切相关，必须加强技术研究，加大参与力度。当前，中央提出实行更加积极主动的开放战略，坚定不移地提高开放型经济水平，所以要求我们更有效地运用 IEC 合格评定体系，推动进出口商品质量提升，促进对外贸易便利化，在“装备走出去”等重大国家对外发展战略中做出更大贡献。在智能电网领域系统参与 IEC 合格评定，对于我国智能电网装备参与国际市场竞争，支撑国内企业走向国际市场无疑具有重大意义。

8.2 NIST 智能电网互操作测试和认证

8.2.1 简介

美国国家标准与技术研究院认识到，开发和实现一个互操作测试和认证框架，对于智能电网标准十分重要。为了支持智能电网系统和产品的互操作，这些系统和产品必须经过一系列严格的测试过程[33]。NIST 在 2009 年 11 月组建 SGIP 时，就在 SGIP 成立了一个永久性的智能电网测试和认证委员会，实际上过去一些标准也有自己的测试和认证，该委员会主要是建立一个运行和业务框架来协调相关工作。

SGTCC 对业务框架的制定和实施是一个持续不断的过程。SGTCC 为智能电网互操作测试和认证工作，提供了一个持续的可视化流程。SGTCC 促进利益相关方积极提供方法缩小差距，以及与相关标准组织和用户组一起，开发和实现新的

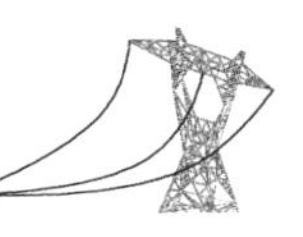

测试程序，来填补智能电网互操作测试和认证空白。

8.2.2 SGTCC 主要经验和成效[33-35]

SGTCC 的前期工作包括对现有智能电网标准测试程序开展评估、制定测试和认证框架的高层指南、对开发测试工具提出建议、建立互操作过程参考手册及提出互操作成熟度评估模型。

1) 对现有智能电网标准测试程序开展评估

对于理想的测试和认证程序，研究实施中使用了一系列方法，这些方法来源于电力系统相关及其他非相关的组织标准测试和认证的最佳实践。这些方法包括标准是否有一个公开出版或者公开检查过的测试过程，是否有一个不是设备供应商运行管理的独立的测试实验室，开展的这些测试是否有鉴定流程(鉴定实施可以是实验室自身或者其他实体)，评估是否具有改进标准、测试过程、测试实验室运行质量的机制等。

评估结果反映出与已有的合格性测试程序存在的主要差距如下：①评估的全部标准中只有三分之一具有测试程序。不到三分之一写了测试过程，但没有正规的测试程序；②相同数量，即三分之一的标准具有用户组或者相关手段对标准提供反馈、更新、合格性质询；③几乎所有的测试过程都只是针对测试标准本身，没有针对测试系统之间的互操作性能的测试；④只有少数对通信安全开展测试；⑤一些标准对测试描述含糊不清，不能有效测试，或者只提供一个目录或者导则，并不打算用于测试。

研究揭示了制定和实施一个互操作测试和认证框架的紧迫性和重要性，这个框架提供了一套综合方法弥补存在的差距，加快制定和实施工业测试程序提高智能电网互操作性。NIST 和 SGTCC 将使用研究成果，指导下一步的测试和认证框架制定。随着测试和认证框架的实施，NIST 和 SGTCC 将回顾、检查和修订程序文档，来评估程序制定的工业进程，并用这些发现指导 SGTCC 强调的问题的优先级排序。

2) 制定测试和认证框架的高层指南

测试和认证框架的目标包括：①有利于保证智能电网标准的产品具有一致的测试等级，有利于保证不同标准测试程序实施的一致性；②强调测试的实施和执行情况，包括测试实验室和鉴定机构的质量标准，推荐最佳实践，确保测试结果满足预期，使用合适和一致性的方法；③考虑智能电网演进过程，确保已有技术的成熟化和新技术的应用。

此外，确保智能电网设备、系统互操作测试和认证框架的成功和广泛使用，这些程序必须在成本方面可行，对于成功的新的测试和认证程序，包括两个关键

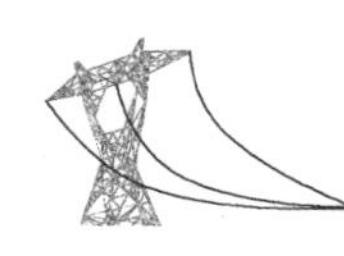

的因素：①相对于产品的成本和部署规模，测试成本必须是合理的，因为测试成本是产品成本的一部分。测试成本是控制产品成本的关键；②相对于产品现场应用失效的风险，测试成本必须是合理的。因为产品失效，将引起设备更换、服务中断、减小用户满意度而产生新的成本。在系统部署之前，通过测试可以发现这些问题。然而，为便于达到整体成本的最小化，测试成本的合理性应该通过设备部署后设备实效的潜在成本风险加以判断。

测试和认证框架的要素至少应包括：①测试实验室的资格等级和测试报告的制定。②认证文件的签发资格等级。③示例性的过程(即用例和事例)和文档。这些过程和文档描述日渐成熟，并且和现场部署及技术发展相适应。④可用于提供反馈的示例性过程，包括最佳实践。可用来反馈到产业界公认的各种标准制定团体、供应商、立法者和管理机构。以便对标准、测试报告和认证文档改进提高。⑤找出标准易测性和可测性的过程。这个过程可用于需求识别，并把需求传达到相关工作组，让其支持对互操作性标准的制定、测试和认证；⑥推荐用实践评价和评估测试要求的深度。这些实践可用于评估单一的标准的要求和解决具体部署问题收集的多个标准的要求。⑦推荐关于测试方法、测试流程、测试用例、测试配置文件方面的实践，在合适的情况下，用于解决互操作问题。⑧基于产业开发的用例，为开发测试和认证文件推荐实践。⑨推荐测试计划和测试用例验证方面的实践，以帮助确保标准的意图和预期应用一致。其中也应该包括标准化的测试参考或测试床的使用过程(如“黄金”参考模型和测试平台)。⑩在适当的时候，这些要素应该被有关合格性测试框架的国际标准采用或者作为国际标准的来源。

3) 测试工具建议

测试和认证框架强调建立公共过程和测试工具的重要性，公共测试过程和测试工具有利于确保测试结果的一致性和可重复性。指南中常使用一些术语和不同词汇描述测试工具，如“通用测试工具”“基准测试设备”和“基准测试产品”。一般来说，这些术语的意思是表示给测试实验室或最终用户提供一个一致性的基准测试或者独立的实现，或者与许多其他类型的可用的测试工具的对应实现。

“通用测试工具”本质上是自动化软件测试工具，指在一系列具体条件下测试特殊的系统。使用这样的工具，可为客户提供一致性、可比较的测试结果，并评估测试对系统变化的影响。“基准测试设备”通常是指可以在实验室配置的测试工具，可以提供一个常数(“参考基准”)，这样测试系统中产品更换或配置变化时，仍可以保证在一致性的方法下进行测试。

支撑智能电网互操作的测试和认证程序预计将用到多个测试设备。为了增强最终用户的信心，SGTCC 列举强调了实施过程和测试工具的重要性，为了达到不同地点可重复的测试结果，需要确保测试数据和测量使用一个共同的参考基准。

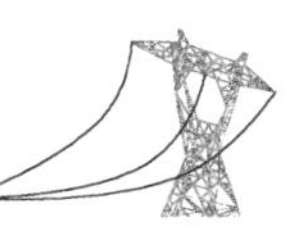

4) 互操作过程参考手册

每个甄别出的智能电网标准，应具备一个互操作性测试和认证机构(interoperability testing and certification authority，ITCA)，互操作测试和认证过程框架以此概念为中心。SGTCC在《互操作过程参考手册》(*Interoperability Process Reference Manual*，IPRM)中对ITCA的定义是“促进基于标准的互操作产品进入市场并为其提供便利”。在其研究报告中，NIST指出“ITCA规定那些颁布后被频繁采用的标准，而不规定那些颁布后进入市场缓慢的标准”。SGTCC认为“临时设立或常设和维持这样的组织，对于加快互操作标准进入市场十分重要”。

基于这一认识，IPRM是制订给ITCA采用的。IPRM概括了ITCA的角色和要求，为达到互操作，对于具体的标准规定了强制性检测和认证过程。IPRM还包括为互操作测试的构建建议最佳实践。

ITCA拟采用IPRM，负责协调智能电网技术标准的测试和认证，以及促进这些技术的产业应用。SGTCC得出的结论指出，那些把IPRM纳入合格性测试的组织，将有更多的机会确保产品的互操作性。

正如IPRM阐明的，一旦ITCA到位，“ITCA应和相关标准制定组织和用户组合作，为测试实验室和鉴定机构的管理维护提供有关管治和协调”。

5) 互操作成熟度评估模型

SGTCC进一步开发和完善了一个评估制度，并放到更严格的互操作成熟度评估模型(interoperability maturity assessment model，IMAM)中，SGTCC制定和完善了IMAM，包括相关的指标和工具，可用于某个标准的测试和认证程序的快速与高层次成熟度评估。IMAM是NIST研究报告中使用过的扩展和完善。它包括对一个成功的测试程序关键特点评价指标的“过滤”，以及更深层次“评估”一个测试程序具体的优点和弱点。这些测试程序关键特点评价指标可以通过SGTCC制作的电子表格问卷调查评估，其中包括对每个度量指标更详细的问题。

按照以下4个方面的“过滤”指标衡量一个测试程序：①在IPRM中定义的ITCA——存在一个符合ITCA要求功能的ITCA表明测试程序的成熟度和稳定性；②技术规范结构——存在标准/规范，这些标准/规范具有明确的一致性要求，具有相关选项/扩展使自身易于开发测试和认证程序；③产品开发/部署状态——如果基于标准的产品在测试程序辅助下成功开发和部署，则也表明了测试程序的成熟度；④客户的经历——如果客户在产品部署过程中，极少遇到一些互操作性问题，这也表明一个测试程序的成熟。

“评估”方法从以下8个方面评价一个测试程序的优势与劣势：①客户的成熟度和要求——客户坚持要求供应商按照标准提供方案，并在互操作方面满足严格要求，这是互操作标准成功的关键。②合格性、互操作性、安全性对比

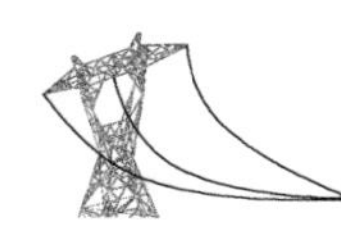

测试——合格性测试判断一个实现是否符合标准；互操作测试验证两个或两个按照同样标准的实现，是否可以成功地相互通信；安全测试分析实现是否正确使用标准中的安全条款，以及是否正确使用实现中应用到的设备和计算机安全特点。一个成熟的测试程序应包括所有 3 项测试；③公布测试过程/参考——通常一个公开出版和审查的测试过程/参考比一个不公开出版的测试过程/参考更成熟、更全面、更完整；④独立测试实验室——独立测试实验室是首选，因为他们在测试中更易公正，并显然会把一个实现的测试经验教训纳入到下一组测试中；⑤标准的反馈——存在一种机制提供标准反馈，有利于提高标准、测试程序和测试实验室运行的质量；⑥合格性/互操作性清单——标准的合格性/互操作性清单可以使用户容易规范和比对实施，提高互操作性；⑦辅助的测试工具和测试套件——自主研发的测试工具和测试套件，还包括可选功能和要求，对于在不同的实施中合格性和互操作避免出现问题是一个重要的功能；⑧测试程序的可持续性——可持续发展的测试程序具有以下特点：客户愿意为认证的产品支付溢价；卖方愿意并积极支付测试工具和认证所需的费用；独立的测试实验室和测试机构在标准上的投资能得到合理回报。

互操作成熟度评估模型一旦完成和完善，就可以为评估智能电网测试和认证程序的成熟度提供一套独特的工具。

8.2.3 给我国智能电网发展的借鉴意义

SGTCC 从提升智能电网互操作性能的角度出发，采用一系列方法对智能电网相关标准进行评估，推荐智能电网需要重点关注的标准，同时开发测试和认证相关的流程、工具，不断完善《互操作过程参考手册》，基于测试和认证等跟踪这些标准的执行过程。SGTCC 的主要思路是不强调开发新的标准，而是建立专业的机构，聚焦对现有标准的整体完善，标准之间协调应用及确保标准应用的合规性。这些思路对于我国智能电网领域的标准发展具有很好的参考价值。

8.3 国内智能电网标准的测试机构及范围

智能电网标准的互操作测试和认证是一个系统工程，也是一个长期的持续过程，建立一个能适应技术、标准升级的互操作测试和认证框架，对于智能电网长期健康可持续发展具有重要意义。智能电网标准的互操作测试和认证属于电力发展质量监督的一种手段，应该在适当的时候将其纳入相关实验室的测试能力建设当中。

我国十分重视智能电网领域的质量监督。自 2012 年开始，国家认证认可监督管理委员会陆续授权成立了一批智能电网领域的质量监督中心：①国家智能电网

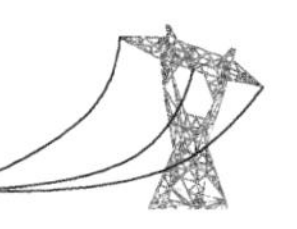

中高压成套设备质量监督检验中心，其挂靠苏州电器科学研究院股份有限公司；②国家智能电网用户端产品(系统)质量监督检验中心，其挂靠上海电器研究所(集团)有限公司；③国家智能电网输变电设备质量监督检验中心，其挂靠甘肃电器科学研究院；④国家智能电网分布式电源装备质量监督检验中心(上海)，其挂靠上海市质量技术监督局。

电力行业主要的测试机构包括中国电力科学研究院和许昌开普检测技术有限公司，重点包括以下几个机构：国家风电技术与检测研究中心、电力工业电力设备及仪表质量检验测试中心、电力工业电气设备质量检验测试中心、电力工业通信设备质量检验测试中心、电力工业电力系统自动化设备质量检验测试中心、电力系统电磁兼容和电磁环境研究与监测中心、国家继电保护及自动化设备质量监督检验中心、国家智能微电网控制设备及系统质量监督检验中心等。

1) 国家风电技术与检测研究中心

国家风电技术与检测研究中心是经国家能源局授权的风电检测研究中心，位于河北省张家口市。其按照国家有关要求，对国内生产、使用的风电机组进行检测与检验，为产品认证和并网运行提供技术依据，并为风电设备制造企业提供技术试验与测试等服务。检测功能包括风电机组的机械载荷、噪声、功率特性、电能质量检测，以及有功/无功调节、低电压穿越、抗干扰能力等电网适应性检测，具备自动测量、数据采集和计量等技术条件，满足风电设备认证的检测要求，可为风电设备制造企业独立进行试验提供场地和测试设施。光伏发电单元并网测试包括光伏发电单元电能质量和功率调节能力检测、光伏发电单元低电压穿越能力检测、光伏发电单元电网适应性检测、光伏发电站特性测试。

2) 电力工业电力设备及仪表质量检验测试中心

电力工业电力设备及仪表质量检验测试中心成立于 1990 年 5 月。1991 年 11 月通过国家认证认可监督管理委员实验室计量认证，2004 年 8 月，通过中国合格评定国家认可委员会实验室认可，并取得资质。该检测中心可承担若干个大类 89 项产品的检测工作，主要包括：①产品型式试验或质量检测；②新成果的检测鉴定；③仲裁检测；④监督检测；⑤其他形式的委托试验。该检测中心下设一个综合管理部和 7 个检测部，分别是：①高压开关及直流电源检测部；②电能计量仪表检测部；③能效测试与节能技术检测部；④配电系统设备及中低压电器检测部；⑤电力变压器检测部；⑥绝缘子检测部；⑦避雷器检测部；⑧电池储能技术检测部。

3) 电力工业电气设备质量检验测试中心

电力工业电气设备质量检验测试中心于 1986 年成立，原名为水利电力部电气设备质量检验测试中心，2003 年国家电网公司成立后，更名为电力工业电气设备质量检验测试中心，主要从事电气设备的质量检测、型式试验、产品鉴定、故障分析、技术培训和产品质量仲裁等业务，获得中国计量认证(China Metrology Accreditation，CMA)检测授权的有8大类78类产品/产品类别、1128项检测参数；获得中国合格评定国家认可委员会(China National Accreditation Service for Conformity Assessment，CNAS)实验室认可检测授权的产品有10大类109类，涵盖全部参数；校准产品2大类36类，涵盖全部参数。检测范围涵盖各类、各电压等级的电压互感器、电流互感器、电力电缆及电缆附件、避雷器、电力变压器、电抗器、绝缘子、高压设备、电磁兼容，以及预装式变电站、低压成套开关设备、低压开关、电力金具、带电作业工器具、高压试验仪器仪表。

4)电力工业通信设备质量检验测试中心

电力工业通信设备质量检验测试中心于1990年12月通过原国家质量技术监督局进行的计量认证；2010年9月，通过了中国合格评定国家认可委员会实验室认可，并取得资质。该检测中心可承担5个大类15项产品的检测工作，主要包括：①产品型式试验或质量检测；②新成果的检测鉴定；③仲裁检测；④监督检测；⑤其他形式的委托测试。该检测中心下设一个综合管理部和5个检测部分别是：①特种光缆检测部；②信息安全检测部；③电力通信网络检测部；④信息工程检测部；⑤电力系统仿真分析软件检测部。

5)电力工业电力系统自动化设备质量检验测试中心

电力工业电力系统自动化设备质量检验测试中心于1990年12月通过原国家质量技术监督局进行的计量认证；2010年9月，通过了中国合格评定国家认可委员会实验室认可，并取得资质。该检测中心可承担若干个大类79项产品的检测工作，主要包括：①产品型式试验或质量检测；②新成果的检测鉴定；③仲裁检测；④监督检测；⑤其他形式的委托测试。该检测中心下设一个综合管理部和6个检测部，分别是：①继电保护及安全自动装置检测部；②电力调度自动化系统及设备检测部；③配用电自动化系统设备检测部；④太阳能发电检测部；⑤电力系统电力电子检测部；⑥电磁兼容检测部。

6)电力系统电磁兼容和电磁环境研究与监测中心

电力系统电磁兼容和电磁环境研究与监测中心成立于2001年，同年4月通过国家认证认可监督管理委员实验室资质认定(计量认证)，并取得资质；2015年11月，通过中国合格评定国家认可委员会实验室认可，并取得资质；2016年3月，通过中国合格评定国家认可委员会校准实验室认可。该中心可开展电磁环境相关产品多个参数的检测工作；可开展工频场强仪和直流合成场强仪2个对象的校准工作。

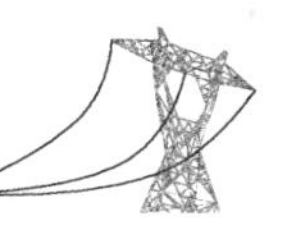

8.4　国内智能电网标准综合应用

8.4.1　智能电网综合标准化试点工作

2013 年，国家标准化管理委员会委托中国电力企业联合会组织开展智能电网综合标准化试点工作。如表 8-1 所示，本次综合标准化试点工作选择新能源并网、智能变电站、智能调度、电动汽车充换电 4 个专业领域，依托国家、行业和企业各方面力量，通过将技术成果尤其是自主创新成果转化为标准成果，形成国家标准、行业标准、企业标准相配套的智能电网专业领域技术标准体系。在此基础上，加强标准的实施推广，为智能电网全面建设提供技术支撑。

表 8-1　智能电网综合标准化示范试点名单

领域	序号	试点项目	试点内容
新能源并网技术	1	张北国家风光储输示范工程	风光储输一体化
	2	云南电网云电科技园 200kW 光伏并网示范研究工程	光伏并网
	3	华电虎林石青山风电项目	风电并网
	4	华能新能源陕西榆林狼尔沟分散式风电项目	
智能变电站技术	5	江苏溧阳 500kV 变电站	500kV 等级智能变电站
	6	河南许昌兴国寺 220kV 智能变电站	220kV 等级智能变电站
	7	贵州六盘水 110kV 杨梅技改智能变电站建设	110kV 等级变电站智能化技改
智能调度技术	8	华中智能电网调度技术支持系统工程	网域智能调度
	9	四川省调智能电网调度技术支持系统工程	省域智能调度
	10	河北衡水智能电网调度技术支持系统工程	地域智能调度
电动汽车充换电技术	11	山东青岛薛家岛充换储放一体化示范	电动汽车与智能电网协作
标准国际输出	12	菲律宾 Antipolo 智能变电站建设	中国技术标准国际输出

8.4.2　智能电网综合示范工程

1）上海电力崇明智能电网综合示范工程

崇明岛位于上海市东北角、长江入海口，具有丰富的风能、太阳能、潮汐能、地热能、生物质能等多种可再生能源，种类多、比例高，是建立可再生能源发电的理想场所。截至 2015 年底，崇明岛可再生能源的装机容量占区域电网最高负荷的比例已经达到 68%。为了更好地实现可再生能源的综合高效利用，2013 年，国网上海电力设计有限公司启动了“以大规模可再生能源利用为特征的智能电网综合示范工程”的研究，并在崇明岛全面开展了智能电网示范工程的建设工作。崇明智能电网综合示范工程构建了可再生能源利用的三层能源架构。

在输电层面，通过“风燃打捆”技术，实现了海上、陆上风电和大型燃机电厂等绿色清洁能源的协调控制；在配电层面，通过智能配电网建设，实现了风能、光能、生物质能和大型储能等分布式电源的友好接入和就地消纳；在用电层面，通过构建灵活可靠的智能用电系统，实现了工业、商业、环岛电动汽车供能体系、生态农业、现代城镇家庭等用户与电网的友好互动，实现了可再生能源的高效利用。

项目在国内率先完成了首套兆瓦级钠硫储能电站的工程化应用，是国内首次实现配网层独立运行风电场与兆瓦级集装箱式储能系统的联合优化运行示范工程。截至 2015 年底，崇明岛全社会用电量为 15.1 亿 kW·h，清洁能源上网电量达 3.36 亿 kW·h，占全岛用电总量的 22.3%。未来，随着更多绿色能源的入网，崇明智能电网的示范作用将进一步凸显。国网上海电力设计有限公司将不断深化课题成果，进一步支撑崇明低碳化国际生态岛的建设，力争打造上海智慧城市能源保障体系的“新地标”。

2) 天津生态城智能电网综合示范工程[36]

2011 年 9 月 19 日，中国首个智能电网综合示范工程在中新天津生态城投运，目前是国际上覆盖区域最广、功能最齐全的智能电网示范区。中新天津生态城智能电网工程涉及发电、输电、变电、配电、用电、调度 6 大环节 12 个子项目的示范工程。中新天津生态城智能电网示范工程重点集中在 4 平方公里起步区，中新生态城智能电网 12 个子项目工程如下所述。

(1) 分布式电源接入：建设中央大道光伏、动漫园光伏、主题公园风力发电及生物质发电等分布式电源接入项目。

(2) 微电网储能系统：配置光伏、风力分布式电源，采用锂离子电池作为储能设施，以照明和电动汽车充电桩等 15kW 负荷作为微电网负荷，配以监控设备构成低压交流微电网，通过并网开关与外部电网相连。

(3) 设备综合状态监测系统：通过《通信协议》(IEC 61850) 集成变压器、组合电器、输电电缆等主要输变电设备多种在线监测信息，实现对设备运行状态数据的实时采集、状态展示、故障诊断、趋势预测的综合分析。

(4) 智能变电站：按照设备智能化、数据平台标准化的配置原则建设，充分展现全站信息数字化、通信平台网络化、信息共享标准化、运行状态可视化、在线分析决策、内外协同互动的技术特征。

(5) 配电自动化：利用电子、通信、计算机及网络技术，将配电网实时信息、离线信息、用户信息、电网结构参数、地理信息进行集成，实现配电系统正常运行及事故情况下的监测、保护、控制和管理。

(6) 电能质量监测：由分布在各监测点的电能质量监测终端、信息通道及服务

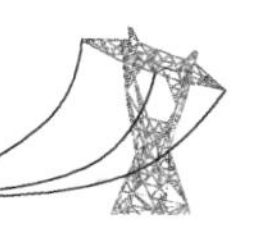

站和客户端组成，对生态城区域电网电能质量有关数据进行实时、准确、全面地在线监测，实现数据的统一管理、分析与考核。

(7) 用电信息采集系统：以双向、宽带通信信息网络为基本特征，实现对各类用户负荷、电量、计量状态等重要信息的实时采集，建立实时、高效、可靠、互动的新型供用电关系。

(8) 智能用电小区：基于电力光纤到户的全程光纤通信方式，实现用户与电网之间的互动，可对各类家电用电信息进行采集和控制，还可建立集紧急求助、燃气泄漏、烟感、红外探测于一体的家庭安防系统。

(9) 电动汽车充电设施：在生态城建设 3 座大型充电站、3 座中型充电站和 150 个充电桩。

(10) 通信信息网络：建设面向智能电网、以光纤传输和光纤接入为主的高速通信网络，实现对发电、输电、配电、用电等关键环节运行状况的无盲点监控。

(11) 智能电网运行可视化平台：综合采用三维虚拟显示技术、多媒体动画技术，通过实时在线分析和仿真等手段，实现针对生态城智能电网的全程、全景、全维度可视化展示功能。

(12) 智能营业厅：设置多种智能终端，主要功能包括客户身份识别、自动引导、多渠道缴费、业务办理、远程协助、信息查询、票据打印、充值卡发售等，能提供 24h 不间断服务。

3) 国家风光储输示范工程[37]

2011 年 12 月 25 日，国家风光储输示范工程在河北省张北县建成投产。该工程由我国自主设计、建造，是目前世界上规模最大的，集风电、光伏发电、储能、智能输电于一体的新能源综合利用平台，可有效破解新能源并网发电的关键技术难题。

工程建成了国内首个智能源网友好型风电厂、国内容量最大的功率调节型光伏电站、世界上规模最大的多类型化学储能电站，在世界范围内首创了新能源发电的风光储输联合运行模式。其自主研发的联合发电智能全景优化控制系统可根据电网用电需要及风速、光照预测，对风电厂、光伏电站、储能系统和变电站进行全景监测、智能优化，对风光储系统运行实现全面控制和平滑切换，完成了新能源发电平滑输出、计划跟踪、削峰填谷和调频等控制目标。

国家风光储输示范工程实现了风电、光伏发电由不稳定电力转为安全、可靠、优质的绿色能源，为新能源大规模开发利用、友好接入电网提供了坚强有力的技术支撑，标志着我国在新能源综合利用技术方面取得重大突破。实现了风光储互补机制及系统集成、全景监测与协调控制、风光联合功率预测、源网协调、大规模储能技术集成及控制五大技术突破，完成了风光储联合发电智能全景优化控制、储能电站监控、多功能智能化数据采集装置等 10 项自主设备研发，创造了联合发电预测算法、联合发电系统模型、储能控制策略等 20 项以上的技术创新。

8.5 智能电网标准典型领域标准特色分析

8.5.1 智能电表

智能电表是智能电网建设过程中的重要环节，直接关系到智能电网建设给用户带来的效益。我国及美国、欧洲、日本等地区和国家均十分重视智能电表标准的开发和应用。表 8-2 从 3 个方面对智能电表标准进行国内外对比分析。

表 8-2 智能电表标准国内外对比分析

对比项	中国	美国
应用背景	进一步规范用电信息采集系统和电能表，促进公司系统经营管理水平和优质服务水平的不断提高。2008 年，国家电网公司开始组织编写用电信息采集和智能电能表两大系列标准；相关标准陆续转化为行业标准，并在全国范围内开展推广应用	通过智能电表这一用户“入口”设备，电网公司可以了解用户更多的需求，和用户形成互动。主要标准为 ANSI C12 系列标准，另外美国电气制造商协会(National Electrical Manufacturers Association，NEMA)、美国 NIST 等对智能电表互操作，包括数据模型和通信协议等开展了相关研究，并提出了标准化建议
标准重点	强调智能电表安全，费控智能电能表应嵌入(Embedded Secure Access Module，ESAM)用于信息交换安全认证。通过固态介质或虚拟介质,对费控智能电能表进行参数设置、预存电费、信息返写和下发远程控制命令操作时，需通过 ESAM 模块进行安全认证，借助数据加解密处理以确保数据传输的安全性和完整性	美国重视智能电表的互操作和可升级问题。NIST 首批优先标准的第一个标准是智能电表升级标准，主要考虑满足互动需求和升级需要；探究智能电表的下一步发展策略，具体来说，就是如何利用智能电表采集的数据，帮助公用事业公司提高运营效率
主要特点	智能电能表标准体系主要包括功能规范、技术规范、型式规范、信息交换安全认证技术规范等几个部分。用电信息采集系统包括采集器、集中器、通信单元、采集主站等的功能规范和技术规范，以及主站和集中器、集中器和本地通信模块通信协议	美国智能电表主要是 ANSI C12 系列标准，规定了电能表通信协议、数据表格式、精度等级等，另外 2009 年颁布了 NEMA SG-AMI 1—2009 *Requirements for Smart Meter Upgradeability* 智能电表升级标准

在前期的智能电表标准中，我国适当借鉴采用了 IEC 的电能表相关规范，并在黑龙江等一些地区推广采用 IEC 智能电表相关标准。我国的智能电表标准在最近几年(“十三五”期间)的发展中，不但进一步强化信息安全问题，而且也在智能电表互操作、智能电表运行软件远程自动升级方面开展了大量的标准化工作。

8.5.2 风机并网

国内针对风机接入电网的标准化开展了很多工作。其中，我国的几个大型风电场曾经发生多起风电机组脱网事故，大量的风电机组因电压问题连锁跳闸脱网，短期内损失大量出力，导致电网频率降低。在解决该问题的过程中，我国标准化

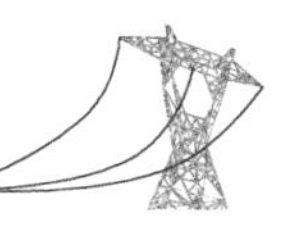

工作者研究并制定了风机故障低电压穿越标准和测试，建立完善的实验测试环境，按国内标准检测的机组性能优于按国际标准的国外机组，所形成的新国际标准得到了认可，较好地解决了大规模风电机组脱网事故。

1）风电机组低压穿越标准化

目前在一些风力发电占主导地位的国家，如丹麦、德国等，已经相继制定了新的电网运行准则，定量地给出了风电系统离网的条件（如最低电压跌落深度和跌落持续时间），只有当电网电压跌落低于规定曲线后，才允许风电机脱网，当电压在凹陷部分时，发电机应提供无功功率。这就要求风力发电系统具有较强的低电压穿越（low voltage ride through，LVRT）能力，同时能方便地为电网提供无功功率支持。当电力系统中风电装机容量比例较大时，电力系统发生故障引起电压跌落，导致风电场切除后，会严重影响系统运行的稳定性，这就要求风电机组具有 LVRT 能力，保证系统发生故障后风电机组不间断并网运行。

2011 年 12 颁布的新国家标准《风电场接入电力系统技术规定》（GB/T 19963—2011）修改完善了原国家标准中有关风电场有功功率控制、无功功率/电压控制、风电场功率预测、风电场测试、风电场二次系统等技术条款，并增加了风电场 LVRT 能力要求的相关内容。

2）风电机组 LVRT 测试标准

风电机组 LVRT 能力的深度对机组造价影响很大，根据实际系统对风电机组进行合理的 LVRT 能力设计很有必要。而如何检测 LVRT 能力，制定合理的测试标准是一个关键问题。由中国电力科学研究院等单位制定的《风电机组低电压穿越能力测试规程》（NB/T 31051—2014），规定了风电机组低电压穿越能力现场测试的测试条件、测试内容、测试设备和测试程序和测试报告的内容。该标准的发布，为国内风电机组 LVRT 能力现场测试提供了统一、标准的测试依据，对确保风电大规模接入后风电场和电网的安全稳定运行具有重要意义，奠定了风电机组 LVRT 性能评价和风电场 LVRT 仿真验证的基础。

3）风电机组标准测试环境

2010 年 1 月 6 日，由中国电力科学研究院建设运维的国家能源大型风电并网系统研发（实验）中心获国家能源局授牌正式成立，成为首批国家能源研发（实验）中心之一，也是我国唯一具备风电并网检测能力的国家级风电检测机构。自 2010 年 3 月，首次开展风电机组 LVRT 能力现场测试以来，中国电力科学研究院积极建设并完善相关风电机组测试技术能力，先后承担了国家“863 计划”、国家科技支撑计划、国家能源局、国家电网公司科技项目等一系列重大科研项目，建立了完善的风电机组检测技术研究体系。

8.5.3 电动汽车充电设施

1) 我国电动汽车充电设施标准体系整体推进方面比国外要系统全面

2010 年，国家能源局组织成立了能源行业电动汽车充电设施标准化技术委员会，开展了充电设备、充电接口等急需的标准研制工作。在此基础上，调研充电设施标准需求，研究充电设施标准体系。2015 年 11 月 4 日，印发了《电动汽车充电设施标准体系 项目表(2015 年版)》，其中，电动汽车充电设施各技术领域设置的标准情况如下[38]：

(1) 基础(SC1)。主要包括术语及并网基本规定。

(2) 动力电池箱(SC2)。主要包括换电模式下涉及的动力电池尺寸、电池箱架、动力仓标准。

(3) 充电系统与设备(SC3)。主要包括电动汽车非车载充电机、车载充电机、交流充电桩等相关设备的技术要求和试验方法等。

(4) 充换电接口(SC4)。主要包括电动汽车充换电设备的机械与电气接口要求及通信协议等。

(5) 换电系统及设备(SC5)。主要包括更换电池用的设备标准及检验方法等。

(6) 充/换电站及服务网络(SC6)。主要包括电动汽车充电站、电池更换站及服务网络的通用技术要求、供配电要求和监控系统技术规范和通信协议等。

(7) 建设与运行(SC7)。主要包括电动汽车充电设施建设规划导则、技术导则、施工与验收规范、运行管理和计量等。

(8) 设备(SC8)。主要包括充换电设施的相关附属设备，涉及车载终端、标志标识等内容。

2) 目前国内重点开展充电互操作标准的研究和测试

2015 年 12 月 28 日，国家质量监督检验检疫总局、国字标准化管理委员会等。五部委联合发布了我国电动汽车传导充电系统、充电接口、通信协议等 5 项国家标准，从实现和提高充电互操作性、充电安全性等方面，提出了更为具体、更加全面的要求，这为充电统一了接口和通信协议标准，为实现充电兼容性奠定了技术基础。

为了保证电动汽车及充电设施的产品符合国家标准要求，还需要对电动汽车及充电设备进行检测，为此，中国电力企业联合会联合中国汽车技术研究中心组织编写了《电动汽车传导充电互操作性测试规范 第 1 部分：供电设备》(GB/T 34657.1—2017)《电动汽车传导充电互操作性测试规范 第 2 部分：车辆》(GB/T 34657.2—2017)和《电动汽车非车载传导式充电机与电池管理系统之间的通信协议一致性测试》(GB/T 34658—2017)。为了验证这 3 项电动汽车充电互操作测

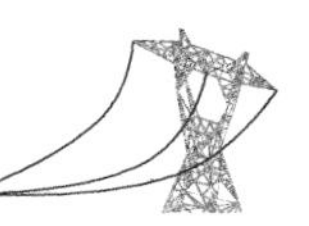

试标准，同时也为推动实验室执行一致性和互操作标准、提高测试能力和水平做准备，中国电力企业联合会标准化管理中心、能源行业电动汽车充电设施标准化技术委员会充电检测认证标准工作组、中国电动汽车充电基础设施促进联盟标准实施促进专业委员会联合开展了电动汽车传导充电系统互操作性公益测试活动。

8.5.4 特高压

我国特高压工程在电压等级、输电距离、传输容量等方面不断刷新世界纪录。特高压工程纳入国家大气污染防治行动计划。在标准方面，IEC 将中国国家电网公司的特高压输电技术系列标准确立为国际标准，同时我国特高压交流电压也被确定为国际标准电压。

特高压大量的工程实践和科研工作有力地支持我国在该领域国际标准中的竞争主导权。我国主导建立的高压直流输电技术委员会 IEC TC115，并开发了多个国际标准。特高压交流输电相关的国际标准也在 IEC TC122 技术委员会陆续开发。

国际标准在国家电网公司参与“一带一路”建设中，起到了明显推动作用。提升了海外电网投资和运营水平，国家电网公司投资了多个国家和地区的电网等骨干能源网，在海外项目投资运营中，充分发挥标准优势，提升了运维管理水平，所有项目都实现了盈利，提升了当地的供电保障水平，实现了政府满意、员工满意，特别是服务的客户满意[39]。

8.5.5 微电网

微电网是指由分布式电源、用电负荷、配电设施、监控和保护装置等组成的小型发配用电系统。微电网分为并网型和独立型，可实现自我控制和自治管理。并网型微电网通常与外部电网联网运行，且具备并离网切换与独立运行能力。

近年来，国内相关单位相继建设了一批以风、光为主要新能源发电形式的微电网示范工程，这些微电网示范工程大致可分为 3 类：边远地区微电网、海岛微电网和城市微电网。大多数情况下，边远地区生态环境脆弱，扩展传统电网成本高，利用本地丰富的风、光可再生分布式能源建设独立型微电网需求较大。利用海岛可再生分布式能源建设海岛微电网是解决我国海岛供电问题的优选方案，也为国家实施“海洋大国战略”，研究海洋、开发海洋、走向海洋的提供电力支撑。城市微电网目标包括集成可再生分布式能源、提供高质量及多样性的供电可靠性服务、冷热电综合利用等。

2017 年 5 月 5 日，国家发展和改革委员会、国家能源局印发了“新能源微电网示范项目”名单，28 个新能源微电网示范项目获批，示范项目的重点在于技术

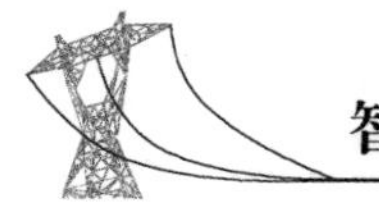

集成应用、运营管理模式、市场化交易机制创新。

国内已形成相对完整的微电网技术标准体系，随着电力体制改革、分布式发电技术成本降低，微电网应用发展明显加快，为了满足各种应用需求，最近几年，微电网相关的国家、行业、团体等标准已在逐步被开发并推广应用。国际上，我国在 IEC TC8 申请并成立分布式能源系统分委员会，相继主导开发了微电网规划设计、运行控制等系列技术标准。标准和应用的相互促进将为我国微电网高质量发展提供支撑。

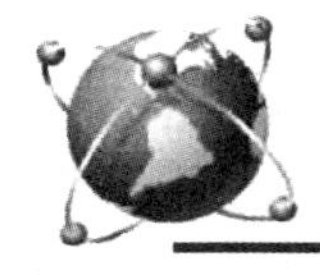

第 9 章　相关政策法规

智能电网是涉及国计民生的大型基础建设项目，建设投资大、周期长、社会影响面广，对生态环境乃至人类社会的可持续发展会产生决定性的影响。所以，许多国家都把智能电网作为国家战略，从社会总福利角度进行公共决策，政府在其中发挥主导作用，通过制定政策法规，对发展智能电网提供一定的制度保障，并通过激励措施推动其实施。

智能电网与电力市场机制相互作用、彼此影响。一方面，电力市场是影响智能电网发展的重要因素。例如，通过放开用户选择权，并通过价格信号引导用户参与需求响应，实现智能电网双向互动的价值。另一方面，智能电网对未来电力市场的发展将发挥重要的推动作用。

本章将介绍美国、欧洲和我国与智能电网发展相关的政策法规、市场和监管。

9.1　中　　国

9.1.1　政策法规

2009 年国家电网公司启动智能电网研究和工程建设，2010 年发布了一系列纲领性文件，包括《关于加快推进坚强智能电网建设的意见》《智能电网关键设备（系统）研制规划》《智能电网技术标准体系规划》。2010～2015 年，智能电网连续 6 次被写入我国政府工作报告，所以，智能电网在我国已上升为国家战略。科学技术部、国家标准化管理委员会在科研项目立项、标准化研制和标准国际化方面给予了一定的支持。但国家在政策、法规和标准体系研究方面相对滞后，没有发挥引导和监督作用，智能电网的发展规划、投资、标准制定、示范工程建设都主要由国家电网公司和南方电网公司主导。2015 年国家发展和改革委员会、国家能源局联合发布了《关于促进智能电网发展的指导意见》，距离我国启动智能电网研究和工程建设已有 6 年，我国已进入了智能电网技术大规模部署阶段。

9.1.2　市场和监管

2009～2014 年，国家电网公司实施智能电网研究和示范工程建设，但由于电力市场化改革滞后，需求侧响应和用户参与的空间有限，国外提出的一些智能电网方案难以在我国配电、用电侧产生效益。

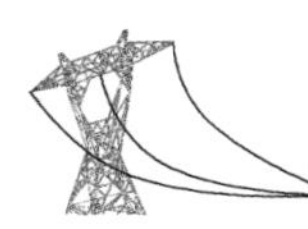
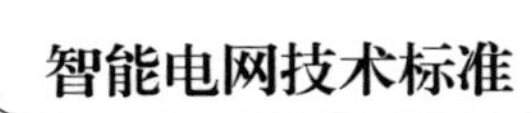

2015 年中共中央国务院发布了《关于进一步深化电力体制改革的若干意见》[40]（中发〔2015〕9 号）（以下简称 9 号文件），提出了深化电力体制改革的重点和路径是：在进一步完善政企分开、厂网分开、主辅分开的基础上，按照管住中间、放开两头的体制架构，有序放开输配以外的竞争性环节电价，有序向社会资本开放配售电业务，有序放开公益性和调节性以外的发用电计划；推进交易机构相对独立、规范运行；继续深化对区域电网建设和适合我国国情的输配体系体制研究，进一步强化政府监管、电力统筹规划以及电力安全高效运行和可靠供应。9 号文提出将电价划分为上网电价、输电电价、配电电价和终端销售电价。上网电价由国家制定的容量电价和市场竞价产生的电量电价组成，输、配电价由政府确定定价原则，销售电价以上述电价为基础构成，建立与上网电价联动的机制。政府按效率原则、激励机制和吸引投资的要求，并考虑社会承受能力，对各个环节的价格进行调控和监管。

电力体制改革给能源互联网带来了商机。配电放开，增量售电放开，能源行业更市场化，同时将促进企业创新，在新的政策下涌现管理、运营和经营模式创新。分布式发电、储能、微电网等技术将得到大力发展。能源发生、输送、存储和使用方式会发挥出更大的潜能，突破新能源发电限制，改变余额上网方式，分布式新能源的使用可以使能源在微电网内外协调调度和优化利用。售电侧将强化市场竞争，形成市场化的售电新机制。能源服务公司成为产业新热点，业务范围将进一步扩大，用户侧工作已不限于单方向的为用户供能和降低用户能耗，也包括能源选择、优化能源调配使用，对电网和系统支持和备用，以及专业化的第三方服务等。随着电力改革的深入和政府引导作用的加强，我国的智能电网在配、用电侧将得到新发展，能源的优化利用和提高能效将得到加强，智能电网的效益也将更为显现。

2016 年 2 月 29 日，由国家发展和改革委员会、国家能源局、工业和信息化部联合制定的《关于推进“互联网＋”智慧能源发展的指导意见》（发改能源〔2016〕392 号）发布，提出能源互联网建设近中期将分为两个阶段推进，先期开展试点示范，后续进行推广应用，并明确了十大重点任务。2016 年，国家发展和改革委员会和国家能源局相继发文，开展能源互联网示范，包括《关于组织实施“互联网＋”智慧能源（能源互联网）示范项目的通知》[41]（国能科技〔2016〕200 号）、《国家发改委国家能源局关于推进多能互补集成优化示范工程建设的实施意见》[42]（发改能源〔2016〕1430 号）、《国家发改委国字能源局关于报送增量配电业务试点项目的通知》[43]（发改电〔2016〕503 号）等。在 2017 年 8 月国家能源局批准了 55 个园区开展能源互联网示范工程。全国范围的智能电网已进展到能源互联网的新阶段。

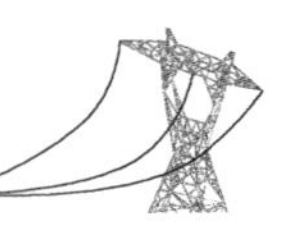

9.2 美　　国

9.2.1 政策法规

《2007 能源独立和安全法案》(EISA 2007)和《2009 美国复苏与再投资计划法案》(ARRA 2009)是美国与智能电网相关的两个重要法案。

2007 年 12 月，美国国会通过 EISA 2007，其中的第 13 号法令名为“智能电网法令”,具有里程碑式的意义。它首先用法律的形式确立了智能电网的国家战略地位，并就提交国会的定期报告、组织形式、技术研究、开发和示范工程建设、配套资金支持、协调工作框架、各州的职责、私有线路法案影响的研究及智能电网对于安全性的贡献研究等问题进行了详细和明确的规定。第 13 号法令还明确规定将有商务部(Department of Commerce，DOC)下属的 NSIT 组织开展智能电网标准体系研究。

美国 2009 年 2 月颁布了 ARRA 2009。依据 ARRA 2009，美国能源部从 2010 年开始陆续下发政府资金共 45 亿美元，支持智能电网的研究、示范和技术应用。主要支持 99 项 SGIG 项目和 32 项 SGDP 项目。SGIG 项目的私有配套资金共 78 亿美元，其中输电系统、配电系统、AMI 和用户系统分别投入资金 5.8 亿美元、19.6 亿美元、13.3 亿美元和 39.6 亿美元，分别占比为 7%、25%、17%和 51%，AMI 部署约占 50%。SGDP 项目 32 项，其中 16 项为储能项目，另外 16 项示范项目重在研究多项技术的集成。例如，加利福尼亚州的一个示范项目是在校园中实现多项技术的集成，包括网络安全、需求响应、混合电动汽车接入和互操作标准的验证等。在投资计划中，有 1 亿美元用于资助对退伍军人的职业培训，希望他们能借智能电网的发展机遇，找到技术性工作岗位；有 1000 万美元用于资助 NIST 开展智能电网标准体系研究。

NIST 在政府资助资金的支持下，不仅组织编写了智能电网互操作框架，还成立了 SGIP，吸引所有利益相关方参与到 SGIP 中来，共同研究智能电网标准体系和路线图，充分反映各方观点和利益，以期在最大范围内达成共识。在 SGIP 内，不仅研究标准需求，指导各标准组织完成标准的制修订，还对标准的互操作性进行检测认证，以保证标准的一致性和可用性。经过检测认证的标准经投票进入标准库，提交给美国电力监管机构——FERC，FERC 在征求意见后，如能被广泛认同，才能真正被工业界接受，进入实质性应用。

此外，白宫科学技术顾问委员会于 2011 年发布的《21 世纪电网政策框架——保证未来能源安全》[44]中指出，投资智能电网项目的 4 项基本原则是：①智能电网项目满足成本/效益性；②激发电力部门的创新潜能；③赋予用户知情权和决策权；④保障电网安全。该委员会于 2013 年 2 月发布了《21 世纪电网发展政策框架——进展报告》[45]，对照上述 4 项原则，通过对项目实例的分析评估，对智能电网项目的成效给予了肯定，并表示将在继续遵循 4 项原则基础上，对电网现代化工作给予持续支持。

这些工作充分体现了美国政府在智能电网发展中的引导和监督作用。

9.2.2 市场和监管

美国是世界上最早进行电力市场改革的国家之一，电力市场运行机制、监管体系比较成熟，市场竞争程度较高。美国电力市场的一个显著特点是发电商的市场份额比较分散，有数百家发电商，发电所有权的分散，意味着发电商的市场控制力较小，有助于增加竞争。美国没有全国性的电力市场，电力市场交易模式多样化，大致可分为两类：一类是有组织的集中竞价交易市场，通常由区域输电组织或独立系统运营商负责运营，集中竞价；另一类是以双边交易为基础、不集中竞价交易市场。

2009 年 7 月，FERC 发布了智能电网政策声明，其中提出了针对电力公司投资智能电网的"临时电价政策"。该政策允许美国的电力公司通过提高一定的电价水平，以部分回收其在智能电网发展方面的投资。2009 年 12 月 17 日，FERC 第一次根据"临时电价政策"，批准了美国太平洋燃气电力公司(Pacific Gas and Electric Co.，PG&E)提高电价以回收智能电网方面投资的申请。

需求响应是美国智能电网技术发展的重点。为支持需求响应示范项目的开展，美国针对试验示范项目实施尖峰电价(critical peak price，CPP)、尖峰回馈电价(critical peak rebate，CPR)、小时实时电价等，通过示范工程的实施，可对未来电价设计提供参考。

9.3 欧　　洲

9.3.1 政策法规

欧洲是世界能源电力改革的积极推动者，也是气候变化和环境保护的主要倡导者。从 1997 年开始，欧盟出台了一系列促进可再生能源、清洁能源、提高能源效率的政策。2008 年 12 月，欧盟各成员国一致同意发起了"欧洲经济复苏计划"，将绿色技术作为经济复苏计划的有力支撑。所筹 50 亿欧元经费中大约的一半用来资助低碳项目，10.5 亿欧元用于 7 个碳捕获和储存项目，9.1 亿欧元用于电力联网(协助可再生能源联入欧洲电网)，5.65 亿欧元用于北海和波罗的海的海上风能项目。在 2010 年 6 月的欧盟夏季峰会上，欧盟 27 个成员国的首脑通过了未来 10 年的经济发展战略，即"2020 战略"。"2020 战略"提出了未来 10 年欧盟需要在能源基础设施、科研创新等领域投资 1 万亿欧元，以保障欧盟能源供应安全和实现应对气候变化目标。欧盟能源新战略的核心内容是未来 10 年欧盟国家能源领域

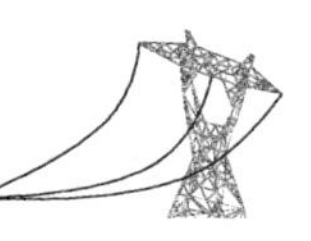

的五大优先目标。

为推动欧洲智能电网标准化工作，欧盟委员会先后颁布了3项政令(madate)，分别为2009年3月颁布的M/441(关于智能电表)、2010年6月颁布的M/468(关于电动交通)、2011年3月颁布的M/490(关于智能电网标准体系)。这3项政令对欧洲3个标准化组织(european standardization organizations，ESO)CEN、CENELE和ETSI在上述3个方面的工作提出了要求。作为对M/441、M/468和M/490的回应，3个标准化组织联合建立了智能电表协调组(Smart Meter Coordination Group)，电动汽车智能充电临时工作组，欧盟智能电网协调组(CEN-CENELEC-ETSI Smart Grids Coordination Group，SG-CG)，分别负责智能电表技术领域的标研究、电动交通技术领域的标准研究和智能电网标准体系研究。

英国是首个将温室气体减排目标写入法律的国家。2008年，英国颁布《气候变化法》，规定到2050年需要在1990年的基础上实现80%的减排目标。2009年政府出台的《英国低碳转型计划》提出到2020年，全国40%的电力供应来自低碳能源，其中30%来自可再生能源。为配合该战略计划的实施，政府又出台了《英国可再生能源战略》，提出到2020年可再生能源需要占到国家能源供应总量的15%。综合以上两个重要目标，加之英国可再生能源主要是风能和海洋能，具有间歇性和长距离传输等特点，为了接纳这些可再生能源，发展智能电网变得非常迫切。英国政府为推动智能电网建设，成立了电网战略小组，出台了《智能电网远景》报告，从产业和技术角度对智能电网做了远景规划，报告还强调智能电网不仅需要技术上的突破，更需要管理、法律、产业及文化层面的改变。2010年英国天然气和电力市场监管机构(Office of Gas and Electricity Market，Ofgem)，出台新的管理机制，目的是鼓励企业进行长期投资和创新，使企业把更多资金投入到智能电网建设中来。Ofgem将自身的职能一分为二，一部分继续实施行业监管，另一部分专门支持电力行业向低碳过渡，反映了英国能源政策的重要转变。为鼓励网络运营商进行技术创新，同时带动投入，Ofgem设立了5亿英镑的低碳基金。从2010年起，历时5年，每年从基金中投入1亿英镑，主要支持智能电网等低碳技术的大规模试验示范。

德国政府为可持续发展和环境保护做出了承诺：计划到2020年，实现碳排放在1990年的基础上减少40%，2050年在2010的基础上减少60%。为了实现减排和2020年完全淘汰核电的目标，发展智能电网成为当务之急。德国迄今为止并没有发布专门针对智能电网的法律法规，与智能电网相关的法规有《能源经济法》《可再生能源法》《热电联产法》等。德国政府还参与支持了一些新能源项目，并通过项目积累的经验，不断对法规进行修订。德国联邦经济部与联邦环境部在2010年6月共同发起了电网平台，是一个广泛听取不同组织包括电力部门、环境部门、消费者群体、企业协会等意见，共同探讨智能电网标准的对话平台。

早在德国电力市场化改革之前，德国就在探索用可再生能源替代传统能源的方法。1990 年颁布的《电力上网法》就已经规定了可再生能源的相关补贴促进政策。2000 年，该法被《可再生能源法》替代，高额的补贴和余额上网的保障机制吸引了大量的资金，德国可再生能源进入高速发展阶段。但这种固定补贴机制的激励效果仅在于增加了可再生能源的装机规模。由于德国电网的特点是风电主要集中在北部，而南部负荷较多，风电的发展导致电网阻塞，最终限制了风电的消纳。2009 年修订后的《可再生能源法》，限制了可再生能源上网电价的补贴额度和时间；2012 年再次修订的《可再生能源法》提高了德国可再生能源电力的中期目标，并将长期目标写入法律；2014 年实施新的《可再生能源法》，再度削减上网补贴费率、限定年度新增规模。1998 年实施的《能源经济法》打破了能源市场的垄断，使得电价明显下降；2005 年修订后的《能源经济法》，结合环境保护问题将环境可承载性纳入目标；2011 年修订的《能源经济法》，针对推广智能电表制定了新的法律法规。

9.3.2 市场和监管

1996 年欧盟着手进行电力市场化改革。作为欧盟的重要成员之一，德国电力市场改革严格按照欧盟的指令在不断深化。1998 年，德国开始进行电力市场化改革，实现厂网分开，在发电和售电侧引入竞争，建立了双边交易市场，85%～90%的电能量采用双边交易模式交易，即用户或供电公司与发电公司直接交易。德国的电力零售市场十分活跃，已有 1000 多家售电公司，且每年都有一批新的售电公司带着新的商业模式出现，为用户提供各种套餐服务。

英国作为全球电力市场化改革较早的国家之一，其发电、输电、配电、售电企业互相独立、自主经营，各环节价格机制清晰、独立并受到严格监管。英国消费电价由发电电价、输配电网过网和并网费、售电公司运营费及政府部门的税收组成。售电公司将批发市场购买的电量出售给用户获得差价利润。英国售电公司的销售电价结构包括容量费用和电量费用。容量费用不管用户是否使用电量都将收取，该部分费用在一定期限内保持不变；电量费用根据单位电价和用户的用电量进行计算。各售电公司可根据营销策略，制定不同的用电套餐供用户选择。目前，依据 Ofgem 的规定，售电公司可以制定不分时段和分时段两种模式的电价，在每种模式下，售电公司又可以制定不同形式的电价。

第10章 展 望

随着技术发展和环境变化，人们对智能电网概念有了更深入全面的认识，对其内涵进行了丰富。能源互联网就是智能电网概念的发展，智慧城市是与智能电网密切相关的技术领域，CPS 则是智能电网、能源互联网和智慧城市共同的理论基础。这些概念的相互支撑、相互影响，对智能电网的发展将产生深远的影响。

本章将介绍能源互联网、CPS 和智慧城市的特征，总结相关的标准化工作，分析标准需求。

10.1 能源互联网

美国学者杰里米·里夫金在其畅销书《第三次工业革命：新经济模式如何改变世界》[46]中，提出了能源互联网的愿景，引起了我国学者的关注。杰里米·里夫金认为，基于化石燃料大规模利用的工业模式正在走向终结，而以新能源技术和信息技术的深度融合为特征的一种新的能源利用体系即“能源互联网”正在出现。

2015 年，“互联网+”写入我国政府工作报告，意味着“互联网+”已成为国家经济社会发展的重要战略。在此背景下，2016 年 2 月，国家发展和改革委员会、国家能源局、工业和信息化部联合发布《关于推进“互联网+”智慧能源发展的指导意见》(发改能源〔2016〕392 号)，并将“互联网+”智慧能源简称为能源互联网。在此指导意见的引导下，我国正在开展能源互联网的试点示范工程建设。

美国和欧洲也已启动了能源互联网研究计划。德国在 2008 年在电子能源(Electronic-Energy，E-Energy)计划下，阐述了能源互联网发展理念并开展了示范工程研究和建设。E-Energy 计划不仅涵盖了各种可再生能源利用，并且通过电力与供热、冷和交通的交互，提高了可再生能源的利用效率，借助移动互联网，实现了能源的实时交易和自动需求响应。2008 年，美国北卡州立大学开始研究“未来可再生能源电能传输和管理系统：能源互联网”(*The Future Renewable Electric Energy Delivery and Management*(FREEDM)*System the Energy Internet*)。FREEDM 系统与现有电网的不同之处在于：传统电网中电能的流向是单向的，即只能由发电厂流向用户；而在 FREEDM 系统中，电能的流动是多向的，它是一个能源互联网，每个电力用户既是能源的消费者，也是能源的供应者，且用户可以将分布式能源产生的多余电能卖给电力公司。FREEDM 系统的理念是在电力电子、高度数

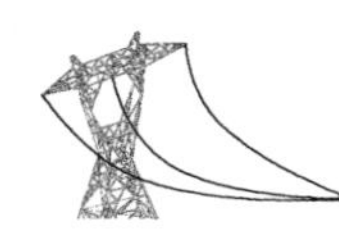

字通信和分布控制技术的支撑下，建立具有智慧功能的革命性电网架构，消纳大量分布式能源。通过综合控制能源的生产、传输和消费各环节，实现能源的高效利用和对可再生能源的大规模利用。

10.1.1 主要特征

《关于推进“互联网+”智慧能源发展的指导意见》(发改能源〔2016〕392号)指出：能源互联网是一种互联网与能源生产、传输、存储、消费及能源市场深度融合的能源产业发展新形态，具有设备智能、多能协同、信息对称、供需分散、系统扁平、交易开放等主要特征。

由清华大学牵头，国家电网公司、南方电网公司等多家单位参与编制的《能源互联网关键技术和标准》研究报告[47]中提出：能源互联网是以可再生能源优先、以电能等二次能源为基础，其他一次能源为补充的集中式和分布式互相协同，以互联网技术为管控运营平台，实现多种能源系统供需互动、有序配置，进而促进社会的经济、低碳、智能、高效的平衡发展的新型生态化能源系统。报告提出的能源互联网架构和多能互联示例，分别如图 10-1 和图 10-2 所示。

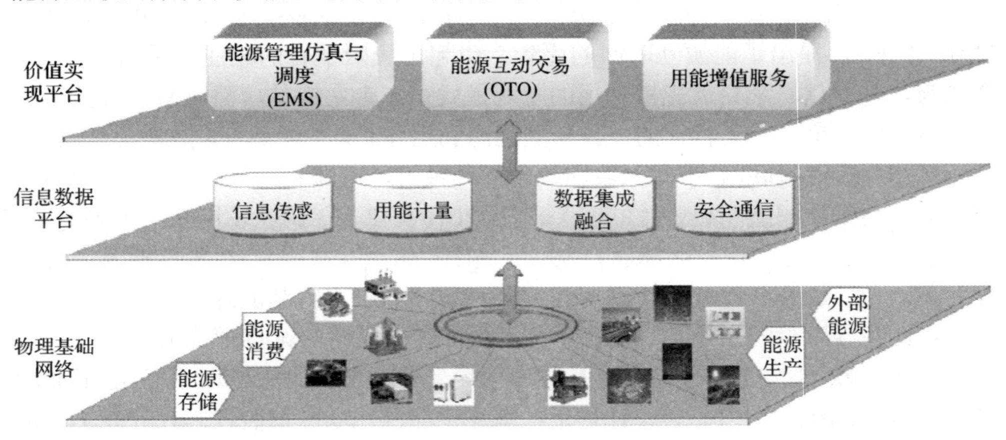

图 10-1　能源互联网架构

能源互联网可以划分为物理基础网络、信息数据平台和价值实现平台 3 个层级，如图 10-1 所示。

1) 物理基础网络层：实现多能融合的能源网络

以电力网络为主体骨架，融合气、热等网络，覆盖包含能源生产、能源传输、能源消费、能源存储、能源转换的整个能源链。图 10-2 给出了一个多能互联示例。

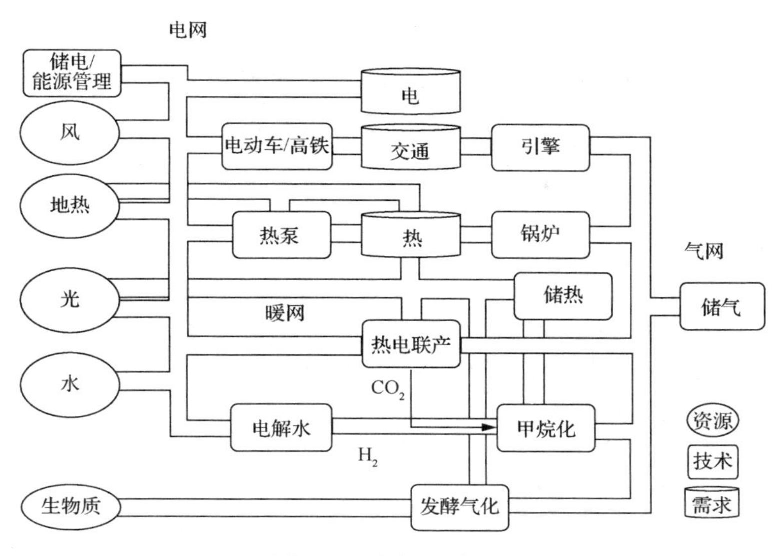

图 10-2 多能互联示例

2）信息数据平台层：实现信息物理系统的融合

多种能源系统的信息共享，信息流与能量流通过信息物理融合系统紧密耦合，信息流贯穿于能源互联网的全生命周期。

3）价值实现平台层：实现创新模式能源运营

创新模式能源运营要充分运用互联网思维，利用大数据、云计算、移动互联网等互联网技术，实现能源生产者、消费者、运营者和监管者的效用最大化。

10.1.2 能源互联网与智能电网

能源互联网是智能电网概念的新发展。从智能电网到能源互联网，从内涵上主要进行了两个方面的扩展：①智能电网只包含电力这一种能源，而能源互联网以电为主，将能源扩展到其他一次、二次能源；②智能电网是电力设施和信息通信系统的融合，但这里的信息通信系统大多属于电力专用系统，能源互联网强调采用大数据、云计算、移动通信等互联网技术，互联网技术是一种开放的、公用的信息通信技术。能源互联网比智能电网内涵更丰富，结构更复杂，天气、用户行为、经济政策等外部因素对其影响更显著，即能源互联网比智能电网更开放。此外，能源互联网强调借鉴互联网理念，通过技术和商业模式创新，解决分布式可再生能源的利用问题。

10.1.3 标准化工作

1）国内外现状

IEC智慧能源系统委员会（IEC SyC1）是在IEC SG3和IEC SEG2的基础上成立的组织，正在开展智慧能源的标准化工作，包括建立通用用例、编制路线图。IEC SyC1所研究的智慧能源，不及我国正在研究和建设的能源互联网内涵丰富。虽然除电力外，考虑了热、气等电力以外的能源，但只关注电力与这些能源的交互，并不关心供热、天然气网络本身；另外，智慧能源没有强调互联网思维和技术的影响。IEC SyC1编制的《智能电网标准路线图》（3.0版）[48]正在流转中，就其当前的内容来说，尚未涉及电力以外的其他能源。

我国已建立12项能源互联网国家标准，主要侧重系统性标准，如术语、架构、用例及接口类标准；中国电力企业联合会已发布首个能源互联网团体标准：《能源互联网第1部分：总则》（T/CEC 101.1—2016），中国节能协会正在编制《工业园区能源互联网技术导则》。

2）标准需求

需要制定的能源互联网标准分为以下6类。

⑴ 系统类：包括术语定义，概念模型、架构与功能需求，用例等。

⑵ 交互类：包括电网与供热系统、供水、供气等系统的交互类标准，电网与工业用户、商业用户、民用用户、微电网等用户系统接口类标准，电网与交通系统交互类标准。

⑶ 设备类：主要包括能源路由装置、电子变压器、互联网交易平台等设备标准。

⑷ 基础服务类：主要包括服务系统功能规范、系统配置工具规范、信息模型、信息交换接口标准、通信结构规范、通信服务映射规范、信息安全要求等。

⑸ 应用类：主要包括能源路由服务规范、能源交易服务规范、系统分析与计算服务规范等。

⑹ 设计与工程类：主要包括功能可靠性、规划与设计、联合调度与运行、工程与建设等方面的标准。

⑺ 测试与评价类：主要包括系统健康评价、设备评价、能源转换与路由效率评价与测试、环境影响、一致性测试等方面的标准。

10.2 CPS

2006年，美国国家科学基金会首先提出CPS的概念，在随后几年内，CPS

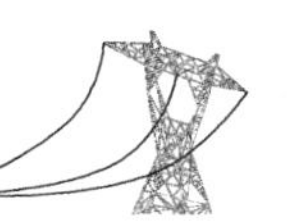

成为美国政府在信息技术领域的重点研究方向和国际学术研究热点。CPS 是在物理世界感知的基础上，深度融合计算、通信和控制能力，通过信息空间虚拟网络和物理空间实体网络的相互协调，使物理系统具有更高的灵活性、自治性、可靠性、经济性和安全性。CPS 的愿景是成为一切大规模工业系统的基础。例如，在德国提出的“工业 4.0”战略中，将 CPS 作为关键基础技术，旨在实现工业生产系统及过程的智能化。未来的电力、能源、交通、制造、物流等大型基础设施和重要行业均将成为 CPS。

10.2.1 主要特征

NIST CPS 工作组认为：CPS 是将计算、通信、传感和控制系统与物理系统深度融合，并在与环境(经济、社会、政策)及人的交互下，及时或实时地改变物理系统运行状态，实现既定目标的系统。

CPS 具有以下 6 个特征。

(1) 复杂性：CPS 是由多个系统构成的复杂系统。也就是说，CPS 可以通过递推和回归，分解成若干或众多更小规模的 CPS。

(2) 自主性：由于 CPS 具有传感、控制、计算等功能，其具有自主性，组成一个 CPS 的更小单元的 CPS 通常也具有自主性。

(3) 广泛互联性：CPS 超越传统的单一系统或单一产品，关注多个系统的广泛互联。

(4) 互操作性：为实现 CPS 的目标，必须保证各个异构的元件(系统)之间的互操作性；考虑到 CPS 的发展演变过程，需保证新元件(系统)和存量元件(系统)之间的互操作，同样的，也需保证与未来接入系统之间的互操作。CPS 中数据的流动是其主要特征之一，所以，需要满足数据互操作性。

(5) 灵活性和可扩展性：CPS 并不针对某个具体应用，往往是针对跨界、跨域的应用，CPS 应是可以重新“组装”的系统，针对某种应用或服务，由 CPS 的某些资源组合完成。

(6) 安全可靠性：CPS 由很多元件(系统)集成而成，而且有时会交给第三方管理，为此，需要保证系统的安全、可靠、可信和隐私保护。

10.2.2 CPS 与智能电网

智能电网广泛使用广域传感和测量、高速信息通信网络、先进计算和柔性控制等技术，实现发电、输电、变电、配电、用电和调度六大环节的信息化、自动化、互动化。在智能电网中，越来越多的电力设备采用嵌入式系统结构，大量的电气设备、数据采集设备和计算设备通过电网、通信网两个实体网络互连，在一定程度上已经具备 CPS 的基本特征。随着电网自动化系统、大容量传输网、泛在传感网的建设，智能电网将持续演进形成广域协同、具有自主行为的复杂网络，从而构成了能源电力 CPS，该 CPS 通过电网信息空间与物理空间的深度融合和实时交互，增加或扩展新的功能，以安全、可靠、高效和实时的方式监测或控制电网物理设备或系统。

作为一种新的技术理念，CPS 为实现电网智能化的目标提供了更体系化、更全面的思路和实现途径，电网信息空间与物理空间的虚实融合将成为常规的系统形态，进一步提高电网运行效率与服务价值，具体表现如下所述。

(1) 显著提升电网的信息感知、集成、共享和协同能力。随着电网规模的扩大和新能源的接入，电网结构日趋复杂，运行方式的不确定性加剧，系统安全稳定运行面临诸多风险因素。在 CPS 理论的指导下，除了实现各环节数据广泛采集外，还将突破元件(系统)之间的数据壁垒，使跨越时间、空间、物理环境及人的协同成为可能，实现对电网状态的深度认知，对数据资源的高效利用；可合理、充分地综合各类信息进行快速、准确的故障诊断，从而减少电能中断时间和增强供电可靠性。此外，CPS 还将可能与其他社会网络如交通网络，实现多种跨行业的协同控制。

(2) 在 CPS 框架下，电网的自组织、自适应能力将得到显著提升。在智能电网环境下信息通信网承载的业务日益复杂繁重，已成为电网生产运行与监测控制不可分割的一部分。通过信息系统与物理网络的融合，可支持全局优化与局部控制的协同；具有自适应功能，对负荷控制、设备特性和用户偏好等信息有比较准确的把握，可实现对物理设备的局部控制和控制中心对参数的在线调整，具有自动排除各种系统故障(包括物理系统故障和信息通信系统故障)、保证系统正常运行的能力。

(3) 将使电网具备大规模分布式实时计算能力。电网的特征是能量产生及消耗瞬间保持平衡，电网的任何关键的动态变化，都对电网的可靠性和控制的实时性提出相当高的要求。在 CPS 理论的指导下，将综合物理电网的连续模型与计算机的离散模型，突破传统集中式计算平台的约束，通过物理设备中嵌入的计算部件与中央监控系统的信息融合及计算进程与物理进程的交互，使电网具备大规模分布式实时计算的能力，为解决大规模分布式设备的实时协调优化问题提供了新途径。

(4) 基于 CPS 构建的智能电网将有很强的抵御安全风险的能力。智能电网将兼顾信息空间安全和物理实体安全，创新分析信息物理交互影响的耦合性风险，极大提高电网的安全性。电网和信息通信网构成了双层复杂网络，将通过对网络理论、故障传播模型、分析方法及可信计算、安全芯片技术的研究，建立不同防护手段的相互协调机制，发展与物理网络相适应的信息通信网络规划与运行方法，实现信息空间和物理空间的协同安全保障。

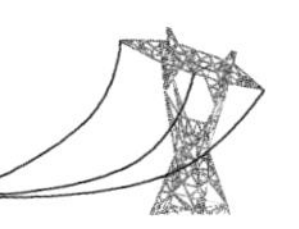

未来电网是广域范围内的能量传输平台和市场互动平台，是一次能源及终端用户之间的枢纽和桥梁。未来的能源互联网，将是以电网信息物理融合系统为基础，以可再生能源为主要一次能源，与天然气网络、交通网络、储能装置等其他系统紧密耦合形成的复杂多网流系统，统筹协调各种能源的互补关系，形成能源、电力、信息综合服务体系。所以，CPS 理论更是为能源互联网奠定了理论基础。

10.2.3 标准化工作

1) 国内外现状

NIST 在 2014 年成立了 CPS 工作组，作为一个公开性的论坛，着手开展 CPS 的标准研究。CPS 工作组内设立了 5 个分工作组，分别负责术语和参考架构、用例、信息安全和隐私、时间同步、数据互操作 5 个方面的研究工作。2014 年 12 月，各分工作组完成其研究工作，在此基础上汇总形成研究报告《CPS 系统框架》，经多次修改，2016 年 5 月发布 1.0 版[49]。

报告提出了 CPS 的概念模型(图 10-3)，定义了相关术语，总结了与之相关的标准化工作，分析了 CPS 标准需求。

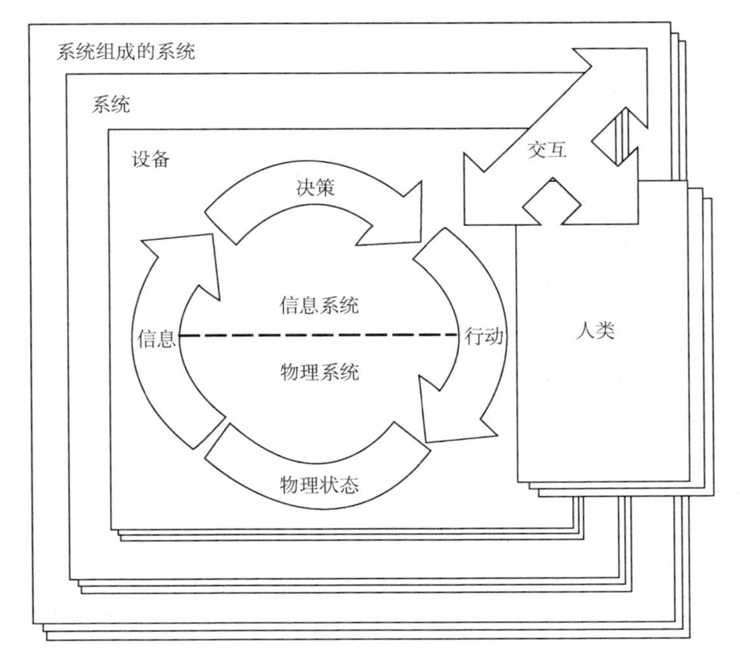

图 10-3　CPS 的概念模型

CPS 的标准化工作刚刚起步，尚处在系统标准研究层面。与 CPS 密切相关的技术领域有物联网(Machine to Machine，M2M)、工业互联网、智慧城市等，这些相关领域的标准化工作为 CPS 的标准化提供了参考。

2) 标准需求

(1) 首先，需要收集 CPS 的用例，并就术语定义和 CPS 的架构、功能等形成共识。

(2) CPS 的特性取决于每个良好定义过的元件。元件的特性都应有标准的语义和语法描述。各个元件应采用标准化的元件和服务。

(3) CPS 应允许独立的、解耦的元件快速甚至实时装配和扩展，对不同运行环境具有灵活性、鲁棒性和抗扰动性，为了满足这种灵活性和鲁棒性，元件集成的界面或接口处的标准必须明确和清晰定义。但不应对元件或系统内部特性进行规定，给技术创新留出空间。

10.3 智 慧 城 市

10.3.1 发展背景和理念演变

1) 智慧城市发展背景

随着工业化、信息化、全球化的飞速发展，城市规模不断扩大，城市人口持续增长，城市已经成为人类技术、经济、文化和社会发展的重心。进入 21 世纪，全球城市化进程空前加快，根据联合国 2014 年发布的《世界城镇化展望》数据，目前世界 54%的人口(39 亿)居住在城市，到 2050 年该比例将上升到 66%，即在 2014 年城市人口的基础上再增加 25 亿[50]。

持续推进的城市化进程，为城市人口带来舒适生活和发展机遇的同时，也逐步催生了一系列问题，资源约束日益趋紧，多元利益主体之间的冲突日益突出，经济社会发展出现各种瓶颈。现代城市发展面临的挑战多种多样，不同国家、地区，甚至一国之内面临的主要问题都不尽相同，深受自身发展阶段、经济、社会、地理环境和历史因素的影响。这些挑战大致可分为两个方面，一是维护现有城市生存和正常运作，如应对极端天气和自然灾难频发、能源安全挑战、人口老龄化、基础设施老化等问题；二是进一步优化提升城市功能，提高市民福祉的需求，如改善城市发展环境，吸引资金和人才，保证城市发展活力，创新服务，适应互联网环境下市民的新型服务需求，利用城市建设改善经济、社会发展不平衡现象，利用新技术和理念改善城市综合规划和运作能力等。

在此背景下，为破解城市发展难题，实现城市可持续发展，智慧城市概念应运而生，并逐步发展为全球对于未来社会经济发展方向的共识。随着信息化技术

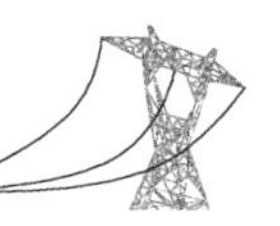

的快速发展，特别是近年来智能化技术、大数据、物联网等技术和概念从理论研究进入实践应用阶段，为城市的发展提供了新途径、新模式和新机遇，智慧城市理念也随之不断演进、丰富。

2)智慧城市理念发展沿革

20世纪90年代初，智慧城市概念初步形成。迄今为止，世界上已有3000个以上智慧城市试点工程。智慧城市理念的发展大致经历了以下4个阶段。

(1)第一阶段：智慧城市概念的形成。20世纪80～90年代，在关于城市发展的国际学术会议上，一些专家学者提出了借助全球网络信息系统构建互联互通的城市基础设施以提高城市竞争力的观点。这些学术会议的观点成为智慧城市概念的雏形。

(2)第二阶段：以信息化发展为中心。进入21世纪，随着信息和通信产业的飞速发展，美国、欧盟、新加坡、日韩等发达国家和地区及中国、印度等发展中国家相继开展了运用信息技术，尝试城市发展新模式的实践。韩国2004年提出“泛在城市”计划，新加坡2006年启动“智慧国2015”计划，日本2009年提出智慧城市计划。本阶段智慧城市发展的重点是通过信息技术打造信息化、数字化城市。

(3)第三阶段：以互联协同为中心。随着物联网概念的提出，智慧城市理念得到进一步提升。物联网通过智能感知、识别技术、云计算和泛在网络的融合应用，实现所有普通设备的互联互通。数字城市与物联网相结合，进一步发展成为一种智能化的城市管理运营模式。IBM于2009年提出智慧地球概念，指出全面感测、充分整合、激励创新、协同运作是智慧城市的四大发展方向，其理念已在上百个城市得到应用，包括博尔德智慧城市项目、斯德哥尔摩智慧交通、哥本哈根智慧城市等。

(4)第四阶段：以可持续性发展为中心。2009年金融危机以来，世界各国面临资源短缺、气候变化等重大挑战，智慧城市更加注重社会、环境和管理的可持续发展。2010年，《欧洲市长盟约》由欧洲各国500多名市长和代表签署，承诺2020年温室气体排放量在1990年的基础上减少20%以上。2010年5月，欧盟委员会出台《欧洲2020年战略》，提出未来3项重点任务是智慧型增长、可持续增长和兼容性增长。

10.3.2 智慧城市的定义和主要特征

智慧城市理念的提出，是为了应对城市发展面临的人口膨胀、交通拥挤、环境污染、资源紧缺等重大问题，从能源、水、交通、通信信息和系统集成等多方面着手，通过合理分配资源提高运行和利用效率，最终实现城市的智慧型、可持续发展。处于不同发展阶段，面临不同自然条件、社会、经济、文化环境、基础设施的城市，需要解决的问题、采取的解决方案、工作方式都是高度多样化的，因而将智慧城市简单定义为几种技术的应用、解决某一方面的问题，是对智慧城市的狭隘理解，也将限制智慧城市的发展机会。从实际研究进展来看，各国际标准、学术组织对智慧城市都给出了自己的定义，不同国家开展的智慧城市研究的侧重点、发展思路和阶段性发展目标也都不尽相同。

2014 年，IEC 发布《精心建设基础设施——打造可持续发展的智慧城市白皮书》(White Paper: Orchestrating Infrastructure for Sustainable Smart Cities)[51]（以下简称白皮书），提出“智慧城市是将信息通信技术与城市传统基础设施相结合，将众多系统集成一个新的系统(system of systems)，使之满足如下 3 个发展目标：①通过向市民提供高质量的生活系统、交通系统和其他必要的应用系统，满足其进行经济、文化、社会活动的要求；②解决环境污染问题，如实现低碳排放目标；③使城市管理者可以方便有效地管理城市。”

白皮书认为，智慧城市由能源(天然气、可再生能源、智能电网等)、交通(公共交通、电动汽车、交通管理、轨道交通等)、楼宇/家居、公共服务(公共安全、医疗、教育、公共照明)等多个系统集成，如图 10-4 所示。

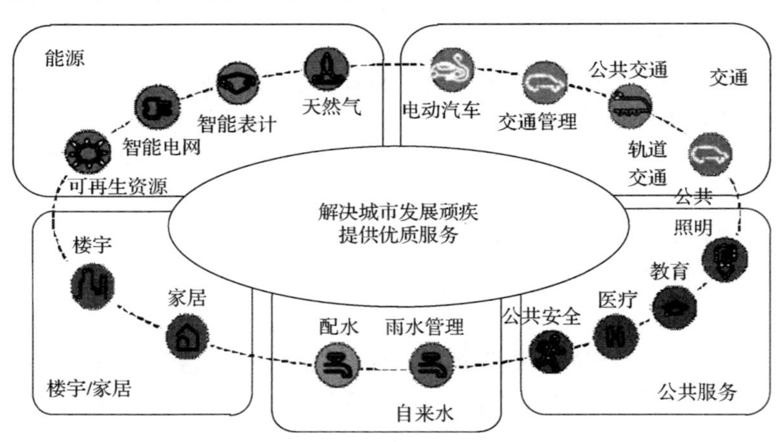

图 10-4　智慧城市的构成

从图 10-4 中可见，智能电网是智慧城市的重要组成部分，而安全可靠的电力供应对智慧城市的发展起着重要的支撑作用。可再生能源、电动汽车的发展、楼宇和家居的智能化都与智能电网的发展密切相关，城市的安全更离不开电力安全可靠的供应，如公共照明系统的安全是城市安全中重要的一环。

ISO 提出的智慧城市定义是：智慧城市是加快提高城市可持续发展和抵御灾害和人为破坏，利用数据和各种集成技术改进社会包容性、宜居性，提高社会服务水平和生活质量的城市。ISO 规划的发展蓝图中，智慧城市的特征包括：满足多样化需求；具有包容性，为创新提供良好宽松的环境；可满足各利益相关方的发展需求。

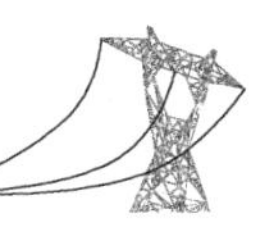

ITU 提出的智慧城市定义是：智慧可持续发展城市利用信息通信技术及其他技术手段，提高生活质量、改善城市运作和服务效率、增强城市竞争力，同时保证在经济、社会、环境和文化方面保证城市满足当前及未来发展需求。

统观上述三大国际标准组织提出的智慧城市的定义和主要特征，IEC 提出的定义及智慧城市的构成相对具体，以改进城市基础设施为核心，应对环境问题，提升城市管理效率和宜居性；ISO 更为强调从提高城市多样化和包容性方面为未来创造良好的发展环境；ITU 更突出实现智慧城市的技术手段。三大组织提出的智慧城市的概念，基本概括了当前各国智慧城市各类研究和试点活动，但这并不意味着智慧城市建设只能被限定在上述范围内，随着相关技术和理念的进一步发展、城市需求的变化，智慧城市的内涵也将不断演变。

10.3.3 标准化工作[52]

智慧城市是由许多个系统集成的复杂系统，实现各类设施和系统的集成，需要不同领域的专家通力合作，因此，标准的作用至关重要。为促进智慧城市的标准化工作，国际标准化组织 IEC、ISO、ITU-T 都成立了专门的战略工作组/系统委员会/技术委员会、工作组或项目团队，目前主要集中在智慧城市的标准化战略和体系研究方面。中国、欧盟、英国、德国等国家或地区在开展智慧城市建设的同时，也成立了协调性组织或直接由标准化管理部门积极推进标准化工作。目前，在智慧城市标准化工作中具有影响力的国际/国家组织/机构概括见表 10-1。

表 10-1　智慧城市标准化工作中具有影响力的目标/国家组织/机构概括

国际/国家组织	技术委员会/工作组/项目组
IEC	市场战略局智慧城市特别工作组(已完成任务，解散) 智慧城市系统评估组(SEG1)，已转为智慧城市电工方面系统委员会(IEC SyC2)
ISO	智慧城市战略顾问组(SAG) 智能社区基础设施分技术委员会(TC268/SC1) 一些 TC
ITU-T	智能可持续城市特别工作组(FG SSC)
ISO/IEC JTC1	智慧城市研究组(SG1)
中国	国家智慧城市标准化推进组
欧盟	欧洲智慧和可持续发展城市/社区协调工作组(SCCC-CG) CEN/CENELEC, ETSI
英国	由 BSI 负责体系研究和标准制定
德国	由 DIN、DKE 共同负责路线图研究和标准制定
美国	由 NIST 推动自愿、共识性国际标准的制定，提高智慧城市解决方案的互操作性

注：JTC1 为联合技术委员会(Joint Technical Committee, JTC1)。

10.3.3.1 IEC

2013 年 6 月，SMB 根据中国、日本、德国 3 方提出的提案，批准成立智慧城市系统评估组 SEG1。SEG1 的工作时间是 24 个月，主要工作是总结、评估 IEC 和 ISO 及其他标准化组织在智慧城市标准化工作方面的成就；采用系统工程方法，提出智慧城市的概念模型；收集相关用例，识别出需要制定的标准；制定智慧城市标准研制路线图。工作结束后，SEG1 向 SMB 提出了成立智慧城市电工方面系统委员会的建议。

2016 年，IEC 智慧城市电工方面委员会成立（IEC SyC Electrotechnical Aspects of Smart Cities）。该委员会包括 160 多名成员，分别来自 IEC、ISO、ITU、IEEE、CEN/CENELEC、ETSI、学术组织、不同的城市。其工作范围是：促进智慧城市电工方面的标准研制工作，实现智慧城市的系统集成，满足互操作要求，提高城市的功能和效率。具体任务包括：①增进自身与 IEC 内部相关技术委员会及 IEC 外相关标准化组织在智慧城市标准化方面的合作；②分析标准需求，向相关的 TC、系统委员会及其他标准化组织提出标准研制建议；③需要时，负责制定智慧城市系统性标准。

该委员会将和 IEC 内的智慧能源系统委员会及相关的技术委员会（IEC 有 40 多个 TC/SC 的工作范围与城市有关）、ISO 和 ITU-T 的智慧城市组织密切合作。该系统委员会的首次会议于 2016 年 7 月 15 日在新加坡召开，就工作范围达成了共识。

10.3.3.2 ISO

ISO 的智慧城市标准化工作分 3 个层次。由智慧城市战略顾问组（SAG）负责战略方面的研究，由可持续发展城市和社区技术委员会（TC268）负责系统架构等方面的研究和标准制定，由相关技术委员会负责更专业更具体的标准制定工作。

1）SAG

SAG 的主要工作在于给出智慧城市的定义、描述智慧城市蓝图、识别出与 ISO 相关的标准化工作内容、总结 ISO 已经开展的相关标准化工作、识别需要研制的标准、提出需要和其他标准化组织合作开展的工作内容。

标准工作需求：①不同的城市有其自身的特点，需要找到城市发展需求驱动的统一研究方法，而不是每个城市各搞一套；②智慧城市发展很快，急需标准化组织制定一些导则予以指导；③已有很多与智慧城市相关的具体标准，但缺少对智慧城市整体发展、系统集成进行评价、管理和指导的标准。

2) TC268

TC268 中有 4 个工作组，就管理、评价、术语定义等开展标准研制工作，另有智能社区基础设施分技术委员会(SC1)负责提出智慧城市架构、评价指标、发展路线图等，如图 10-5 所示。

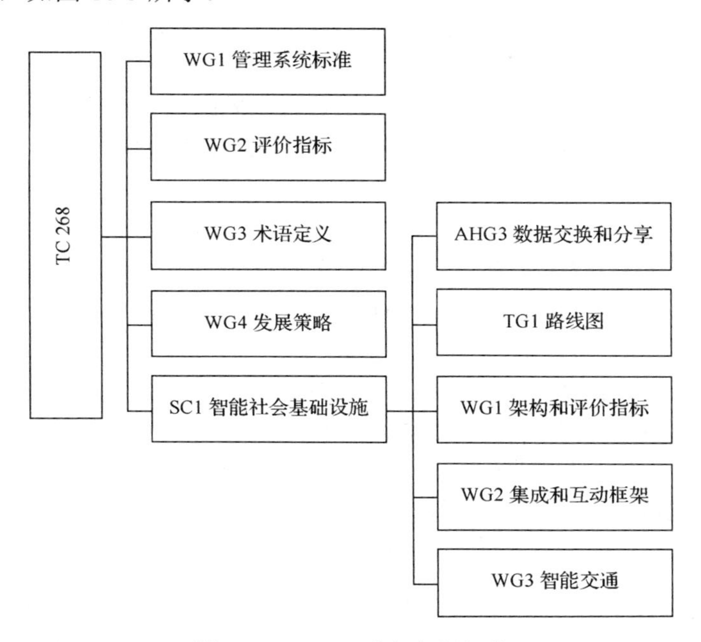

图 10-5　TC268 内部组织机构

TC268 已经完成的标准如下所述。

(1)《术语》(ISO 37100)。

(2)《可持续社区管理系统》(ISO 37101)。

(3)《城市描述》(ISO 37105)。

(4)《评价指标》(ISO 37120)。

(5)《智慧城市发展战略》(ISO 37106)。

(6)《城市可持续性评价方法》(ISO 37120)。

3) 相关技术委员会

除 TC268/SC1 外，ISO 内还有一些技术委员会与智慧城市相关，包括 TC59/SC17“楼宇的可持续性和市政工程”、TC163“楼宇的热性能和能源使用”、TC205“楼宇环境设计”、TC242“能源管理”、TC178 “电梯和移动步行道”、TC248“生物质能可持续发展准则”、TC224“饮用水供给系统和废水系统相关的服务活动”、TC22/SC37“电动交通”、TC204“智能交通系统”、TC241“道路交通安全管理系统”等。

为了加强内部协调和外部联合，ISO 技术管理委员会(Technical Management Boarols，TMB)成立了智慧城市任务组(ISO TMB Task Force on Smart Cities)，主要研究 ISO 内部协调及外部合作的必要性，并提出适当的工作机制建议。任务组在 2014 年已提交了研究报告。研究报告建议 ISO 成立专门顾问工作组，由其来协调 ISO 内部各技术委员会之间的工作，并负责与 IEC、ITU-T 及其他国家、区域性标准组织的联络与合作。

此外，ISO 也是智慧城市委员会(Smart Cities Council，SCC)的成员，后者代表了众多全球一流的技术和产品供货商，被认为是智慧城市的咨询顾问和市场助力者。

10.3.3.3　ITU-T

ITU-T 于 2013 年 2 月在 ITU-T SG5 的会议上决定成立智能可持续城市特别工作组(Focus Group on Smart Sustainable Cities，FG SSC)。FG SSC 是智慧城市各利益相关方交流知识，分析 ICT 技术如何支持智慧城市，并识别出标准需求的开放平台。FG SSC 把明确什么是智能可持续城市，建立可评价智慧城市中 ICT 技术成功应用的性能指标，明确智能可持续城市的利益相关方，识别出智能可持续城市中与 ICT 相关的标准需求看作首要工作。

FG SSC 已成立了 4 个工作组，如下所述。

1) 工作组 1：智能可持续城市中的 ICT 的作用及发展路线图

正在编制 3 个出版物：《智能可持续城市综述和 ICT 的作用技术报告》；②《智能可持续城市的定义和属性技术报告》；③《智慧城市技术规范》

2) 工作组 2：智能可持续城市架构

负责总结智能可持续城市中 ICT 的作用，分析未来的发展趋势，识别标准需求。有 6 份技术报告正在编制中。

3) 工作组 3：智能可持续城市的标准缺失、性能评价指标

负责总结智能可持续城市标准化现状，找到标准化工作的差距，完成报告并提交给 SG5，完成智能可持续城市评价指标技术报告。

4) 工作组 4：政策和定位(确定合作方、联络关系)

负责识别出利益相关方，提出适合智能可持续城市发展的城市管理方式建议，建立 FG SCC 的外部合作和联络方式。

FG SSC 第一次会议于 2013 年 5 月在意大利召开，制定了工作计划。2013 年 9 月在西班牙召开的第二次会议上，就正在开展的研究和编制的报告进行了充分讨论，内容涉及智能可持续城市的定义、智能可持续城市的性能指标。2013 年 12 月，FG SSC 在秘鲁召开的第三次会议上，对正在编写的报告进行了深入讨论，并就主要内容达成一致。FG SSC 报告正在编写中。

除三大国际组织外，IEEE、CEN/CENLEC/ETSI 等地区性标准组织，美国、德国、英国等在智慧城市标准化方面也开展了很多工作，我国也高度重视标准对支持和引导智慧城市发展的重要作用。

为了加强我国智慧城市标准化工作的统筹规划和协调管理，国家标准化管理委员会联合国家发展和改革委员会、科学技术部、工业和信息化部、公安部、国土资源部、住房和城乡建设部、交通运输部、农业部八大部委，于 2014 年 1 月成立了“国家智慧城市标准化协调推进组、总体组和专家组”（标委办工二〔2014〕33 号）。各组的职责如下所述。

(1) 国家智慧城市标准化协调推进组（以下简称“协调组”）：统筹规划和指导智慧城市领域国际、国内标准化工作，研究制定我国智慧城市标准化战略及政策措施，协调处理标准制定、修订和应用实施过程中的重大问题；

(2) 国家智慧城市标准化总体组（以下简称“总体组”）：在协调组指导下，负责拟定我国智慧城市标准化战略和推进措施，制定我国智慧城市标准体系框架，协调我国智慧城市相关标准的技术内容和技术归口，指导总体组下设各项目组开展智慧城市国家标准制定、国际标准化和标准应用实施等工作；

(3) 国家智慧城市标准化专家咨询组（以下简称“咨询组”）：配合协调组，提供智慧城市标准化工作技术方面的咨询，对智慧城市标准化试点工作进行指导，提出智慧城市标准化工作重大问题建议。

3 个工作组成立后，统筹协调了国内开展智慧城市标准化工作的组织，形成合力，共同开展智慧城市相关标准化研究工作。

为了共同形成合力推动我国智慧城市发展，国家发展和改革委员会联合科学技术部、工业和信息化部、公安部等 25 个部委，于 2014 年 10 月成立了“促进智慧城市健康发展部际协调工作组”（以下简称“部际协调工作组”）。“部际协调工作组”建立了各部委在智慧城市领域的交流和沟通机制，奠定了各部委联合推进智慧城市相关工作的基础。“部际协调工作组”还制定了 2015 年工作计划，提出要开展“智慧城市评价指标体系研究”重大问题的研究工作。该研究工作由国家标准化管理委员会牵头编制评价指标体系的总体框架，各部委负责推进各领域评价指标体系的研究与制定。

在“部际协调工作组”“协调组”和“咨询组”的指导下，在“总体组”内各核心单位的积极工作和努力推动下，我国智慧城市标准化工作取得了一定的进展，目前已形成了标准体系、关键标准、评价指标体系等成果。

目前，在梳理现有相关标准和研究标准需求的基础上，初步形成了我国智慧城市标准体系框架，包括总体、支撑技术与平台、基础设施、建设与宜居、管理与服务、产业与经济、安全与保障 7 个大类，明确了我国智慧城市标准化工作的蓝图和顶层设计。

依据我国智慧城市标准体系，各相关专业标准化技术委员会(如全国信息和标准委员会 SOA 分技术委员会等)分别推进基础性、共性等国家重点标准的立项任务。围绕智慧城市评价、数据融合、数据共享及数据安全等标准，提出了一批重点研制的国家标准项目建议，并逐批上报国家标准化管理委员会。截至目前，国家标准化管理委员会已先后审批并正式立项关键性的智慧城市国家标准项目近 20 项，未来 3～5 年内，将总共制定 41 项智慧城市的国家标准。

总体而言，当前智慧城市的标准化工作仍处于起步阶段，主要工作尚停留在概念模型和体系架构研究、利益相关方识别、用例收集、标准缺失识别、标准体系研究和路线图编制、评价指标的提出、术语定义等基础研究方面，智慧城市标准存在大量空白。未来智慧城市的发展不仅会带来大量的标准需求，其复杂系统的特性也将给标准制定方式带来改变。标准的制定和应用都将不再局限于具体环节和设备，而将着眼于整个大体系，更加强调互操作性、开放性，以及对未来技术发展的支持。

参考文献

[1] David P A, Dasgupta P, Stoneman P, et al. Some new standards for the economics of standardization in the information age. Economic Policy and Technical Performance, 1987.

[2] ISO. Economic benefits of standard: ISO Methodology 2.0, 2013. Geneva.

[3] ISO, IEC. ISO/IEC Guide 2-Standardization and related activities-General vocabulary, Edition 8, 2004.

[4] 国家质量监督检验检疫总局, 国家标准化管理委员会. 质检总局、国家标准委关于印发《关于培育和发展团体标准的指导意见》的通知(国质检标联〔2016〕109 号), 北京, 2016.

[5] Vincenzo G, Steven B. Assessing smart grid benefits and impacts: EU and U S Initiatives. European Commission Joint Research Center and Department of Energy of U S A joint report, 2012.

[6] IEA. Technology roadmap: smart grids, 2011.

[7] 刘振亚. 智能电网技术. 北京: 中国电力出版社, 2010.

[8] 《中国电力百科全书》委员会, 《中国电力百科全书》. 中国电力百科全书(第三版) 电力系统卷. 北京: 中国电力出版社, 2014.

[9] 张东霞, 姚良忠, 马文媛. 中外智能电网发展战略. 中国电机工程学报, 2013, 33(31): 1-14.

[10] IEC. IEC Smart Grid Standardization Roadmap, Edition 1.0, 2010.

[11] NIST. NIST framework and roadmap for smart grid interoperability standards, Release 1.0, 2010.

[12] NIST. NIST framework and roadmap for smart grid interoperability standards, Release 2.0, 2012.

[13] NIST. NIST framework and roadmap for smart grid interoperability standards, Release 3.0, 2014.

[14] IEEE. IEEE guide for smart grid interoperability of energy technology and information technology operation with the electric power system(EPS), end-use applications and loads, 2010.

[15] 国家电网公司. 坚强智能电网技术标准体系规划(2010 年版), 2010.

[16] IEC. IEC PAS 62559:IntelliGrid methodology for developing requirements for energy systems, 2008.

[17] CEN-CENELEC-ETSI Smart Grid Coordination Group. smart grid reference architecture, 2012.

[18] IEC. IEC TR 62357-1: Power systems management and associated information exchange-Part 1: Reference architecture, 2016.

[19] CEN-CENELEC-ETSI、Mandate M/490. DRAFT report of the working group sustainable processes to the smart grid coordination group, 2012.

[20] 中华人民共和国国家质量监督检验检疫总局, 中国国家标准化管理委员会. 能源系统需求开发的智能电网方法: GB/Z 28805—2012. 北京: 中国标准出版社, 2013.

[21] 郑亚先, 杨争林, 薛必克, 等. 电力市场国际标准 IEC 62325 体系最新进展. 电力系统自动化, 2015, 39(15).

[22] 宋晓林, 刘君华, 杨晓西, 等. IEC 62056(电能计量——用于抄表、费率和负荷控制的数据交换)标准体系简介.电测与仪表, 2014, 41(2).

[23] 国家电网公司. 坚强智能电网技术标准体系规划(2012 年版), 2012.

[24] ZigBee Alliance, HomePlug Alliance. Smart Energy Profile 2.0 Application Protocol Specification, 2012.

[25] OASIS. Energy Interoperation Version 1.0, 2013.
[26] OASIS. OASIS Energy Market Information Exchange(EMIX), Version1.0, 2012.
[27] OASIS. WS-Calendar, Version1.0, 2011.
[28] 李桂芳. 全国电工术语标准化技术委员会发展历史和未来工作展望. 机械工业标准化与质量, 2010(11): 16-18.
[29] 杨芙. 国际电工委员会第一技术委员会“电工术语”(IEC/TC1)情况概述. 术语标准化与信息技术, 1997(4): 33-35.
[30] 中国电力科学研究院, 中电联(北京)科技发展有限公司, 国网山东省电力公司电力科学研究院.《智能电网标准管理和公共服务研究》研究报告, 2015.
[31] 葛思扬. 千里之行始足下 万仞高山起微尘——进一步加强我国质量基础建设. 中国质量技术监督, 2014(12): 54-56.
[32] 国家认证认可监督管理委员会. 国际电工委员会合格评定体系国内发展纲要(2016～2020)《国家认证认可监督管理委员会 2016 年第 25 号》, 北京, 2016.
[33] Smart Grid Testing & Certification Committee. Smart Grid testing and certification Landscape. Tennessee: Smart Grid Interoperability Panel Report, 2012.
[34] EnerNex Corporation. Testing and conformance framework development guide. Tennessee: Conformity Assessment Framework for Smart Grid Activities, 2010.
[35] Smart Grid Interoperability Panel. Interoperability process reference manual. Tennessee: Smart Grid Interoperability Panel Report, 2012.
[36] 谢开, 刘明志, 于建成. 中新天津生态城智能电网综合示范工程. 电力科学与技术学报, 2011, 26(1): 43-47.
[37] 梁立新. 风光储输示范项目. 国家电网, 2012(15): 37.
[38] 国家能源局. 电动汽车充电设施标准体系项目表, 2015.
[39] 舒印彪. 国家电网: 加速技术标准国际化工作.现代国企研究, 2017(11): 14-16.
[40] 中共中央国务院. 关于进一步深化电力体制改革的若干意见, 2015.
[41] 国家发展和改革委员会, 国家能源局, 工业和信息化部. 关于推进“互联网＋”智慧能源发展的指导意见, 2016.
[42] 国家发展和改革委员会, 国家能源局. 关于推进多能互补集成优化示范工程建设的实施意见, 2016.
[43] 国家发展和改革委员会, 国家能源局. 关于报送增量配电业务试点项目的通知, 2016.
[44] White House National Science and Technology Council. A policy framework for the 21st century grid: enabling our secure energy future, 2011.
[45] White House National Science and Technology Council. A policy framework for the 21st century grid: a progress report, 2013.
[46] Rifkin J. The third industrial revolution: how lateral power is transforming energy, the economy, and the world. New York: Palgrave Macmillan, 2013.
[47] 清华大学, 国家电网公司, 南方电网公司, 等. 能源互联网关键技术和技术标准, 2015.
[48] IEC. Draft IEC Smart Grid Roadmap, version 3.0, 2016.
[49] NIST Cyber Physical Systems Public Working Group. Framework for Cyber-Physical Systems, Release 1.0, 2016.
[50] Department of Economic and Social Affairs. World urbanization prospects, 2014.
[51] IEC. Orchestrating infrastructure for sustainable smart cities whitepaper, 2015.
[52] 舒印彪, 范建斌. 智慧城市标准化工作进展. 电网技术, 2014, 38(10): 2617-2623.